（a）　　　　　　　　　　（b）

图 3.18　图像离散余弦变换

（a）原图像；（b）灰度图像

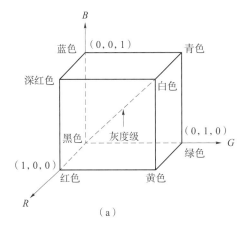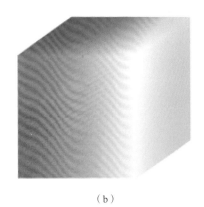

（a）　　　　　　　　　　　　　　（b）

图 7.1　RGB 模型

（a）RGB 空间图；（b）RGB 彩色空间图

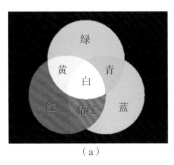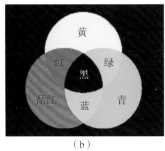

（a）　　　　　　　　　　（b）

图 7.2　RGB 和 CMY 模型的示意图

（a）RGB 模型；（b）CMY 模型

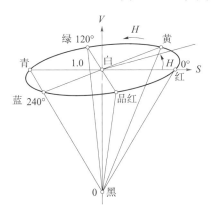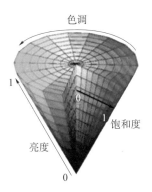

图 7.3　HSV 模型

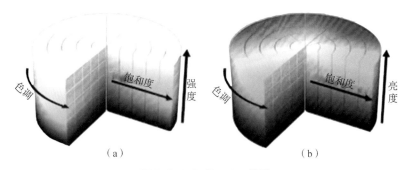

图 7.4 HSI 和 HSV 模型

（a）HSI 模型；（b）HSV 模型

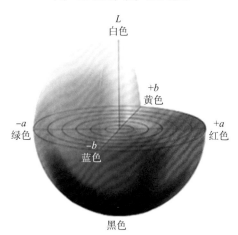

图 7.5 Lab 模型

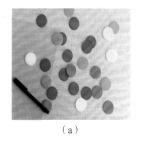 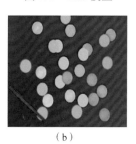 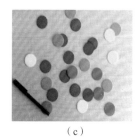

（a）　　　　　　　　（b）　　　　　　　　（c）

图 7.6 RGB 和 HSI 转换

（a）原图像；（b）RGB 向 HSI 转换；（c）HSI 向 RGB 转换

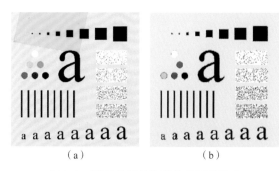 

图 7.8 密度分割法构造的伪彩色图像　　　图 7.9 彩色变换法构造的伪彩色图像

（a）原图像；（b）密度分割法图像　　　（a）原图像；（b）彩色变换法图像

图 7.10　直方图增强效果

（a）原图像；（b）灰度图像；（c）直方图均衡化图像；（d）直方图增强图像

图 7.11　基于 RGB 模型的去噪效果

（a）原图像；（b）高斯噪声图像；（c）基于 RGB 模型的去噪图像

图 7.12　基于 HSI 模型的去噪效果

（a）原图像；（b）高斯噪声图像；（c）基于 HSI 模型的去噪图像

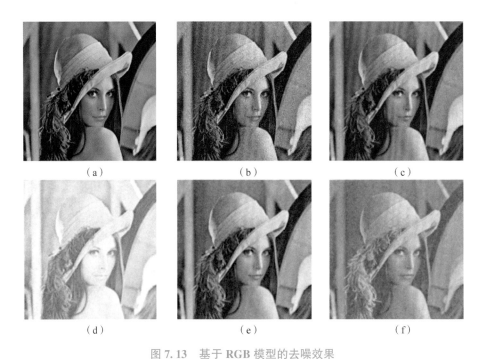

图 7.13 基于 RGB 模型的去噪效果

（a）原图像；（b）高斯噪声图像；（c）基于 RGB 模型的高斯低通滤波结果图像；（d）R 分量的高斯低通滤波
结果图像；（e）G 分量的高斯低通滤波结果图像；（f）B 分量的高斯低通滤波结果图像

图 7.14 基于 HSI 模型的去噪效果

（a）高斯噪声图像；（b）有噪声的 HSI 模型图像；（c）有噪声的 I 分量图像；（d）去噪的 I
分量图像；（e）去噪的 HSI 模型图像；（f）去噪的 RGB 图像

数字图像处理及实例
（MATLAB 版）

主　编　周洪成　牛　犇　许德智

北京理工大学出版社

BEIJING INSTITUTE OF TECHNOLOGY PRESS

内 容 简 介

本书共 10 章：第 1 章为绪论；第 2 章为数字图像处理基础；第 3 章为图像变换；第 4 章为图像滤波；第 5 章为图像复原；第 6 章为图像增强；第 7 章为彩色图像处理；第 8 章为图像压缩编码；第 9 章为形态学图像处理；第 10 章为图像分割。各章后都附有习题。

本书可作为电子信息工程、信息工程、通信工程、计算机应用、自动化等专业的本科生、高职教学用书，也可作为相关专业研究生及从事数字图像处理工作的技术人员的参考用书。同时，本书也可作为电子信息行业的培训教材。

图书在版编目（CIP）数据

数字图像处理及实例：MATLAB 版／周洪成，牛犇
许德智主编. -- 北京：北京理工大学出版社，2023.11
ISBN 978-7-5763-3169-1

Ⅰ.①数… Ⅱ.①周… ②牛… ③许… Ⅲ.①数字图
像处理-Matlab 软件 Ⅳ.①TN911.73

中国国家版本馆 CIP 数据核字（2023）第 232692 号

责任编辑：王梦春	**文案编辑**：闫小惠
责任校对：刘亚男	**责任印制**：李志强

出版发行／北京理工大学出版社有限责任公司
社　　址／北京市丰台区四合庄路 6 号
邮　　编／100070
电　　话／（010）68914026（教材售后服务热线）
　　　　　　（010）68944437（课件资源服务热线）
网　　址／http://www.bitpress.com.cn

版 印 次／2023 年 11 月第 1 版第 1 次印刷
印　　刷／北京广达印刷有限公司
开　　本／787 mm×1092 mm　1/16
印　　张／18
彩　　插／4
字　　数／430 千字
定　　价／89.00 元

前　言

近年来，随着计算机科学技术的不断发展，以及人们在日常生活中对图像信息日益增长的需求，数字图像处理技术得到了迅速的发展。数字图像处理技术以其信息量大、处理和传输方便、应用范围广等一系列优点，成为人类获取信息的重要来源和利用信息的重要手段，并在遥感、生物医学、工农业生产、军事等领域得到广泛应用，显示了广泛的应用前景。数字图像处理已成为计算机科学、信息科学、生命科学、空间科学、气象学、医学等学科的研究热点，是工科院校电子信息工程、信息工程、计算机科学与技术等专业的必修课。

全书共 10 章，分别为绪论、数字图像处理基础、图像变换、图像滤波、图像复原、图像增强、彩色图像处理、图像压缩编码、形态学图像处理和图像分割。各章后都附有习题，本书配有电子教案及 MATLAB 演示程序，便于读者更好地掌握相关知识。

本书在充分考虑应用型本科教育特点，提高学生分析问题和解决问题能力的基础上编写，具有以下特点。一是精选内容，条理清晰。将基础知识、科研新成果及发展新动向相结合，系统讲述数字图像处理中有代表性的思想和算法。二是重点突出，目标明确。立足基本理论，面向应用，以掌握概念、强化应用为重点，加强理论和应用的统一。三是注重实用，强化实践。以 MATLAB 为编程工具，通过大量典型实例的分析和实践，使读者较快地掌握数字图像处理的基本理论、方法和典型应用。四是易于学习，便于巩固。配有多媒体教学课件和习题，有助于学生理解和掌握所学的知识要点和代码实现，同时为教师多媒体授课、编写教案提供了便利。

本书可作为电子信息工程、信息工程、通信工程、计算机应用、自动化等专业的本科生、高职教学用书，也可作为相关专业研究生及从事数字图像处理工作的技术人员的参考用书。同时，本书也可作为电子信息行业的培训教材。本书由周洪成、牛犇、许德智主编。其中，第 1~3 章由牛犇老师编写。第 4~6 章由曾生根老师完成初稿，修改完善由周洪成老师完成。第 7 章由江南大学许德智老师编写。第 8~10 章由周洪成老师编写。全书的统稿工作由周洪成老师负责。

在编写过程中，本书得到了山东大学齐鲁医院高级工程师田兆辉、江苏迪泰柯智能科技实业有限公司总经理方勇的大力支持，他们提供了本书的部分工程项目案例，并参与了部分章节的讨论。本书重视中国传统文化元素运用，突出德育育人。本书中有机渗入大国工匠、自力更生等传统元素，通过案例分析和详解，拓展了深度和广度，实现能力构建的同时树立文化自信。本书的部分案例来自编者主持的纵、横向课题，以期能够将最新的研究成果融入课程教学中。

此外，本书在编写过程中得到了金陵科技学院电子信息工程学院杨娟、陈恺、房玉琢等人的鼓励和支持，以及教务处刘旭明、万春雷等人对教材编写要求等方面的指导。韦静、于文光等研究生完成部分图表的绘制工作，在此一并表示感谢。

本书由南京航空航天大学校长、长江学者姜斌教授主审。他对本书的总体结构和内容细节等进行了全面审定，提出了许多宝贵意见，在此表示衷心的感谢。

本书在编写和出版过程中，得到了北京理工大学出版社的大力支持，对他们的辛勤劳动和无私奉献表示真挚的谢意。同时，对本书参考文献中的有关作者致以诚挚的感谢。

由于编者水平所限，书中不妥之处在所难免，殷切希望广大读者提出宝贵意见。编者邮箱：zhouhc8@163.com。

编　者

2023 年 6 月

目　　录

第 1 章

绪　论

图像本身蕴含着大量的信息。随着社会的发展和科技的进步，如何提取图像中的信息，帮助人类与周围环境进行互动变得越来越重要，已经成为人类关键技术的研究领域。其中，将图像信号转换成数字信号，并利用计算机对图像进行处理的数字图像处理技术（Digital Image Processing）逐步发展壮大。本章将主要介绍数字图像处理的发展、数字图像处理的相关概念、数字图像处理系统和 MATLAB 图像处理基础。

1.1　数字图像处理的发展

20 世纪 20 年代，为了实现图像传输，人们首先将图像进行符号编码，再通过电缆将编码后的符号（图像信息）进行传输，最后利用终端的打印设备基于符号重构图像。这项被用于报纸行业的技术，是数字图像处理的最初形态。当然，由于技术手段的限制，它最终呈现的图像并不十分清晰。为了提高图像最终呈现的质量，另一种基于光学还原的技术被引入该图像传输方法，显著提高了最终图像呈现的分辨率和对比度等特征。上述方法虽然只是数字图像处理的最初形式，具有非常大的局限性，但是它们的出现开启了人们对于如何传输图像的思考和探索。

显而易见，最初的数字图像处理并未涉及计算机这项技术，但是计算机在数据存储、显示和传输等方面的突飞猛进对数字图像处理的影响不容忽视。事实上，数字图像处理的发展与数字计算机的发展密切相关。值得关注的是，中国传统文化中的算盘是计算机概念的最初形式。20 世纪 40 年代，约翰·冯·诺伊曼提出对于现代计算机非常重要的两个概念：一是保存程序和数据的存储器；二是条件分支。这两个概念非常重要，是计算机的核心部位，即中央处理单元（Central Processing Unit，CPU）的基础。

约翰·冯·诺伊曼提出的两个概念引发了该领域一系列重要技术进步，可以归纳为以下几点：

①1948 年贝尔实验室发明了晶体三极管；

②20 世纪 50—60 年代高级编程语言（如 COBOL 和 FORTRAN）的开发；

③1958 年德州仪器公司发明了集成电路（Integrated Circuit，IC）；

④20 世纪 60 年代早期操作系统的发展；

⑤20 世纪 70 年代英特尔（Intel）公司开发了微处理器（由中央处理单元、存储器、输入输出控制组成的单一芯片）；

⑥1981 年国际商业机器公司（International Business Machines Corporation，IBM 公司）推出了个人计算机；

⑦20 世纪 70 年代出现的大规模集成电路（Large Scale Integration，LSI）引发了元件微小化革命，而 20 世纪 80 年代出现了超大规模集成电路（Very Large Scale Integration，VLSI），现在已经出现了特大规模集成电路（Ultra Large Scale Integration，ULSI）。随着这些技术的进步，大规模的存储和显示系统也随之发展起来。

需要注意的是，虽然人类的视觉系统非常复杂，但是人类视觉能够感知的范围是有限的。数字图像处理中的图像除了人类可以感知的图像，还包括人类不能感知的图像，如超声波、电子显微镜和计算机产生的图像。因此，数字图像处理的发展影响广泛，涉及各个学科领域。其实，真正意义上的数字图像处理始于 20 世纪 60 年代早期大力发展的空间项目。为了改善空间探测器传回的图像质量，如消除各种类型的图像畸变，数字图像处理的概念和方法逐渐形成。

除了应用于空间项目，数字图像处理在 20 世纪 60 年代末和 20 世纪 70 年代初开始用于医学图像处理、地球遥感监测和天文学观察等领域。值得关注的是，由 1979 年诺贝尔医学奖获得者 Godfrey N. Hounsfield 和 Allan M. Cormack 发明的计算机轴向断层扫描（Computerized Axial Tomography，CAT）技术，简称计算机断层（Computerized Tomography，CT），它是数字图像处理在医学诊断领域最重要的应用之一。CAT 技术是一种医学诊断技术，被广泛应用于医学领域。不同于普通的 X 射线扫描从单一源点发出射线，CAT 会围绕目标物体旋转 X 射线源，得到许多目标物体横截面的 X 射线图像，然后利用计算机将这些图像编译为目标物体的 3D 图像。CAT 技术通常可以用于诊断头部、胸部、关节、肺部等组织或骨骼的状况和损伤。

同样地，数字图像处理也被应用于地球遥感监测领域，如地理学用相同或相似的技术从航空和卫星图像研究地球环境的污染状况。此外，在考古学领域，使用数字图像处理的相关方法，可以修复或重建已经损坏甚至丢失的稀有历史物品的图像，再现历史的精彩。随着人工智能领域的飞速发展，可以利用数字图像处理实现图像识别，如人脸识别、字符识别、指纹处理、医学样本分类处理等。可以说，数字图像处理已经成功地应用于天文学、生物学、医学等各个领域中，深刻地影响了人类生活的方方面面。

在我国，数字图像处理技术发展快速，也出现过很多影响深远的研究成果。例如，1998 年张正友教授提出了单平面棋盘格的相机标定方法，也就是通常所说的"张氏标定算法"，如图 1.1 所示。不同于传统标定方法和自标定方法，"张氏标定算法"是一种基于移动平面模板的相机标定方法。张正友教授提出的方法，改善了传统标定方法操作复杂、要求烦琐的缺点，也改善了自标定方法精度较差的缺点，仅仅需要使用一个打印出来的棋盘格就可以完成标定。正是因为"张氏标定算法"简便精准，使它被广泛应用于数字图像处理领域中。

图 1.1 单平面棋盘格的相机标定

2020 年年初，新型冠状病毒（图 1.2）肺炎（2022 年 12 月 26 日，国家卫生健康委员会发布公告，将新型冠状病毒肺炎更名为新型冠状病毒感染）疫情暴发，给各地的医疗系统和医护人员都带来了巨大的压力。针对新型冠状病毒肺炎的主要特征，基于数字图像处理技术的影像辅助诊断系统为医护人员提供诊断帮助，可以使医护人员对病情进行快速筛查、鉴别诊断。数字图像处理技术为有效抗击疫情、快速控制疫情提供了强大科技支持。除了医疗领域，为了更好实现复工复产的目标，基于数字图像处理的无人机监控也得到广泛使用，有效解决了疫情下无法人工现场巡视的问题。一些地区建立基于视频人脸图像识别的远距离、快速、无接触式的重点人员布控预警。通过应用于车站、机场、地铁等重点场所和大型商场超市等人群密集的公共场所，视频图像系统能够采集现场视频图像、自动分析、抓取人脸实时比对，在监控场景中识别重点关注人员，实现重点人员的布控和识别。

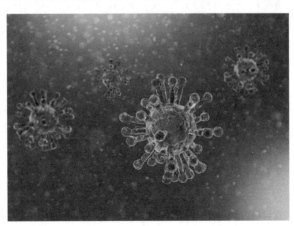

图 1.2 新型冠状病毒

综上所述，虽然数字图像处理技术在我国起步较晚，但是经过几十年的不断发展，我国数字图像处理技术逐渐可以比肩国际领先水平的数字图像处理技术。随着我国社会发展和经济发展，科学技术也取得了良好的发展，为了满足各个领域图像信息提取的需要，数字图像处理已经在我国科技研究领域占据了越来越重要的位置。目前，数字图像处理技术能够不断满足经济建设和科技发展的需求，促进我国经济的发展和居民生活水平的不断提高。当然，随着各方面需求的不断提升，数字图像处理技术也会持续改善，不断进步。

1.2 数字图像处理的相关概念

1.2.1 数字图像及其类型

数字图像处理是指利用计算机处理离散数字图像，进行图像优化和信息提取。值得注意的是，数字图像指的是由有限数量的元素组成的图像。数字图像中的每一个元素都有空间位置和数据值，并且这些空间位置和数据值都不是连续的。数字图像中的这些元素被称为像素。

在实际情况下，图像的内容千变万化，图像的形式也多种多样，对图像进行分类是非常复杂的，但是我们可以忽略图像的内容和形式，按照图像的性质对图像进行分类。在基于计算机的数字图像处理中，可以按灰度、色彩、运动和时空分布进行分类。具体的分类方式及其内容介绍如下。

1. 按灰度分类

按灰度分类，图像可分为二值图像和灰度图像。二值图像的二维矩阵仅由 0、1 两个值构成。其中，0 代表黑色，1 代表白色。由于每一个像素（矩阵中每一个元素）取值仅有 0、1 两种可能，所以计算机中二值图像的数据类型通常为 1 个二进制位。二值图像通常用于文字、线条图的扫描识别（Optical Character Recognition，OCR）和掩膜图像的存储。灰度图像矩阵元素的取值范围通常为 [0，255]。因此，其数据类型一般为 8 位无符号整数（int8），这就是人们经常提到的 256 灰度图像。在某些软件中，灰度图像也可以用双精度数据类型（double）表示，像素的值域为 [0，1]。其中，0 代表黑色，1 代表白色，0 到 1 之间的小数表示不同的灰度等级。

2. 按色彩分类

按色彩分类，图像可分为单色图像和彩色图像。单色图像指只有某一谱段的图像，一般为黑白灰度图。彩色图像包括真彩色、合成彩色、伪彩色、假彩色图像等，可用不同的彩色空间来描述，如 RGB、YUV 等。

3. 按运动分类

按运动分类，图像可分为静态图像和动态图像。静态图像包括静止图像和凝固图像，每幅图像本身都是一幅静止图像。凝固图像是动态图像中的某一帧。动态图像的快慢以帧率评价，而帧率反映了图像画面运动的连续性。可以看出，动态图像实际上是由一幅幅静态图像按时间排列组成的。

4. 按时空分布分类

按时空分布分类，图像可分为二维图像和三维图像。二维图像即平面图像，其数学表示为 $f(x,y)$，f 为光强，x、y 为二维空间坐标。三维图像即立体图像，其数学表示为 $f(x,y,z)$，f 为光强，x、y、z 为三维空间坐标。

1.2.2 数字图像的表示法

数字图像又称数码图像或数位图像，是二维图像用有限数字数值像素的表示。数字图像由数组或矩阵表示，其光照位置和强度都是离散的。数字图像是由模拟图像数字化得到的、以像素为基本元素的、可以用数字计算机或数字电路存储和处理的图像。

自然界中的物体通过成像设备，将物体表面的反射光或者通过物体的透射光转换成电压，即可在成像平面生成图像。数字图像是二维离散信号，常用矩阵坐标系、直角坐标系、像素坐标系来表示。数字图像中的每个元素的空间位置用坐标(x,y)来表示，其强度值为$f(x,y)$，这些元素称为像素。因此，二维像素矩阵构成一幅数字图像，以便于计算机的存储。

1.2.3 数字图像处理及其类型

数字图像处理所涉及的领域和分类非常复杂，这与如何理解数字图像处理有很大的关系。简单来说，即使是简单的计算一幅图像中的特征值，如对比度或者亮度，也可以说是进行了数字图像处理。复杂来说，数字图像处理可以引入各种先进技术，如在目前备受瞩目的人工智能领域中，就有与数字图像处理息息相关的计算机视觉方向。计算机视觉的目标是用计算机模拟人类视觉，期望利用计算机完成像人类一样的学习训练，分类推理，最后实现图像识别。

目前有的学者认为，数字图像处理和计算机视觉之间并没有明显的研究区别。结合计算机视觉，可以根据计算机操作过程的水平高低，将数字图像处理分为低级、中级和高级处理。

低级处理包括原始操作，如降低噪声的图像预处理、对比度增强和图像锐化。低级处理的特点是其输入与输出均为图像。

中级处理涉及诸如分割这样的任务，即把图像分为区域或对象，然后对对象进行描述，以便把它们简化为适合计算机处理的形式，并对单个对象进行分类（识别）。中级处理的特点是其输入通常是图像，但输出则是从这些图像中提取的属性（如边缘、轮廓以及单个对象的特性）。

高级处理通过执行通常与人类视觉相关的感知函数，来对识别的对象进行总体确认。

1.3 数字图像处理系统

1.3.1 数字图像处理的基本步骤

基于前面的论述，我们可以知道图像处理和图像分析之间的重叠之处是图像中单个区域或对象的识别。因此，本书中所述的数字图像处理包含其输入和输出都是图像的整个过程、从图像中提取特性的过程，以及对单个对象进行识别的过程。为介绍这些概念，下面以文本的自动分析这一领域为例进行说明。该领域的图像获取过程，包括获取文本、预处理图像、提取（分割）个别字符、以适合计算机处理的形式描述字符，以及识别这些个别字符，都属于本书中所述的数字图像处理范围。基于这些内容的理解，能够更清楚地了解图像分析和计算机视觉。

1.3.2 数字图像处理系统的组成

实际的图像处理系统是一个非常复杂的系统，是一个既包括硬件又包括软件的系统。随着具体应用目标的不同，其构成也是各式各样的。图 1.3 所示为图像处理系统的基本结构，其主要是由照明用光源、摄像单元、A/D 转换器、图像存储器及计算机等要素构成。其工作过程如下：目标物体反射的光在摄像单元被转换成电信号（模拟信号），再由 A/D 转换器将其转换成数字信号，然后被存储在图像存储器中，待计算机做进一步的处理。

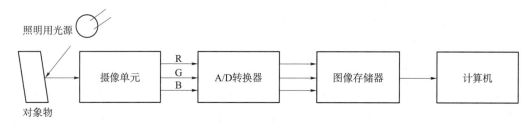

图 1.3   图像处理系统的基本结构

1. 照明方法

摄影时，给对象物照明用光源、对象物以及摄像装置三者之间的位置主要分为背面照明方式、正面照明方式、斜射照明方式三种。有时为了能够捕捉到移动物体的瞬间图像，常采用的方法是在 CCD（电荷耦合器件）照相机的摄像单元上增设快门或利用闪烁光源。

2. 摄像单元

1）CCD 图像传感器

CCD 图像传感器由光电转换单元构成，而光电转换单元的排列分为线阵排列和面阵排列两种。图像传感器的工作原理是把光能量转换为电荷，其具有将转换得到的电荷进行存储的能力，以及使电荷向输出电极移动的扫描能力。

此外，还有 AMI（放大 MOS 成像仪）摄像单元，它是一种基于 MOSFET（金属氧化物半导体场效应晶体管）使二极管的输出增幅的摄像单元（增幅型固态摄像单元），一般用在高感度的摄像机中。另一种是红外线摄像单元，其核心是肖特基势垒型图像传感器，像素数一般为 640×480。

目前，常用的摄像单元基本上都是固态摄像单元，但是对于感度要求更高的情况，通常是利用"雪崩效果"的高感度摄像管来代替 AMI 摄像单元。

2）CCD 彩色摄像光学系统的构成

对象物反射的光通过透镜和光学低通滤波器之后由三棱镜把光分为红（R）、绿（G）、蓝（B）三原色，再由 3 个 CCD 图像传感器把红、绿、蓝的光信号变换为 3 个电信号。

3）图像的数字化

连续图像经过采样、分层、量化、编码等步骤变成数字图像才能进入计算机进行处理。要使离散图像在人感觉中与模拟图像相同，则需采取相应的处理技术，这就是从离散图像重建模拟图像的技术，简称为图像重建。

1.3.3 数字图像处理的常用方法

数字图像处理是指将图像信号转换成数字信号，并利用计算机对其进行处理的过程。早期图像处理的目的是改善图像的质量，帮助人类视觉感知图像中的信息。在图像处理中，输入的是质量低的图像，而输出的是改善质量后的图像。常用的图像处理方法有图像变换、增强、复原、编码压缩等。

1. 图像变换

由于图像阵列很大，直接在空间域中进行处理，涉及计算量很大，因此，图像处理往往采用各种图像变换的方法，如傅里叶变换、沃尔什变换、离散余弦变换等间接处理技术。空间域处理转换为变换域处理，不仅可减少计算量，而且可获得更有效的处理（如傅里叶变换可在频率域中进行数字滤波处理）。目前流行的小波变换在时间域和频率域中都具有良好的局部化特性，它在图像处理中也有着广泛而有效的应用。

2. 图像编码压缩

图像编码压缩技术可以减少描述图像的数据量（即比特数），以便节省图像传输、处理时间和减少所占用的存储器容量。压缩可以在不失真的前提下获得，也可以在允许的失真条件下进行。编码是压缩技术中最重要的方法，它在图像处理技术中是发展最早且比较成熟的技术。

3. 图像增强和复原

图像增强和复原的目的是提高图像的质量，如去除噪声、提高图像的清晰度等。图像增强不考虑图像降质的原因，而是突出图像中所感兴趣的部分。例如，强化高频分量，可使图像中物体轮廓清晰，细节明显；又如，强化低频分量，可减少图像中噪声影响。图像复原要求对图像降质的原因有一定的了解，一般应根据降质过程建立"降质模型"，再采用某种滤波方法，恢复或重建原来的图像。

4. 图像分割

图像分割是数字图像处理中的关键技术之一。图像分割是将图像中有意义的特征部分提取出来。其有意义的特征有图像中的边缘、区域等，这是进一步进行图像识别、分析和理解的基础。虽然目前已提出不少边缘提取、区域分割的方法，但还没有一种普遍适用于各种图像的有效方法。因此，对图像分割的研究还在不断探索中，是目前图像处理中研究的热点之一。

5. 图像描述

图像描述是图像识别和理解的必要前提。最简单的二值图像可采用其几何特性描述物体的特性。一般图像的描述方法采用二维形状描述，它可分为边界描述和区域描述两类方法。特殊的纹理图像可采用二维纹理特征描述。随着图像处理研究的深入发展，三维物体描述的研究也在进行中，如提出了体积描述、表面描述、广义圆柱体描述等方法。

6. 图像分类（识别）

图像分类（识别）属于模式识别的范畴，其主要内容是图像经过某些预处理（增强、复原、压缩）后，进行图像分割和特征提取，从而进行判决分类。图像分类通常采用经典的模式识别方法，主要分为统计模式分类和句法（结构）模式分类。近年来，新发展起来的模糊模式识别和人工神经网络模式分类在图像识别中也越来越受到重视。

1.3.4　数字图像处理的应用

随着计算机技术的发展，图像处理技术已经深入工业生产和日常生活中的方方面面，产生了巨大的影响，具体有以下几个方面。

①航空航天领域。随着科学技术的进步，人类对世界的探索已扩展到深空领域，使数字图像处理技术在航空航天领域的应用日益广泛，如对月球、火星及太空照片的处理以及飞机遥感和卫星遥感技术。由于成像条件受飞行器位置、姿态、环境等的影响，图像质量并不高，因此必须采用数字图像处理技术。

②生物医学工程领域。数字图像处理技术在生物医学工程方面的应用十分广泛，而且很有成效。除了前面介绍的 CAT 技术外，还有一类是对医用显微图像的处理分析，如红细胞、白细胞分类，染色体分析，癌细胞识别等。此外，在 X 光肺部图像增晰、超声波图像处理、心电图分析、立体定向放射治疗等医学诊断方面都广泛地应用图像处理技术。

③通信工程领域。当前通信的主要发展方向是声音、文字、图像和数据结合的多媒体通信，即将电话、电视和计算机以三网合一的方式在数字通信网上传输。其中，以图像通信最为复杂和困难，图像的传输速率也十分巨大，如传输彩色电视信号的速率达 100 Mbit/s 以上。要将这样高速率的数据实时传输出去，必须采用编码技术来压缩信息的比特量。

④工业和工程领域。在工业和工程领域中，图像处理技术有着广泛的应用，如自动装配线中检测零件的质量、对零件进行分类，印刷电路板疵病检查，弹性力学照片的应力分析，流体力学图片的阻力和升力分析，邮政信件的自动分拣，有毒或放射性环境内识别工件及物体的形状和排列状态，先进设计和制造技术中采用工业视觉等。其中，值得一提的是研制具备视觉、听觉和触觉功能的智能机器人，这种智能机器人将会给工农业生产带来新的技术发展方向，目前已在工业生产中的喷漆、焊接、装配中得到有效利用。

⑤军事和公安领域。在军事方面，图像处理和识别主要用于导弹的精确制导，各种侦察照片的判读，具有图像传输、存储和显示的军事自动化指挥系统，飞机、坦克和军舰模拟训练系统等；在公安业务方面，其主要用于图片的判读分析、指纹识别、人脸鉴别、不完整图片的复原，以及交通监控、事故分析等。目前已投入运行的高速公路不停车自动收费系统中的车辆和车牌的自动识别都是图像处理技术成功应用的例子。

⑥文化艺术领域。目前这类应用有电视画面的数字编辑、动画的制作、电子游戏图像、纺织工艺品设计、服装设计与制作、发型设计、文物资料照片的复制和修复、运动员动作分析和评分等。现在，图像处理技术在该领域已逐渐形成一门新的艺术——计算机美术。

⑦机器视觉领域。机器视觉作为智能机器人的重要感觉器官，主要进行三维景物处理和识别，是目前处于研究中的开放课题。机器视觉主要用于军事侦察、危险环境的自主机器人，邮政、医院和家庭服务的智能机器人，装配线工件识别、定位的智能机器人，自动操作的太空机器人等。

⑧视频和多媒体领域。目前，图像处理技术在该领域中广泛使用，如电视制作系统中的图像处理、变换、合成，多媒体系统中静态图像和动态图像的采集、压缩、处理、存储和传

输等。

⑨数据可视化领域。在该领域中，图像处理和图形学紧密结合，形成了科学研究各个领域新型的研究工具。

⑩电子商务领域。在当前蓬勃发展的电子商务活动中，图像处理技术也大有可为，如身份认证、产品防伪、水印技术等。

总之，图像处理技术应用领域相当广泛，已在国家安全、经济发展、日常生活中充当越来越重要的角色，对国计民生的作用不可估量。

1.4 MATLAB 图像处理基础

MATLAB 是一款以数学计算为主的高级编程软件，提供了各种强大的数组运算功能，用于对各种数据集合进行处理。由于 MATLAB 中所有的数据都是用数组来表示和存储的，因此矩阵和数组是 MATLAB 数据处理的核心。虽然 MATLAB 是面向矩阵的编程语言，但它还具有一种与其他计算机编程语言（如 C 语言、FORTRAN）类似的编程特性。在进行数据处理的同时，MATLAB 还提供了各种图形用户界面（Craphical User Interface，GUI）工具，便于用户进行各种应用程序开发。

MATLAB 和 Mathematica、Maple 并称为三大数学软件。在数学类科技应用软件中，MATLAB 在数值计算方面的功能首屈一指。MATLAB 可以进行矩阵运算、绘制函数和数据、实现算法、创建用户界面、连接其他编程语言的程序等，主要应用于工程计算、控制设计、信号处理与通信、图像处理、信号检测、金融建模设计与分析等领域。其中，图像处理是 MATLAB 被广泛使用的领域。

下面对 MATLAB 语言的优缺点进行分析。

MATLAB 语言主要有以下几方面优点。

①编程环境。MATLAB 由一系列工具组成。这些工具方便用户使用 MATLAB 的函数和文件，其中许多工具采用的是图形用户界面，包括 MATLAB 桌面和命令窗口、历史命令窗口、编辑器和调试器、路径搜索器，以及用于用户浏览帮助、工作空间、文件的浏览器。

②简单易用。MATLAB 是一个高级的矩阵/阵列语言，它包含控制语句、函数、数据结构、输入和输出以及面向对象编程。用户可以在命令窗口中将输入语句与执行命令同步，也可以先编写好一个较大的复杂的应用程序（M 文件）后再一起运行。

③强大处理。MATLAB 是一个包含大量计算算法的集合，拥有 600 多个工程中要用到的数学运算函数，可以方便地实现用户所需的各种计算功能。函数中所使用的算法都是科研和工程计算中的最新研究成果，而且经过了各种优化和容错处理。

④图形处理。MATLAB 自产生之日起就具有方便的数据可视化功能，将向量和矩阵用图形表现出来，并且可以对图形进行标注和打印。高层次的作图包括二维和三维的可视化、图像处理、动画和表达式作图。

⑤模块工具。MATLAB 对许多专门的领域都开发了功能强大的模块集和工具箱。一般来说，它们都是由特定领域的专家开发的，用户可以直接使用工具箱学习、应用和评估不同的方法，而不需要自己编写代码。

⑥程序接口。新版本的 MATLAB 可以利用 MATLAB 编译器和 C/C++数学库和图形库，将自己的 MATLAB 程序自动转换为独立于 MATLAB 运行的 C/C++代码。

⑦软件开发。在开发环境中，使用户更方便地控制多个文件和图形窗口；在编程方面，支持函数嵌套、有条件中断等；在图形化方面，有更强大的图形标注和处理功能，包括连接注释等；在输入和输出方面，可以直接向 Excel 和 HDF5 进行连接。

MATLAB 仍存在以下缺点。

①独立的应用程序方面。MATLAB 是一个解释性语言，也就是说，MATLAB 程序须在 MATLAB 环境下才可运行。这种可以脱离编程语言环境的应用程序称为 "Stand alone Application"（独立应用程序）。MATLAB 是不擅长做 "Stand alone Application" 的。因此，如果想制作一个软件产品用于销售，MATLAB 绝对不是一个好的选择。

②与硬件接口方面。用 MATLAB 实现与硬件接口，不是一个好的选择。编程语言按照与机器代码关系远近分为低级语言和高级语言。例如，汇编语言是低级语言，而 BASIC、FORTRAN 等属于高级语言。C 语言也是一门高级语言，但稍微偏低级一些。相比而言，MATLAB 可以称为 "超高级" 语言。越是高级的语言，人们使用起来越容易，但离机器底层越远，也就是离硬件越远，故越难控制。

目前，MATLAB 也专门提供了与硬件的接口，而且有专用的工具箱，如 Data Acquisition Toolbox、Image Acquisition Toolbox 等。另外，还提供了设备驱动程序设计的模块，也有调用 dll 库函数的接口。但与 C 语言等相比，MATLAB 在与硬件打交道方面并不擅长。

③大型应用方面。MATLAB 不擅长开发大型应用程序。MATLAB 的 "方便" 正好为其语言的不严格埋下了 "祸根"。因此，用 MATLAB 开发大型应用程序会遇到很多问题。总而言之，MATLAB 根本就不是为开发大型应用程序而设计的。

需要强调的是，上面提到的 MATLAB 的 3 个 "不擅长"，是指 MATLAB 在做这些工作时，相对于一些专用的高效工具来说，功能比较弱，或者做起来很烦琐，但并不是说 MATLAB 不能做这些事。事实上，MATLAB 也提供了编译器，以及与其他语言混编的接口，供用户制作独立可运行程序；MATLAB 语言中现在也丰富了 "类" 等内容，为大型应用程序设计提供了支持。事实上，许多 MATLAB 工具箱中的例子本身就是用 MATLAB 开发的大型应用的例子。目前，MATLAB 不能做的事越来越少了。新版的 MATLAB 中不断有工具箱加进来，可以完成一些新的任务。此外，MATLAB 是一个开放的系统，用户只要肯下功夫，很多事都是可以实现的。

习 题 一

1.1　什么是数字图像处理？

1.2　一般的数字图像处理要经过哪几个步骤？由哪些内容组成？

习题一答案

1.3 图像处理的目的是什么？针对每个目的请举出实际生活中的一个例子。

1.4 数字图像有哪几种分类方法？

1.5 简述图像处理系统的组成。

1.6 简述数字图像处理的常用方法。

1.7 采用数字图像处理有何优点？

1.8 讨论数字图像处理的主要应用。进一步查找资料，写一篇关于你感兴趣的应用方面的短文。

1.9 常见的数字图像处理开发工具有哪些？各有什么特点？

1.10 常见的数字图像处理软件有哪些？各有什么特点？

第 2 章

数字图像处理基础

一幅图像可以被定义为二维函数 $f(x,y)$，其中 (x,y) 是平面坐标，f 在任何坐标点 (x,y) 处的振幅称为图像在该点的亮度。灰度是用来表示黑白图像亮度的一个术语，而彩色图像是由单个二维码组合形成的。例如，在 RGB 彩色系统中，一幅彩色图像是由 3 幅独立的分量图像（红、绿、蓝）组成的。需要注意的是，图像关于 x 和 y 坐标以及振幅均是连续的。要将这样的一幅图像转换成数字形式，就要求数字化坐标和振幅。将坐标值数字化称为采样，将振幅数字化称为量化。因此，当 f 的 x、y 分量和振幅都是有限且离散的量时，称该图像为数字图像。

本章将主要介绍视觉感知要素、图像感知和获取、像素间的基本关系和数字图像处理的数学基础。

2.1 视觉感知要素

2.1.1 人眼的结构

图 2.1 显示了眼球的结构。眼睛的形状近似于一个圆球，其平均直径大约为 20 mm。眼睛被 3 层薄膜包围着，即角膜和巩膜、脉络膜和视网膜。

角膜是一种硬而透明的组织，它覆盖着眼睛的前表面。与角膜相连的巩膜是一层包围着眼球剩余部分的不透明膜。

脉络膜位于巩膜的下面，这层膜包含有血管网，它是眼睛主要的滋养源。即使是对脉络膜表面并不严重的损坏也有可能严重损坏眼睛，引起限制血液流动的炎症。脉络膜外壳着色很浓，因此有助于减少进入眼内的外来光和眼球内反向散射光的数量。在脉络膜的最前面分为睫状体和虹膜。虹膜的收缩和扩张控制着进入眼睛的光量。虹膜中间开口处（瞳孔）的直径是可变的，大约在 2.8 mm。虹膜的前部有眼睛的可见色素，而后部则包含有黑色素。

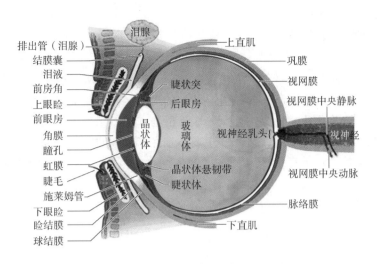

图 2.1　眼球的结构

晶状体是由同心的纤维细胞层组成，并由在睫状体上的纤维悬挂着。晶状体包含 60%~70% 的水、6% 的脂肪和比眼睛中任何其他组织都多的蛋白质。晶状体由稍黄的色素着色，其颜色随着年龄的增加而加深。在极端情况下，晶状体会过于混浊，这通常是由白内障等疾病引起的，可能导致彩色辨别能力的低下和视觉清晰度的损失。晶状体吸收大约 8% 的可见光，对短波长光有比较高的吸收率。在晶状体结构中，蛋白质吸收红外线和紫外线，并且过量会伤害眼睛。

处于最内部的视网膜布满了整个眼球后部的内壁。当眼球适当地聚焦时，来自眼睛外部的光在视网膜上成像。光感受器通过感受视网膜表面分布的不连续光点来形成光团。这种光感受器分为两类：锥状体和杆状体。每只眼睛的锥状体数目为 $(6~7) \times 10^6$ 个。它们主要位于视网膜的中间部分，称为中央凹，且对颜色灵敏度很高。由于每一个锥状体都连接到自身的神经末端，因而通过这些锥状体，人们可以充分地分辨图像细节。肌肉控制眼球转动，直到感兴趣的物体落到中央凹上。锥状视觉也被称为白昼视觉或亮光视觉。杆状体数目更多，在视网膜表面分布有 $7.5 \times 10^7 \sim 1.5 \times 10^8$ 个杆状体。由于杆状体分布面积较大，而且几个杆状体连接到一个神经末端，因此减少了这些感受器感知细节的数量。杆状体用来给出视野内一般的总体图像。它们没有彩色感觉，而在低照明度下对图像较敏感。例如，在白天呈现鲜明色彩的物体，在月光下都没有颜色，因为此时只有杆状体受到刺激。这个现象就是众所周知的夜视觉或暗视觉（微光视觉）。

中央凹在视网膜上呈现为直径约 1.5 mm 的圆形凹坑，而感受器的分布是沿视线关于中央凹对称的。为了更好地进行分析，可以把中央凹近似为方形或者矩形的敏感元素的阵列，如大小为 1.5 mm×1.5 mm 的方形传感器阵列。在视网膜的这一区域中，锥状体的密度大约为 1.5×10^5 个元素/mm²。眼睛中最高敏感区域的锥状体的数量约为 337 000 个元素。从分辨能力的观点出发，这正好是一个电荷耦合器件（Charge-coupled Device，CCD）中等分辨率的成像芯片可具有的元素数量，且接收器阵列不大于 5 mm×5 mm。尽管人类的智慧和视觉经验使这种比较并不恰当，但在当前电子成像传感器领域进一步讨论人眼分辨细节的基本能力时，这种比较是可行的。

2.1.2　人眼中图像的形成

与普通光学透镜相比，晶状体具有更强的适应性。晶状体可以通过形状的改变获得能够准确聚焦的焦距。睫状体中的韧带控制着晶状体的形状。当需要聚焦较远的物体时，韧带控制肌肉使晶状体趋于扁平化，而当需要聚焦较近的物体时，韧带控制肌肉使晶状体加厚。

眼睛的晶状体和普通光学透镜之间的主要差别在于前者的适应性强。正如图 2.1 所表明的，晶状体前表面的曲率半径大于后表面的曲率半径。晶状体的形状由睫状体韧带和张力来控制。为了对远方的物体聚焦，控制肌肉使晶状体相对比较扁平。同样地，为对眼睛近处的物体聚焦，肌肉会使晶状体变得较厚。当眼睛放松且聚焦距离大于 3 m 时，晶状体的折射能力最弱。

2.1.3　亮度适应和辨别

亮度是指发光体光强与光源面积之比，定义为该光源单位的亮度，即单位投影面积上的发光强度。亮度的单位是坎德拉每平方米（cd/m^2）。亮度也称明度，表示色彩的明暗程度。人眼所感受到的亮度是色彩反射或透射的光亮所决定的。

人的视觉系统能够识别较宽范围的光强度级别，从微光视阈值到强闪光约有 10^{10} 量级。相关实验数据表明，主观亮度（即由人的视觉系统感觉到的亮度）是进入眼睛的光强度的对数函数。

主观亮度（感知亮度）并不是实际亮度的线性函数，马赫带效应（图 2.2）和同时对比度就反映了这种非线性关系。马赫带效应是指视觉系统往往会在不同强度区域的边界处出现"下冲"或"上冲"现象。在两块亮度不同的均匀区域的边界处发生亮度突变，则能够感觉到在亮度变化的边界附近的暗区域和亮区域中，分别存在一条更黑和更亮带有毛边的条带，这些看起来带有毛边的条带就被称为马赫带。厄恩斯特·马赫于 1865 年首次描述了这一现象，因此被称为马赫带效应。

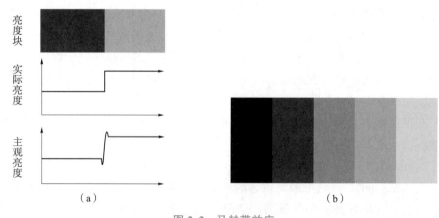

图 2.2　马赫带效应

（a）两个区域亮度变化示意图；（b）多个区域马赫带效应

同时对比度现象表明，感觉的亮度区域并不是简单地取决于强度。如图 2.3 所示，所有的中心方块都有完全相同的亮度。然而，在不同亮度的背景下，人眼感觉到的亮度却是不一致的。暗背景下的小方块要亮一些，亮背景下的小方块要暗一些。一个更熟悉的例子是：一张纸，当放在桌子上时看上去，似乎比较白，但是当我们用纸来遮蔽眼睛直视明亮的天空时，纸看起来总是黑的。

图 2.3　同时对比度

2.2　图像感知和获取

图像是由照射源和形成图像的场景元素对光能的反射或吸收相结合而产生的。照射源可以是雷达、红外线或 X 射线等电磁能源，也可以是超声波等非传统光源。场景元素既可以是我们熟悉的物体，也可以是分子、沉积岩或人类大脑等。

2.2.1　传感器获取图像

传感器的基本原理是通过将输入的电能和对特殊能源敏感的传感器材料相结合，把输入能源变为电压。输出电压波形是传感器的响应，通过把传感器响应数字化，从每一个传感器得到一个数字量。

1. 用单个传感器获取图像

最常见的单个传感器是光二极管，它由硅材料构成，并且输出电压波形与光成正比。在传感器前用一个滤光器改善其选择性，如光传感器前的绿色滤光器有利于彩色谱的绿波段通过。因此，传感器输出的绿光比可见光谱中其他分量要强。

2. 用传感器带获取图像

将单个传感器进行线状排列，构成一个传感器带，在与传感器垂直的方向上进行成像。传感器带一次成像构成图像的一行，再经过传感器带的运动完成整体图像的成像，如平板扫描仪。

3. 用传感器阵列获取图像

将多条传感器带进行排列，构成传感器阵列，用于摄像机上的 CCD 阵列是一种典型的传感器。CCD 是 20 世纪 70 年代初发展起来的一种新型半导体器件，是一种用电荷量表示信号大小，用耦合方式传输信号的探测元件，具有自扫描、感受波谱范围宽、畸变小、体积小、质量轻、系统噪声低、功耗小、寿命长、可靠性高等一系列优点，并可做成集成度非常高的组合件。CCD 广泛应用在数码摄影、天文学领域，尤其是光学遥测技术、光学与频谱望远镜和高速摄影技术。

2.2.2　图像的采样和量化

自然界中的物体通过成像设备可以得到连续的模拟图像，而模拟图像无法使用计算机进行处理。因此，需要将时间和空间都连续的模拟图像转换为计算机可以识别的数字图像，这一过程称为图像的数字化，其主要包括采样和量化两个方面。

采样是指将平面坐标 (x,y) 进行离散化，使一幅连续图像分割成 $M×N$ 个网格；每个网格用一个亮度值来表示，该亮度值称为一个像素，构成一个 M 行 N 列的矩阵；矩阵中的每一个元素就是一个像素值，图像的大小为 $M×N$ 个像素。

连续图像经过采样、分层、量化、编码等步骤变成数字图像才能进入计算机进行处理。要使离散图像在人感觉中与模拟图像相同，需采取相应的处理技术，这就是从离散图像重建模拟图像的技术，简称图像重建。

1. 图像的采样原理

图像属于二维信号，图像采样需要满足二维采样定理。

二维离散采样函数为

$$s(x,y)=\sum_{m=-\infty}^{+\infty}\sum_{n=-\infty}^{+\infty}\delta(x-m\Delta x,y-n\Delta y) \tag{2.1}$$

式中，Δx 为沿 x 方向间隔；Δy 为沿 y 方向间隔。

二维连续采样函数基本表达式为

$$f(x,y)=\int_{-\infty}^{+\infty}\int_{-\infty}^{+\infty}f(\xi,\eta)\delta(\xi-x,\eta-y)\,\mathrm{d}\xi\mathrm{d}\eta \tag{2.2}$$

用二维离散采样函数代替式（2.2）二维连续采样函数，则采样图像的函数为

$$f_s(x,y)=s(x,y)f(x,y)=\sum_{m=-\infty}^{+\infty}\sum_{n=-\infty}^{+\infty}f(x,y)\delta(x-m\Delta x,y-n\Delta y) \tag{2.3}$$

对 $f(x,y)$ 用矩阵均匀网格采样，每个采样位置在 $x=m\Delta x$、$y=n\Delta y$ 上，m，$n=0$，±1，±2，…，类似一维情况，则二维情况下的采样定理（奈奎斯特率）为

$$\begin{cases}\Delta x\leqslant\dfrac{1}{2}u\\[2mm]\Delta y\leqslant\dfrac{1}{2}v\end{cases} \tag{2.4}$$

即 x 方向采样率 $u_\tau\geqslant2u_c$，y 方向采样率 $v_\tau\geqslant2v_c$，满足奈奎斯特率。

当二维函数 $f(x,y)$ 被某二维窗函数 $h(x,y)$ 截成空间有限函数时，类似一维函数，x、y 方向为互相间隔的二维蜂状函数。为了有效地恢复原空间有限函数，就要利用周期性质。对一个 $M×N$ 的图像，若采样间隔满足

$$\begin{cases}\Delta u\leqslant\dfrac{1}{M\Delta x}\\[2mm]\Delta v\leqslant\dfrac{1}{N\Delta y}\end{cases} \tag{2.5}$$

则保证了在空间域和频率域二者都能用 $M×N$ 个均匀间隔覆盖一个完整的二维周期，那么就可以使从有限空间域离散采样的图像正确地恢复原图像。

若 $f(x,y)$ 在 $x \in [0,X]$，$y \in [0,Y]$ 内有定义，并以 Δx、Δy 为间隔采样，则沿 x 方向和 y 方向的取样点数分别为

$$\begin{cases} M = \dfrac{X}{\Delta x} \\ N = \dfrac{Y}{\Delta y} \end{cases} \qquad (2.6)$$

则 $f_s(x,y)$ 构成一个 $M \times N$ 实数矩阵，即

$$f(x,y) = \begin{bmatrix} f(0,0) & f(0,1) & \cdots & f(0,N) \\ \vdots & \vdots & & \vdots \\ f(M,0) & f(M,1) & \cdots & f(M,N) \end{bmatrix} \qquad (2.7)$$

式中，每个元素为图像 $f(x,y)$ 的离散采样值。

2. 采样图像的量化

经过采样后的图像在时间上是离散的，但像素的灰度值仍然是连续的。量化是指将各个像素的灰度进行离散化，由连续值转换为离散的整数值。量化过程将连续的灰度值分为有限个层次，一般取 2^n 层，称为分层量化。将原始图像的灰度从暗到亮均匀分为有限个层次的量化就称为均匀量化，而分为不均匀的有限个层次的量化就称为非均匀量化。

在量化过程中，由于使用有限个灰度值表示无穷个连续灰度值，因而会产生误差。这种误差称为量化误差。分层数量越多，量化误差越小；分层数量越少，量化误差越大。通常，图像的量化均采用 8 位量化；0~255 表示像素的灰度范围，0 表示黑，255 表示白。

2.2.3　简单的图像形成模型

设二维函数 $f(x,y)$ 表示图像，且在某一具体坐标 (x,y) 处，函数值是一个正的标量。因此，函数 $f(x,y)$ 可以用入射分量 $i(x,y)$ 和反射分量 $r(x,y)$ 表示，即

$$f(x,y) = i(x,y)r(x,y) \qquad (2.8)$$

式中，

$$0 < i(x,y) < \infty \qquad (2.9)$$

$$0 < r(x,y) < 1 \qquad (2.10)$$

由式（2.10）可以看出，反射分量 $r(x,y)$ 被限制在 0（全吸收）和 1（全反射）之间。另外，入射分量 $i(x,y)$ 的性质取决于照射源，而反射分量 $r(x,y)$ 的性质取决于成像物体的特性。

2.3　像素间的基本关系

2.3.1　相邻像素

对于给定坐标为 (x,y) 的像素 p，其 4 个水平和垂直的相邻像素的坐标为 $(x+1,y)$、$(x-$

$1,y)$、$(x,y+1)$、$(x,y-1)$。这 4 个像素构成的集合称为像素 p 的 4 邻域，用 $N_4(p)$ 表示。每个像素距离(x,y)一个单位距离，如果(x,y)位于图像的边界，则像素 p 的某一相邻像素位于数字图像的外部。

像素 p 的 4 个对角相邻像素有以下坐标：$(x+1,y+1)$、$(x+1,y-1)$、$(x-1,y+1)$、$(x-1,y-1)$，并用 $N_D(p)$ 表示。由 4 个对角相邻像素和 4 个邻域像素构成的像素集合称为像素 p 的 8 邻域，用 $N_8(p)$ 表示。与前所述相同，如果(x,y)位于图像的边界，则 $N_D(p)$ 和 $N_8(p)$ 中的某些像素位于图像的外部。

2.3.2　邻接性、连通性、区域和边界

两个像素连通需要满足两个基本条件：一是两个像素的位置是否相邻；二是两个像素的灰度值是否满足特定的相似性准则。

定义集合 V 是一个邻接性的灰度值集合。在二值图像中，如果把具有 1 值的像素归入邻接，则 $V=\{1\}$。

下面定义三种类型的邻接，如图 2.4 所示。

①4 邻接，即如果像素 q 在 $N_4(p)$ 集中，则具有 V 中数值的两个像素 p 和 q 是 4 邻接的。

②8 邻接，即如果像素 q 在 $N_8(p)$ 集中，则具有 V 中数值的两个像素 p 和 q 是 8 邻接的。

③m 邻接（混合邻接），即如果（i）q 在 $N_4(p)$ 集中，或者（ii）q 在 $N_D(p)$ 集中且集合 $N_4(p) \cap N_4(q)$ 没有 V 值的像素，则具有 V 值的像素 p 和 q 是 m 邻接的。

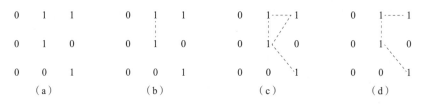

图 2.4　像素邻接类型

（a）像素排列；（b）4 邻接；（c）8 邻接；（d）m 邻接

从具有坐标(x,y)的像素 p 到具有坐标(s,t)的像素 q 的通路（或曲线）是特定的像素序列，其坐标为$(x_0,y_0),(x_1,y_1),\cdots,(x_n,y_n)$；又$(x_0,y_0)=(x,y)$，$(x_n,y_n)=(s,t)$，并且像素$(x_i,y_i)$和$(x_{i-1},y_{i-1})$（对于$1 \leqslant i \leqslant n$）是邻接的。在这种情况下，$n$ 是通路的长度。如果$(x_0,y_0)=(x_n,y_n)$，则通路是闭合通路。

令 S 代表一幅图像中的像素子集。如果在 S 中全部像素之间存在一个通路，则可以说两个像素 p 和 q 在 S 中是连通的。对于 S 中的任何像素 p，S 中连通到该像素的像素集称为 S 的连通分量。如果 S 中仅有一个连通分量，则集合 S 称为连通集。

令 R 代表一幅图像中的像素子集。如果 R 是连通集，则称 R 为一个区域。如果一个区域 R 的边界（也称为边缘或轮廓）是区域中像素的集合，则该区域有一个或多个不在 R 中的邻点。正常情况下，当提到一个区域时，指的是一幅图像的子集，并且区域边界中的任何像素（与图像边缘吻合）都作为区域边界部分全部包含于其中。

【例 2.1】　计算图 2.5 中的连通集个数（分别用 4 邻接和 8 邻接）。

解：4 邻接的连通集有 6 个，分别是 $\{A, B\}$、$\{C\}$、$\{D, E\}$、$\{F, G, H\}$、$\{I\}$、$\{J, K\}$；

8 邻接的连通集有 2 个，分别是 $\{A, B, C, D, E\}$、$\{F, G, H, I, J, K\}$。

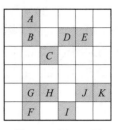

图 2.5　例 2.1 图

2.3.3　距离度量

对于像素 p、q 和 z，其坐标分别为 (x, y)、(s, t)、(μ, v)，且以下条件均成立：

$$D(p, q) \geqslant 0 [D(p, q) = 0,当且仅当 p = q]$$

$$D(p, q) = D(q, p)$$

$$D(p, z) \leqslant D(p, q) + D(q, z)$$

则 D 称为距离函数或距离度量。

p 和 q 之间的欧氏距离定义为

$$D_r(p, q) = \sqrt{(x-s)^2 + (y-t)^2} \tag{2.11}$$

对于距离度量，距点 (x, y) 的距离小于或等于某一值 r 的像素是中心在 (x, y)、半径为 r 的圆平面。

p 和 q 之间的距离 D_4（也称城市街区距离）有以下定义：

$$D_4(p, q) = |x-s| + |y-t| \tag{2.12}$$

在这种情况下，距点 (x, y) 的距离 D_4 小于或等于某一值 r 的像素形成一个中心在 (x, y) 的菱形。例如，距点 (x, y) 的距离 D_4 小于或等于 2 的像素形成固定距离的下列轮廓：

$$
\begin{array}{ccccc}
 & & 2 & & \\
 & 2 & 1 & 2 & \\
2 & 1 & 0 & 1 & 2 \\
 & 2 & 1 & 2 & \\
 & & 2 & & \\
\end{array}
$$

则具有 $D_4 = 1$ 的像素是 (x, y) 的 4 邻域。

p 和 q 之间的距离 D_8（也称棋盘距离）有以下定义：

$$D_8(p, q) = \max(|x-s|, |y-t|) \tag{2.13}$$

在这种情况下，距点 (x, y) 的距离 D_8 小于或等于某一值 r 的像素形成一个中心在 (x, y) 的方形。例如，距点 (x, y)（中心点）的距离 D_8 小于或等于 2 的像素形成下列固定距离的轮廓：

$$
\begin{array}{ccccc}
2 & 2 & 2 & 2 & 2 \\
2 & 1 & 1 & 1 & 2 \\
2 & 1 & 0 & 1 & 2 \\
2 & 1 & 1 & 1 & 2 \\
2 & 2 & 2 & 2 & 2 \\
\end{array}
$$

则具有 $D_8 = 1$ 的像素是 (x, y) 的 8 邻域。

注意，p 和 q 之间的距离 D_4 和 D_8 与任何通路无关，通路可能存在于各点之间，因为这些距离仅与点的坐标有关。然而，如果选择考虑 m 邻接，则两点之间的距离 D_m 用点之间最短的通路定义。两像素间的距离将依赖于沿通路的像素值以及它们的邻点值。例如，考虑下列安排的像素，并假设 p、p_2 和 p_4 的值为 1，p_1 和 p_3 的值为 0 或 1：

$$\begin{matrix} p_3 & p_4 \\ p_1 & p_2 \\ & p \end{matrix}$$

假设考虑值为 1 的像素邻接（即 $V = \{1\}$）。如果 p_1 和 p_3 是 0，则 p 和 p_4 之间最短 m 通路的长度（距离 D_m）是 2。如果 p_1 是 1，则 p_2 和 p 将不再是 m 邻接，并且 m 通路的长度变为 3（通路通过点 p、p_1、p_2、p_4）。类似地，如果 p_3 是 1（并且 p_1 为 0），则最短的通路距离也是 3。最后，p_1 和 p_3 都为 1，则 p 和 p_4 之间的最短 m 通路的长度为 4，通路通过点 p、p_1、p_2、p_3、p_4。

2.4　数字图像处理的数学基础

2.4.1　阵列与矩阵操作

图像可以看作是像素构成的二维矩阵，且图像的阵列操作是逐个像素进行的，因此对图像进行的操作可以看作矩阵操作。阵列与矩阵操作的区别介绍如下。

考虑两幅图像：

$$\begin{bmatrix} a_{11} & a_{12} \\ a_{21} & a_{22} \end{bmatrix} \text{和} \begin{bmatrix} b_{11} & b_{12} \\ b_{21} & b_{22} \end{bmatrix}$$

这两幅图像的阵列相乘操作为

$$\begin{bmatrix} a_{11} & a_{12} \\ a_{21} & a_{22} \end{bmatrix} \begin{bmatrix} b_{11} & b_{12} \\ b_{21} & b_{22} \end{bmatrix} = \begin{bmatrix} a_{11}b_{11} & a_{12}b_{12} \\ a_{21}b_{21} & a_{22}b_{22} \end{bmatrix}$$

这两幅图像的矩阵相乘操作为

$$\begin{bmatrix} a_{11} & a_{12} \\ a_{21} & a_{22} \end{bmatrix} \begin{bmatrix} b_{11} & b_{12} \\ b_{21} & b_{22} \end{bmatrix} = \begin{bmatrix} a_{11}b_{11}+a_{12}b_{21} & a_{11}b_{12}+a_{12}b_{22} \\ a_{21}b_{11}+a_{22}b_{21} & a_{21}b_{12}+a_{22}b_{22} \end{bmatrix}$$

2.4.2　线性操作与非线性操作

设任意两幅图像 f 和 g 及任意两个标量 a 和 b，存在算子 H 满足以下关系：

$$H(af+bg) = aH(f)+bH(g)$$

则称 H 为线性算子。

对两幅图像的和应用线性算子等同于分别对两幅图像应用线性算子之后求和。不满足上述条件的算子称为非线性算子。

2.4.3　算术操作

图像的算术操作主要应用于像素对之间的操作。常用的 4 种操作可以表示为

$$s(x,y)=f(x,y)+g(x,y)$$
$$d(x,y)=f(x,y)-g(x,y)$$
$$p(x,y)=f(x,y)\times g(x,y)$$
$$v(x,y)=f(x,y)\div g(x,y)$$

图像 f 和 g 均为 M 行 N 列，其中，$x=0$，1，2，$\cdots$，$M-1$；$y=0$，1，2，$\cdots$，$N-1$。以上 4 种操作均是对像素进行操作。因此，最终得到的 s、d、p、v 均为 $M\times N$ 的图像。

2.4.4　集合和逻辑操作

令 A 为一个实数序对组成的集合。如果 $a=(a_1,a_2)$ 是 A 的一个元素，则将其写成 $a\in A$；如果 a 不是 A 的一个元素，则写成 $a\notin A$。不包含任何元素的集合称为空集，用符号 $\varnothing$ 表示。

如果集合 A 中的每个元素又是另一个集合 B 中的一个元素，则称 A 为 B 的子集，表示为 $A\subseteq B$。两个集合 A 和 B 的并集表示为 $C=A\cup B$，这个集合包含集合 A 和 B 中的所有元素。类似地，两个集合 A 和 B 的交集表示为 $D=A\cap B$，这个集合包含的元素同时属于集合 A 和 B。如果 A 和 B 两个集合没有共同的元素，则称这两个集合是不相容的或者是互斥的，此时 $A\cap B=\varnothing$。全集 U 是所有元素的集合。例如，对于实数集合来说，集合的全集是实数域，包含所有的实数。集合 A 的补集是不包含于集合 A 的元素所组成的集合，表示为 $A^c=\{w|w\notin A\}$。集合 A 和 B 的差表示为 $A-B$，定义为 $A-B=\{w|w\in A,w\notin B\}=A\cap B^c$。可以看出，这个集合中的元素属于 A 而不属于 B。

2.4.5　空间操作

图像的空间操作主要分为单像素操作、邻域操作、几何空间变换。

1. 单像素操作

对单像素最简单的操作是改变其灰度值，使用变换函数 T 来描述，即

$$s=T(z)$$

式中，z 为原图像中像素的灰度值；s 为经过变换后的图像中对应像素的灰度值。

2. 邻域操作

设图像 f 中任意一个像素点坐标为 (x,y)，以该点为中心的一个邻域集合用 S_{xy} 表示。在输出图像 g 中的相同坐标的像素值，由输入图像中坐标在 S_{xy} 内的像素经指定操作决定。例如，指定的操作是计算在大小为 $m\times n$、中心在 (x,y) 的矩形邻域中的像素的平均值。这个区域中像素的位置组成集合 S_{xy}，则该操作如下式所示：

$$g(x,y)=\frac{1}{mn}\sum_{(r,c)\in S_{xy}}f(r,c) \tag{2.14}$$

其中，r 和 c 分别为像素的横纵坐标，这些坐标是 S_{xy} 中的成员。

图像 g 是这样得到的：改变坐标 (x,y)，以便邻域的中心在图像 f 中从一个像素到另一个像素移动，并在每个新位置重复邻域操作。

3. 几何空间变换

几何空间变换改变图像中像素之间的空间关系。坐标变换可由下式表示：

$$(x,y) = T\{(v,w)\}$$

式中，(v,w) 为原始图像中像素的坐标；(x,y) 为经过变换后图像中像素的坐标。

例如，$(x,y) = T\{(v,w)\} = (v/2, w/2)$ 在两个方向上把原图像缩小一半。最常用的几何空间坐标变换之一是仿射变换（表2.1），其一般形式如下：

$$\begin{bmatrix} x & y & 1 \end{bmatrix} = \begin{bmatrix} v & w & 1 \end{bmatrix} T = \begin{bmatrix} v & w & 1 \end{bmatrix} \begin{bmatrix} t_{11} & t_{12} & 0 \\ t_{21} & t_{22} & 0 \\ t_{31} & t_{32} & 1 \end{bmatrix} \tag{2.15}$$

该变换可根据矩阵 T 中元素所选择的值，对一组坐标点做尺度、旋转、平移或偏移。

表 2.1 仿射变换

变换名称	仿射矩阵 T	坐标公式
恒等变换	$\begin{bmatrix} 1 & 0 & 0 \\ 0 & 1 & 0 \\ 0 & 0 & 1 \end{bmatrix}$	$x = v$ $y = w$
尺度变换	$\begin{bmatrix} c_x & 0 & 0 \\ 0 & c_y & 0 \\ 0 & 0 & 1 \end{bmatrix}$	$x = c_y v$ $y = c_y w$
旋转变换	$\begin{bmatrix} \cos\theta & \sin\theta & 0 \\ -\sin\theta & \cos\theta & 0 \\ 0 & 0 & 1 \end{bmatrix}$	$x = v\cos\theta - w\sin\theta$ $y = v\sin\theta + w\cos\theta$
平移变换	$\begin{bmatrix} 1 & 0 & 0 \\ 0 & 1 & 0 \\ t_x & t_y & 1 \end{bmatrix}$	$x = v + t_x$ $y = w + t_y$
（垂直）偏移变换	$\begin{bmatrix} 1 & 0 & 0 \\ s_v & 1 & 0 \\ 0 & 0 & 1 \end{bmatrix}$	$x = vs_v + w$ $y = w$
（水平）偏移变换	$\begin{bmatrix} 1 & s_h & 0 \\ 0 & 1 & 0 \\ 0 & 0 & 1 \end{bmatrix}$	$x = v$ $y = s_h v + w$

2.4.6 向量与矩阵操作

一个像素向量 z 和一个任意点 a 在 n 维空间的欧氏距离 D 可以用一个向量积来定义，即

$$D(z,a) = \sqrt{(z-a)^{\mathrm{T}}(z-a)} = \sqrt{(z_1-a_1)^2 + (z_2-a_2)^2 + \cdots + (z_n-a_n)^2}$$

像素向量的另一个重要优点是由下式表示的线性变换：

$$w = A(z-a) \tag{2.16}$$

式中，A 为大小为 $m \times n$ 的矩阵；z 和 a 是 $n \times 1$ 大小的列向量。

在进行大规模数字图像处理时，将图像作为矩阵或向量来处理具有重大意义。对于一幅 $M \times N$ 的图像，将图像每一行的 N 个像素顺序排列，即可将 $M \times N$ 的矩阵描述为一个 $MN \times 1$ 维向量。向量操作可以用下式来表示图像的线性处理：

$$g = Hf + n \tag{2.17}$$

式中，f 为输入图像的 $MN \times 1$ 向量；n 为一个 $M \times N$ 噪声模式的 $MN \times 1$ 向量；g 为处理后图像的 $MN \times 1$ 向量；H 为用于对输入图像进行线性处理的 $MN \times MN$ 矩阵。

【例 2.2】　计算向量 $[1, 2, 3]$ 和矩阵 $\begin{bmatrix} 1 & 2 & 3 \\ 4 & 5 & 6 \\ 7 & 8 & 9 \end{bmatrix}$ 的乘积。

解：代码如下：

$A = [1\ 2\ 3]$；

$B = [1\ 2\ 3; 4\ 5\ 6; 7\ 8\ 9]$；

$C = A * B$。

输出结果为

$C = [30, 36, 42]$。

2.4.7　概率方法

概率方法是图像处理过程中常用的方式之一。在一幅 $M \times N$ 的数字图像中，统计指定灰度 $z_k [z_i(i=0,1,2,\cdots,L-1)$ 表示所有可能的灰度值]出现的概率 $p(z_k)$ 可估计为

$$p(z_k) = \frac{n_k}{MN} \tag{2.18}$$

式中，n_k 为灰度 z_k 在图像中出现的次数；MN 为像素总数。显然有

$$\sum_{k=0}^{L-1} p(z_k) = 1$$

若 $p(z_k)$ 已知，则可以获得多种重要的图像特性。例如，平均灰度值可由下式求解：

$$m = \sum_{k=0}^{L-1} z_k p(z_k) \tag{2.19}$$

类似地，灰度的方差为

$$\sigma^2 = \sum_{k=0}^{L-1} (z_k-m)^2 p(z_k) \tag{2.20}$$

方差是 z 值关于均值的展开度的度量，通常用来度量图像对比度。随机变量 z 关于均值的第 n 阶矩定义为

$$\mu_n(z) = \sum_{k=0}^{L-1} (z_k-m)^2 p(z_k) \tag{2.21}$$

从上式可以看出，$\mu_0(z)=1$，$\mu_1(z)=0$ 且 $\mu_2(z)=\sigma^2$。反之，均值和方差与图像的视觉特性有明显的直接关系，高阶矩则更敏感。

习 题 二

习题二答案

2.1 模拟图像数字化主要包括哪两个方面？

2.2 试说明视觉成像的基本原理。

2.3 简述同时对比度现象。

2.4 简述马赫带效应的基本概念。

2.5 两个像素连通需要满足哪两个基本条件？

2.6 简述图像的 4 邻域、8 邻域。

2.7 简述欧氏距离、城市街区距离和棋盘距离。

2.8 数字图像都有哪些操作？

2.9 什么是采样与量化？

2.10 图像的空间操作主要分为哪几类？

2.11 存储一幅 1 024×768、256 个灰度级的图像需要多少比特？

2.12 采样时何时会发生频率混叠？如何避免频率混叠的发生？

第 3 章

图 像 变 换

为了有效和快速地对图像进行处理和分析，需要将原定义在图像空间的图像以某种形式转换到另外的空间，利用空间的特有性质方便地进行一定的加工，最后再转换回图像空间，以得到所需的效果。这种使图像处理简化的方法通常称为图像变换技术。

本章将主要介绍图像灰度变换、图像几何变换、图像频率域变换。

3.1 图像灰度变换

图 3.1 显示了图像灰度变换函数。

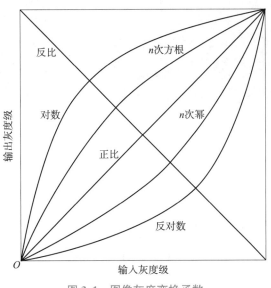

图 3.1 图像灰度变换函数

3.1.1 图像反转

图 3.1 所示的反比变换函数的表达式为

$$s = L - 1 - r \tag{3.1}$$

式中，s 为目标图像像素点的像素值；L 为原图像所有像素点中的最大灰度值；r 为原图像像素点的像素值。

灰度级范围为 $[0, L-1]$ 的反转图像（即负片）可以用式（3.1）获得，通过将图像强度进行倒转产生图像反转的对等图像。这种处理适用于增强图像中嵌入暗色区域的白色或者灰色细节，尤其是当黑色面积占主导地位时，如图 3.2 所示。

【例 3.1】 反转变换。

解：程序如下。

```
clc;clear;close all
im1 = imread('lena. jpg');              % 读取图像：彩色图
im2 = rgb2gray(im1);                    % 获得灰度图
figure;
imshow(im2);
im3 = 255. im2;                         % 灰度反转
figure;
imshow(im3);
```

上述程序运行的结果，如图 3.2 所示。

　　　　（a）　　　　　　　　　　　　（b）

图 3.2　图像反转

（a）原图像；（b）反转后的图像

3.1.2 对数变换

图 3.1 所示的对数变换函数的一般表达式为

$$s = c\log(1 + r) \tag{3.2}$$

式中，c 为常数，并假设 $r \geqslant 0$。

对数变换主要用于将图像的低灰度值部分进行扩展，将其高灰度值部分进行压缩，从而达到强调图像低灰度值部分的目的。由于对数变换在很大程度上压缩了图像像素值的动态范围，因此底数越大，对低灰度部分的强调就越强，对高灰度部分的压缩也就越强。相反地，如果想强调高灰度部分，则使用反对数函数就可以了。

由于对数曲线在像素值较低的区域斜率较大，而在像素值较高的区域斜率较小，所以图像经过对数变换之后，在较暗的区域对比度将得到提升，因而能增强图像暗部的细节。例如，图像的傅里叶频谱动态范围可能宽达 $0 \sim 10^6$，直接显示频谱的话，显示设备的动态范围往往不能满足要求，因此需要使用对数变换，使傅里叶频谱的动态范围被合理地非线性压缩。

【例 3.2】 对数变换。

解：程序如下。

```
clc;clear;close all
im1 = imread('lena. jpg');            % 读取图像:彩色图
figure(1);
imshow(im1);
title('原图像');
im2 = rgb2gray(im1);                  % 获得灰度图
im2 = im2double(im2);                 % log 运算一般处理 double 类型
c = 1. 5;                             % 系数 c
im3 = c*log(1+im2);                   % 对数变换,或者 s=log(1+v *r)/(log(v+1));
im3 = im2uint8(im3+0. 5);             % MATLAB 一般显示 uint8 类型
imshow(im3);
title('对数变换'后的图像);
```

上述程序运行的结果，如图 3.3 所示。

（a） （b）

图 3.3 图像对数变换

（a）原图像；（b）对数变换后的图像

3.1.3 幂律（伽马）变换

幂律（伽马）变换主要用于图像的校正，将漂白的图像或者过暗的图像进行修正。幂律（伽马）变换也常常用于显示屏的校正。

幂律（伽马）变换函数的基本形式为

$$s = cr^{\gamma} \tag{3.3}$$

式中，c 和 γ 为常数。

有时考虑到偏移量（即当输入为 0 时的可测量输出），式（3.3）也写作 $s=c(r+\varepsilon)^{\gamma}$。作为 r 的函数，s 对于部分 γ 值的曲线如图 3.4 所示。与对数变换的情况一样，幂律（伽马）变换曲线中 γ 的部分值把输入值映射到输出值。相反，输入高值时也成立。然而，不像对数变换函数，随着 γ 值的变化，幂律（伽马）变换函数将简单地得到一簇变换曲线。如预期的一样，图 3.4 中 $\gamma>1$ 的值和 $\gamma<1$ 的值产生的曲线有相反的效果。最后，应当注意，当式（3.3）中 $c=\gamma=1$ 时，其将简化为正比变换。

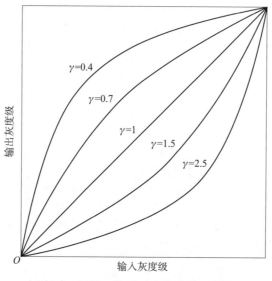

图 3.4　幂律（伽马）变换曲线示意图

用于图像获取、打印和显示的各种装置根据幂次规律进行响应。习惯上，幂次等式中的指数是指伽马值。用于修正幂次响应现象的过程称作伽马校正。在图 3.4 中，对于 $\gamma=2.5$ 的参考曲线，系统倾向于产生比希望的效果更暗的图像。

【例 3.3】　幂律（伽马）变换。

解：程序如下。

```
clc;clear;close all
im1 = imread('lena. jpg');              % 读取图像:彩色图
% figure
% imshow(im1)
im2 = rgb2gray(im1);                    % 获得灰度图
figure
imshow(im2)
im2 = im2double(im2);                   % 运算一般处理 double 类型
c = 1;                                  % 系数 c
a = 4;                                  % 系数 a
im3 = c*im2.^a;                         % 幂律变换
im3 = im2uint8(im3);                    % MATLAB 一般显示 uint8 类型
figure
imshow(im3)
```

上述程序运行的结果，如图 3.5 所示。

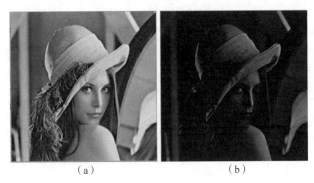

（a） （b）

图 3.5 图像幂律（伽马）变换

（a）原图像；（b）幂律（伽马）变换后的图像

如果需要在计算机屏幕上精确显示图像，那么伽马校正是很重要的。不恰当的图像修正会被漂白或变得更暗。试图精确再现颜色也需要伽马校正的一些知识，这是因为改变伽马校正值不仅可以改变亮度，还可以改变红、绿、蓝的比率。随着数字图像在因特网上商业应用的增多，在过去几年里，伽马校正逐渐变得越来越重要。

3.1.4 分段线性变换

分段线性变换的主要优势在于它的形式可以任意合成。事实上，有些重要变换的实际应用可由分段线性变换函数来描述。分段线性变换函数的主要缺点是其需要更多的用户输入。

1. 对比拉伸

最简单的分段线性变换函数之一就是对比拉伸变换。低对比度图像可由照明不足、成像传感器动态范围太小，甚至在图像获取过程中透镜光圈设置错误引起。对比拉伸的思想是提高图像处理时灰度级的动态范围。

图 3.6 是对比拉伸的典型变换。点 (r_1, s_1) 和 (r_2, s_2) 的位置控制了分段线性变换函数的形状。如果 $r_1 = s_1$ 且 $r_2 = s_2$，则变换为线性函数，它产生一个没有变化的灰度级。若 $r_1 = r_2$，$s_1 = 0$，且 $s_2 = L-1$，则变换为阈值函数，并产生二值图像。(r_1, s_1) 和 (r_2, s_2) 的中间值将产生输出图像中灰度级不同程度的展开，因而影响其对比度。一般情况下，假定 $r_1 \leqslant r_2$ 且 $s_1 \leqslant s_2$，函数则为单值单调增加。这样将保持灰度级的次序，因此避免了在处理过的图像中产生人为强度。

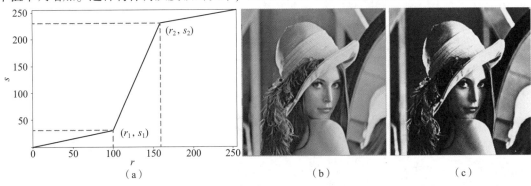

（a） （b） （c）

图 3.6 对比拉伸的典型变换

（a）分段线性变换；（b）原图像；（c）对比拉伸后的图像

2. 灰度切割

灰度切割（图 3.7）主要用于强调图像的某一部分，并将该部分赋予较高的灰度值。灰度切割主要包括两种方法：第一种方法是将特定像素的灰度值赋予一个较高的灰度值，其余部分赋予一个较低的灰度值，从而得到一个二值化图像；第二种方法是仅仅将部分像素的灰度值赋予一个较高的灰度值，而其余像素的灰度值保持不变。

在图像中提高特定灰度范围的亮度通常是必要的，其应用包括增强特征（如卫星图像中大量的水）和增强 X 射线图中的缺陷。有许多方法可以进行灰度切割，但大多数是两种基本方法的变形，即在所关心的范围内为所有灰度指定一个较高值，而为其他灰度指定一个较低值。

（a）　　　　　　　　　　　　（b）

图 3.7　灰度切割

（a）原图像；（b）灰度切割后的图像

3. 位图切割

位图切割就是按照图像的位将图像进行分层处理，通过对特定位提高亮度，取代提高灰度范围的亮度。图像中的每一个像素都由 8 比特表示，假设图像是由 8 个 1 比特平面组成，其范围从最低有效位的位平面 0 到最高有效位的位平面 7。平面 0 包含图像中像素的最低位，而平面 7 则包含图像中像素的最高位。

【例 3.4】　图像分段线性变换。

解：程序如下。

```
clc;clear;close all
im1 = imread('lena. jpg');          % 读取图像:彩色图像
figure
imshow(im1);
title('原图像');
im2 = rgb2gray(im1);                % 获得灰度图
[M,N] = size(im2);
x1 = 100;
x2 = 160;
y1 = 30;
y2 = 230;
for x = 1:M                         % 分段线性变换
  for y = 1:N
```

```
    if im2(x,y)<= x1
        im3(x,y)=im2(x,y)*(y1/x1);
    elseif im2(x,y)>x1&&im2(x,y)<=x2
        im3(x,y)=((y2.y1)/(x2.x1))*(im2(x,y).x1)+y1;
    else
        im3(x,y)=((y2.255.0)/(x2.255.0))*(im2(x,y).255.0)+255.0;
    end
  end
end
im3=uint8(im3+0.5);
figure
imshow(im3);
title('分段线性变换后的图像');
```

上述程序运行的结果，如图 3.8 所示。

（a）　　　　　　　　　　（b）

图 3.8　图像分段线性变换

（a）原图像；（b）分段线性变换后的图像

4. 灰度级分层

【例 3.5】　图像灰度级分层变换。

解：程序如下。

```
clc;clear;close all
im1=imread('lena.jpg');           % 读取图像:彩色图像
figure
imshow(im1);
title('原图像');
im2=rgb2gray(im1);                % 获得灰度图
[M,N]=size(im2);
layer1 = 30;
layer2 = 60;
value1 = 10;
value2 = 250;
for x=1:M                         % 灰度级分层
  for y=1:N
```

```
    if im2(x,y)>= layer2
       im3(x,y)=value1;
    elseif im2(x,y)>= layer1
       im3(x,y)= value2;
    else
       im3(x,y)=value1;
    end
  end
end
im3=uint8(im3);
figure
imshow(im3);
title('灰度级分层变换后的图像');
```

上述程序运行的结果，如图 3.9 所示。

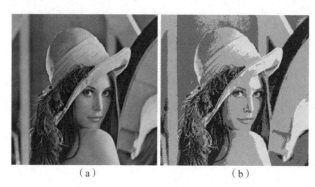

（a） （b）

图 3.9 图像灰度级分层变换

（a）原图像；（b）灰度级分层变换后的图像

5. 对比度拉伸

【例 3.6】 图像对比度拉伸变换。

解：程序如下。

```
Image1=im2double(imread('lena. jpg'));
figure();
imshow(Image1);
gray=rgb2gray(Image1);
T=graythresh(gray);
BW=im2bw(gray,T);
figure;
imshow(BW),title('二值化图像');
二值化
"""最大最小值拉伸"""
clc;clear;close all
im1=imread('lena1. jpg');          % 读取图像:彩色图
im2=rgb2gray(im1);
```

```
[M,N]=size(im2);
x1 = min(im2);
x2 = max(im2);
max=255.0;
min=0;
im3=(255.0*(im2. x1)). /(x2. x1)+max;
im3=uint8(im3+0.5);
figure(1);
subplot(121);
imshow(im3);
title('最大拉伸');
im4=(255.0* (im2. x2)). /(x2. x1)+min;
im4=uint8(im4+0.5);
subplot(122);
imshow(im4);
title('最小拉伸');
```

上述程序运行的结果，如图 3.10 所示。

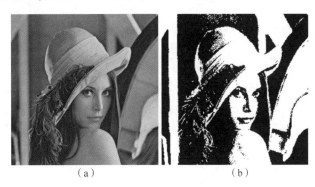

（a）　　　　　　　　　　（b）

图 3.10　图像对比度拉伸变换

（a）原图像；（b）对比度拉伸后的图像

3.2　图像几何变换

几何变换是图像变换的基本方法，主要包括图像的平移、镜像、转置、缩放、旋转等。图像几何变换的实质是改变像素的空间位置或估算新空间位置上的像素。

3.2.1　图像平移

图像平移是将图像中的所有像素分别沿 x 轴、y 轴按照给定的偏移量进行移动，移动后的图像与原图像的内容完全相同，但改变了原有景物在图像中的位置。若图像像素点 (x,y)

平移到 $(x+x_0,y+y_0)$，则变换函数为 $u=X(x,y)=x+x_0$，$v=Y(x,y)=y+y_0$，写成矩阵表达式为

$$\begin{bmatrix} u \\ v \end{bmatrix} = \begin{bmatrix} x \\ y \end{bmatrix} + \begin{bmatrix} x_0 \\ y_0 \end{bmatrix} \tag{3.4}$$

式中，x_0 和 y_0 分别为 x 和 y 的坐标平移量。

平移后图像上的每一点 (u,v) 都可以在原图像上找到对应的点 (x,y)，如图 3.11 所示。

(a)　　　　　　　　　　(b)

图 3.11　图像平移

(a) 原图像；(b) 平移后的图像

3.2.2　图像镜像

图像的镜像分为水平镜像和垂直镜像，如图 3.12 和图 3.13 所示。设图像的大小为 $M \times N$，则水平镜像的计算公式为

$$\begin{cases} u=M-1-x \\ v=y \end{cases} \tag{3.5}$$

垂直镜像的计算公式为

$$\begin{cases} u=x \\ v=N-1-y \end{cases} \tag{3.6}$$

(a)　　　　　　　　　　(b)

图 3.12　水平镜像

(a) 原图像；(b) 水平镜像后的图像

（a） （b）

图 3.13 垂直镜像

（a）原图像；（b）垂直镜像后的图像

3.2.3 图像转置

图像转置是将图像的 x、y 坐标进行互换，如图 3.14 所示。

（a） （b）

图 3.14 图像转置

（a）原图像；（b）转置后的图像

3.2.4 图像缩放

图像缩放是指将图像的尺寸在 x、y 方向上分别缩放 s_x、s_y 倍，获得一幅新图像。若图像坐标 (x,y) 缩放到 (s_x,s_y) 倍，则变换函数为

$$\begin{bmatrix} u \\ v \end{bmatrix} = \begin{bmatrix} s_x & 0 \\ 0 & s_y \end{bmatrix} \begin{bmatrix} x \\ y \end{bmatrix} \tag{3.7}$$

式中，s_x 和 s_y 分别为 x 和 y 的缩放因子，其大于 1 表示放大，小于 1 表示缩小。

图像缩小如图 3.15 所示。

【例 3.7】 利用基于图像大小调整原理将下面图像放大。设原图像 $\boldsymbol{F}$ 大小为 $M \times N$，放大为 $k_1 = 1.2$，$k_2 = 2.5$。假定 $\boldsymbol{F}$ 为

（a）　　　　　　　　　　　　（b）

图 3.15　图像缩小

（a）原图像；（b）缩小后的图像

$$\boldsymbol{F} = \begin{bmatrix} f_{11} & f_{12} & f_{13} \\ f_{21} & f_{22} & f_{23} \\ f_{31} & f_{32} & f_{33} \end{bmatrix}$$

解：$\boldsymbol{G}(i,j) = \boldsymbol{F}(\Delta i \times i, \Delta j \times j)$

设原图像是 $\boldsymbol{F}(i,j)$：　　　　$i = 1,2,\cdots,M$；$j = 1,2,\cdots,N$

新图像是 $\boldsymbol{G}(i,j)$：　　　　$i = 1,2,\cdots,k_1 M$；$j = 1,2,\cdots,k_2 N$

计算采样间隔：　　　　$\Delta i = 1/k_1 = 0.83$；$\Delta j = 1/k_2 = 0.4$

计算：　　　　　　　　$\boldsymbol{G}(i,j) = \boldsymbol{F}(\Delta i \times i, \Delta j \times j)$

得 $\boldsymbol{G}$ 为 4×8 的新图像：

$$\boldsymbol{G} = \begin{bmatrix} f_{11} & f_{11} & f_{11} & f_{12} & f_{12} & f_{12} & f_{13} & f_{13} \\ f_{21} & f_{21} & f_{21} & f_{22} & f_{22} & f_{22} & f_{23} & f_{23} \\ f_{31} & f_{31} & f_{31} & f_{32} & f_{32} & f_{32} & f_{33} & f_{33} \\ f_{31} & f_{31} & f_{31} & f_{32} & f_{32} & f_{32} & f_{33} & f_{33} \end{bmatrix}$$

3.2.5　图像旋转

图像旋转是将图像绕笛卡尔坐标系的原点逆时针旋转 θ 角度，则变换后图像坐标为

$$\begin{bmatrix} u \\ v \end{bmatrix} = \begin{bmatrix} \cos\theta & -\sin\theta \\ \sin\theta & \cos\theta \end{bmatrix} \begin{bmatrix} x \\ y \end{bmatrix} \tag{3.8}$$

即将图像上的所有像素都旋转一个相同的角度。经过旋转变换后，图像的大小一般会发生改变，即可以把转出显示区域的图像截去，或者扩大图像范围来显示所有的图像。如果图像旋转是绕一个指定点 (x,y) 旋转，则先要将坐标系平移到该点，再进行旋转，然后将旋转后的图像平移回原来的坐标原点，这实际上是图像的复合变换。

【例 3.8】　计算下列问题：

①给出将图像顺时针旋转45°的变换矩阵。

②如何利用上述矩阵实现图像旋转？

③利用①中得到的矩阵旋转图像点 $(x,y) = (1,0)$。

解：①设图像在图像平面 xoy 上，则旋转变换矩阵为

$$R = \begin{bmatrix} \cos(\pi/4) & \sin(\pi/4) \\ -\sin(\pi/4) & -\cos(\pi/4) \end{bmatrix} = \begin{bmatrix} \sqrt{2}/2 & \sqrt{2}/2 \\ -\sqrt{2}/2 & \sqrt{2}/2 \end{bmatrix}$$

②设原图像的坐标为 $v = [x, y]^T$，则旋转变化后得到的新坐标为 $v' = [x', y'] = R_v$。

③新坐标点为

$$v' = [x', y']^T = [\cos 45°, -\sin 45°]^T = [\sqrt{2}/2, -\sqrt{2}/2]^T$$

【例 3.9】 图像旋转变换。

解：程序如下。

```
f = imread("lena. jpg");
se=translate(strel(1),[50 80]);
b=imdilate(f,se);
figure;
subplot(231);
imshow(f);
title("原图像");
subplot(232);
imshow(b);
title("平移后图像");            %%平移的结果如图 3.11 所示
H=flip(f,2);
V=flip(f,1);
subplot(233);
imshow(H);
title('水平镜像');             %% 水平镜像的结果如图 3.12 所示
subplot(234);
imshow(V);
title('垂直镜像');             %% 垂直镜像的结果如图 3.13 所示
XZ=imrotate(f,30);
subplot(235);
imshow(XZ),
title('旋转 30°');             %% 旋转的结果如图 3.16 所示
f1=rgb2gray(f);
f2=imresize(f1,2. 0,'nearest');
f3=imresize(f1,0. 5,'nearest');
figure;
imshow(f2);
title('放大 2. 0 倍');
figure;
imshow(f3);
title('缩小 0. 5 倍');         %% 缩小的结果如图 3.15 所示
```

上述程序运行的结果，如图 3.16 所示。

（a） （b）

图 3.16 图像旋转变换

（a）原图像；（b）逆时针旋转 30°后的图像

3.3 图像频率域变换

3.3.1 傅里叶变换

在图像处理的广泛领域中，傅里叶变换起着非常重要的作用，其主要包括图像增强、图像分析、图像复原、图像压缩等。图像数据的数字处理中常用的是二维傅里叶变换，它能把空间域的图像转换到空间频率域上进行研究，从而能很容易地了解图像的各空间频率域成分，以便进行相应的处理。本节将描述傅里叶变换在图像处理中的应用及 MATLAB 实现案例。

1. 连续傅里叶变换

假设函数 $f(x)$ 为实变量 x 的连续函数，且在 $(-\infty, +\infty)$ 内绝对可积，则 $f(x)$ 的傅里叶变换定义为

$$F(u) = \int_{-\infty}^{+\infty} f(x) e^{-j2\pi ux} dx \qquad (3.9)$$

假设 $F(u)$ 可积，则 $f(x)$ 的傅里叶逆变换为

$$f(x) = \int_{-\infty}^{+\infty} F(u) e^{j2\pi ux} du \qquad (3.10)$$

式（3.9）和式（3.10）称为傅里叶变换对。傅里叶变换前的变量域为时间域（或空间域），而变换后的变量域为频率域。通常对这两个式子所做的假设在实际应用中都是成立的。$f(x)$ 为实函数，而 $F(u)$ 通常是自变量 u 的复函数，因此其可以写成

$$F(u) = R(u) + jI(u) \qquad (3.11)$$

式中，$R(u)$ 和 $I(u)$ 分别为 $F(u)$ 的实部和虚部。

式（3.11）也常写成指数形式，即

$$F(u) = |F(u)| \exp[j\theta(u)] \qquad (3.12)$$

式中，$|F(u)|$ 为 $f(x)$ 的傅里叶频谱；$\theta(u)$ 为相位角。它们的值分别为

$$|F(u)| = \sqrt{R^2(u) + I^2(u)}$$

$$\theta(u) = \arctan\left[I(u)/R(u)\right] \tag{3.13}$$

傅里叶变换很容易推广到二维函数的情况中。假设函数 $f(x, y)$ 是连续可积的，且 $F(u, v)$ 也可积，则存在以下的傅里叶变换对：

$$F(u, v) = \int_{-\infty}^{+\infty} f(x, y) e^{-j2\pi(ux+vy)} \mathrm{d}x\mathrm{d}y \tag{3.14}$$

$$f(x, y) = \int_{-\infty}^{+\infty} F(u, v) e^{+j2\pi(ux+vy)} \mathrm{d}u\mathrm{d}v \tag{3.15}$$

同样地，可以将二维函数的傅里叶变换写为以下形式：

$$F(u, v) = R(u, v) + jI(u, v) \tag{3.16}$$

式中，频幅 $|F(u, v)| = \sqrt{R^2(u, v) + I^2(u, v)}$；相位角 $\theta(u, v) = \arctan[I(u, v)/R(u, v)]$。

2. 离散傅里叶变换

计算机上使用的傅里叶变换通常都是离散形式的，即离散傅里叶变换（Discrete Fourier Transform，DFT）。使用离散傅里叶变换的根本原因：一是 DFT 的输入、输出均为离散形式，有利于计算机处理；二是计算 DFT 存在快速算法——快速傅里叶变换（FFT）。

假设对函数 $f(x)$ 在 N 个等间隔点进行采样，得到离散化的函数 $f(n)$（$n = 1, 2, \cdots, N-1$），定义一维傅里叶正逆变换对形式如下：

$$F(k) = \sum_{n=0}^{N-1} f(n) e^{-\frac{j2\pi nk}{N}} \quad (n, k = 0, 1, \cdots, N-1) \tag{3.17}$$

$$f(n) = \frac{1}{N} \sum_{k=0}^{N-1} F(k) e^{\frac{j2\pi nk}{N}} \quad (n, k = 0, 1, \cdots, N-1) \tag{3.18}$$

类似于一维傅里叶变换，二维傅里叶变换公式如下：

$$F(u, v) = \sum_{x=0}^{M-1} \sum_{y=0}^{N-1} f(x, y) e^{-\frac{j2\pi ux}{M} - \frac{j2\pi vy}{N}} \quad (u = 0, 1, \cdots, M-1; v = 0, 1, \cdots, N-1) \tag{3.19}$$

二维傅里叶逆变换公式如下：

$$f(x, y) = \frac{1}{MN} \sum_{u=0}^{M-1} \sum_{v=0}^{N-1} F(u, v) e^{\frac{j2\pi ux}{M} + \frac{j2\pi vy}{N}} \quad (u = 0, 1, \cdots, M-1; v = 0, 1, \cdots, N-1) \tag{3.20}$$

故式（3.19）和式（3.20）形成二维傅里叶变换对，即

$$f(x, y) \Leftrightarrow F(u, v)$$

式中，$e^{-\left[j2\pi\left(\frac{ux}{M} + \frac{vy}{N}\right)\right]}$ 与 $e^{\left[j2\pi\left(\frac{ux}{M} + \frac{vy}{N}\right)\right]}$ 分别为正逆变换核；x、y 为空间域采样值；u、v 为频率域采样值；$F(u, v)$ 为离散信号 $f(x, y)$ 的频谱。

【例 3.10】　给出一幅图像，对其进行傅里叶变换。

解：程序如下。

```
function [] = imagefft()
    I = imread('lena. jpg');
    subplot(121);
    imshow(I);
    I = rgb2gray(I);
    I = im2double(I);
```

```
        F=fft2（I）；
        F=fftshift（F）；
        T=20 *log（F）；
        subplot（122）；
        imshow（T，[ ]）；
    end
```

上述程序运行的结果，如图 3.17 所示。

（a）　　　　　　　　　　　　　（b）

图 3.17　图像傅里叶变换

（a）原图像；（b）傅里叶变换后的图像

3.3.2　余弦变换

离散余弦变换的变换核为余弦函数，计算速度较快，有利于图像压缩和其他处理。在大多数情况下，离散余弦变换（Discrete Cosine Transform，DCT）用于图像的压缩操作中。JPEG 图像格式的压缩算法采用的是 DCT。

一维离散余弦正逆变换公式如下：

$$F(k)=\sqrt{\frac{2}{N}}\sum_{n=0}^{N-1}f(n)\cos\frac{\pi(2n+1)k}{2N}(n,k=0,1,\cdots,N-1) \tag{3.21}$$

$$f(n)=\frac{1}{N}\sum_{k=0}^{N-1}F(k)\cos\frac{\pi(2n+1)k}{2N}(n,k=0,1,\cdots,N-1) \tag{3.22}$$

类似于一维离散余弦变换，二维离散余弦正变换公式为

$$F(u,v)=c(u)c(v)\sum_{u=0}^{M-1}\sum_{v=0}^{N-1}f(x,y)\cos\frac{\pi(2x+1)u}{2M}\cos\frac{\pi(2y+1)v}{2N} \tag{3.23}$$

$$(u=0,1,\cdots,M-1;v=0,1,\cdots,N-1)$$

式中，

$$c(u)=\begin{cases}\sqrt{1/M} & (u=0)\\ \sqrt{2/M} & (u=1,2,\cdots,M-1)\end{cases}$$

$$c(v)=\begin{cases}\sqrt{1/N} & (v=0)\\ \sqrt{2/N} & (v=1,2,\cdots,N-1)\end{cases}$$

二维离散余弦逆变换公式为

$$f(x,y)=\sum_{u=0}^{M-1}\sum_{v=0}^{N-1}c(u)c(v)F(u,v)\cos\frac{\pi(2x+1)u}{2M}\cos\frac{\pi(2y+1)v}{2N} \tag{3.24}$$

$$(x=0,1,\cdots,M-1;y=0,1,\cdots,N-1)$$

式中，x、y 为空间域采样值；u、v 为频率域采样值。

通常，数字图像用像素仿真表示，即 $M=N$。在这种情况下，二维离散余弦的正逆变换可简化为

$$F(u,v)=c(u)c(v)\sum_{x=0}^{N-1}\sum_{y=0}^{N-1}f(x,y)\cos\frac{\pi(2x+1)u}{2N}\cos\frac{\pi(2y+1)v}{2N} \tag{3.25}$$

$$(u,v=0,1,\cdots,N-1)$$

$$f(x,y)=\sum_{u=0}^{N-1}\sum_{v=0}^{N-1}c(u)c(v)F(u,v)\cos\frac{\pi(2x+1)u}{2N}\cos\frac{\pi(2y+1)v}{2N} \tag{3.26}$$

$$(x=0,1,\cdots,N-1)$$

式中，

$$c(u)=c(v)=\begin{cases}1/\sqrt{2} & (u=0 \text{ 或 } v=0)\\ 1 & (u,v=1,2,\cdots,N-1)\end{cases}$$

【例 3.11】　一幅 4×4 的数字图像 $f=\begin{bmatrix}1 & 0 & 2 & 0\\ 3 & 0 & 4 & 0\\ 5 & 0 & 6 & 0\\ 7 & 0 & 8 & 0\end{bmatrix}$，利用 FFT 对其进行二维 DFT 运算。

解：列变换为

$$\begin{bmatrix}1\\3\\5\\7\end{bmatrix}\Rightarrow\begin{bmatrix}1\\5\end{bmatrix}\Rightarrow\begin{bmatrix}1+W_2^0\times5=6\\1-W_2^0\times5=-4\end{bmatrix}\Rightarrow\begin{bmatrix}6+W_4^0\times10\\-4+W_4^1\times(-4)\\6-W_4^0\times10\\-4-W_4^1\times(-4)\end{bmatrix}=\begin{bmatrix}16\\-4+4j\\-4\\-4-4j\end{bmatrix}$$

$$\begin{bmatrix}3\\7\end{bmatrix}\Rightarrow\begin{bmatrix}3+W_2^0\times7=10\\3-W_2^0\times7=-4\end{bmatrix}$$

$$\begin{bmatrix}2\\4\\6\\8\end{bmatrix}\Rightarrow\begin{bmatrix}2\\6\end{bmatrix}\Rightarrow\begin{bmatrix}2+W_2^0\times6=8\\2-W_2^0\times6=-4\end{bmatrix}\Rightarrow\begin{bmatrix}8+W_4^0\times12\\-4+W_4^1\times(-4)\\8-W_4^0\times12\\-4-W_4^1\times(-4)\end{bmatrix}=\begin{bmatrix}20\\-4+4j\\-4\\-4-4j\end{bmatrix}$$

$$\begin{bmatrix}4\\8\end{bmatrix}\Rightarrow\begin{bmatrix}4+W_2^0\times8=12\\4-W_2^0\times8=-4\end{bmatrix}$$

经过列变换后为

$$\begin{bmatrix}16 & 0 & 20 & 0\\ -4+4j & 0 & -4+4j & 0\\ -4 & 0 & -4 & 0\\ -4-4j & 0 & -4-4j & 0\end{bmatrix}$$

行变换为

$$\begin{bmatrix} 16 & 0 & 20 & 0 \end{bmatrix} \qquad \begin{bmatrix} -4+4j & 0 & -4+4j & 0 \end{bmatrix}$$

$$\Downarrow \qquad\qquad\qquad\qquad \Downarrow$$

$$(16 \quad 20) \quad (0 \quad 0) \qquad (-4+4j \quad -4+4j) \quad (0 \quad 0)$$

$$\Downarrow \qquad\quad \Downarrow \qquad\qquad\qquad \Downarrow \qquad\qquad \Downarrow$$

$$(36 \quad -4) \quad (0 \quad 0) \qquad\quad (-8+8j \quad 0) \qquad (0 \quad 0)$$

$$\Downarrow \qquad\qquad\qquad\qquad\qquad \Downarrow$$

$$(36 \quad -4 \quad 36 \quad -4) \qquad (-8+8j \quad 0 \quad -8+8j \quad 0)$$

$$(-4 \quad 0 \quad -4 \quad 0) \qquad (-4-4j \quad 0 \quad -4-4j \quad 0)$$

$$\Downarrow \qquad\qquad\qquad\qquad\qquad \Downarrow$$

$$(-4 \quad -4) \quad (0 \quad 0) \qquad (-4-4j \quad -4-4j) \quad (0 \quad 0)$$

$$\Downarrow \qquad\quad \Downarrow \qquad\qquad\qquad \Downarrow \qquad\qquad \Downarrow$$

$$(-8 \quad 0) \quad (0 \quad 0) \qquad\quad (-8-8j \quad 0) \qquad (0 \quad 0)$$

$$\Downarrow \qquad\qquad\qquad\qquad\qquad \Downarrow$$

$$(-8 \quad 0 \quad -8 \quad 0) \qquad (-8-8j \quad 0 \quad -8-8j \quad 0)$$

二维 DFT 的结果为

$$\boldsymbol{F} = \begin{bmatrix} 36 & -4 & 36 & -4 \\ -8+8j & 0 & -8+8j & 0 \\ -8 & 0 & -8 & 0 \\ -8-8j & 0 & -8-8j & 0 \end{bmatrix}$$

【例 3.12】 二维余弦正逆变换在 MATLAB 中的实现。

解：程序如下。

```
I = imread('lena. jpg');          %输入灰度图像
g=rgb2gray(I);
D = dct2(g);                       %DCT 变换
D1 = idct2(D);                     %逆变换
subplot(2,2,1);imshow(I);
subplot(2,2,2);imshow(g);
subplot(2,2,3);imshow(D);
subplot(2,2,4);imshow(uint8(D1));
```

上述程序运行的结果，如图 3.18 所示。

（a）　　　　　　　　　　　　（b）

图 3.18　图像离散余弦变换（附彩插）

（a）原图像；（b）灰度图像

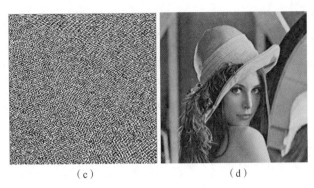

（c） （d）

图 3.18 图像离散余弦变换（续）

（c）余弦变换系数；（d）余弦逆变换恢复图像

3.3.3 K-L 变换

K-L 变换首先由 Karhunen 和 Leoeve 引入，用于处理随机过程中的信号相关问题。Hotelling 也提出了一种离散信号的去相关线性变换，称为主分量分析法（Principal Components Analysis，PCA），实际上，它是 K-L 级数展开的离散等效方法。因此，这种变换方法有多种称谓，如 K-L 变换、Hotelling 变换、特征向量变换或主分量变换等。

对各特征向量 $\boldsymbol{b}_i$ 进行归一化处理后，就得到了 K-L 变换的变换矩阵 $\boldsymbol{A}$，即

$$\boldsymbol{A} = \begin{bmatrix} \boldsymbol{a}_1^{\mathrm{T}} \\ \boldsymbol{a}_2^{\mathrm{T}} \\ \vdots \\ \boldsymbol{a}_{N^2}^{\mathrm{T}} \end{bmatrix} = \begin{bmatrix} a_{11} & a_{12} & \cdots & a_{1N^2} \\ a_{21} & a_{22} & \cdots & a_{2N^2} \\ \vdots & \vdots & \vdots & \vdots \\ a_{N^21} & a_{N^22} & \cdots & a_{N^2N^2} \end{bmatrix} \tag{3.27}$$

其中，特征向量 $\boldsymbol{b}_i$ 归一化的过程为

$$a_{ij} = b_{ij} \Big/ \sqrt{\sum_{j=0}^{N^2} b_{ij}^2}$$

且有

$$\boldsymbol{a}_i^{\mathrm{T}} \boldsymbol{a}_j = \begin{cases} 1 & (i=j) \\ 0 & (i \neq j) \end{cases}$$

显然，$\boldsymbol{A}$ 是一个 N^2 阶的正交矩阵。

到此，K-L 变换可以表示为

$$\boldsymbol{g} = \boldsymbol{A}(\boldsymbol{f} - \boldsymbol{m}_f) \tag{3.28}$$

离散 K-L 变换是由中心化图像向量 $(\boldsymbol{f} - \boldsymbol{m}_f)$ 与归一化特征向量矩阵 $\boldsymbol{A}$ 相乘，结果产生一幅新的图像向量，其具有以下性质。

① $\boldsymbol{g}$ 的均值向量 $\boldsymbol{m}_g$ 为 0。

$$\boldsymbol{m}_g = E[\boldsymbol{g}] = E[\boldsymbol{A}(\boldsymbol{f} - \boldsymbol{m}_f)] = \boldsymbol{A} \cdot E[\boldsymbol{f}] - \boldsymbol{A} \cdot \boldsymbol{m}_f = 0_{N^2 \times 1}$$

即变换后 $\boldsymbol{g}$ 的均值向量为 0。

②g 的方差向量为

$$
\begin{aligned}
C_g &= E\big[\,(g-m_g)(g-m_g)^{\mathrm{T}}\,\big] \\
&= E\big[\,(Af-Am_f)(Af-Am_f)^{\mathrm{T}}\,\big] \\
&= E\big[\,A(f-m_f)(f-m_f)^{\mathrm{T}}A^{\mathrm{T}}\,\big] \\
&= AE\big[\,(f-m_f)(f-m_f)^{\mathrm{T}}\,\big]A^{\mathrm{T}} \\
&= AC_f A^{\mathrm{T}}
\end{aligned}
$$

③C_f 为对角矩阵。

C_g 是一个对角矩阵，其主对角线上的元素正是 C_f 的特征值，即

$$
C_g = \begin{bmatrix}
\lambda_1 & 0 & \cdots & 0 & 0 \\
0 & \lambda_2 & \cdots & 0 & 0 \\
\vdots & \vdots & & 0 & \vdots \\
0 & \cdots & \cdots & 0 & \lambda_{N^2}
\end{bmatrix}
$$

这表明图像 f 经离散 K-L 变换后，g 中的各个元素是不相关的，g 中第 i 个元素的方差就是 C_f 的第 i 个特征值 λ_i。

④因为 A 是正交矩阵，所以离散 K-L 变换是正交变换。

⑤由于二维 K-L 变换核是不可分离的，所以离散 K-L 变换不是可分离变换。

因为 K-L 变换矩阵 A 是正交矩阵，则离散 K-L 逆变换式为

$$
f = A^{\mathrm{T}}g + m_f
$$

【例 3.13】 设随机向量 x 的一组样本为

$$
\left\{\left(\tfrac{1}{2}\quad\tfrac{1}{2}\right)^{\mathrm{T}},\ \left(-\tfrac{1}{2}\quad-\tfrac{1}{2}\right)^{\mathrm{T}},\ (1\quad 1)^{\mathrm{T}},\ (-1\quad -1)^{\mathrm{T}}\right\}
$$

计算其协方差矩阵，并对其进行离散 K-L 变换。

解：均值：
$$
\mu = \frac{1}{4}\sum_{i=1}^{4} X_i = \binom{0}{0}
$$

协方差矩阵：

$$
\sum x = E\big[\,(X-\mu)(X-\mu)^{\mathrm{T}}\,\big] = E[XX^{\mathrm{T}}] = \psi = \frac{1}{4}\sum_{i=1}^{4} X_i X_i^{\mathrm{T}}
$$

$$
= \frac{1}{4}\left\{\binom{0.5}{0.5}(0.5\quad 0.5) + \binom{-0.5}{-0.5}(-0.5\quad -0.5) + \binom{1}{1}(1\quad 1) + \binom{-1}{-1}(-1\quad -1)\right\}
$$

$$
= \frac{1}{4}\begin{pmatrix} 2.5 & 2.5 \\ 2.5 & 2.5 \end{pmatrix}
$$

特征值：令 $|\psi-\lambda I|=0$，即 $\left(\dfrac{2.5}{4}-\lambda\right)^2 = \left(\dfrac{2.5}{4}\right)^2$，则 $\lambda_1 = \dfrac{2.5}{2}$，$\lambda_2 = 0$，因此

$$
\psi - \lambda_1 I = \frac{1}{4}\begin{pmatrix} -2.5 & 2.5 \\ 2.5 & -2.5 \end{pmatrix} \sim \begin{pmatrix} -1 & 1 \\ 0 & 0 \end{pmatrix} \Rightarrow \phi_1 = k_1(1\quad 1)^{\mathrm{T}}
$$

特征向量：
$$
\psi - \lambda_2 I = \frac{1}{4}\begin{pmatrix} 2.5 & 2.5 \\ 2.5 & 2.5 \end{pmatrix} \sim \begin{pmatrix} 1 & 1 \\ 0 & 0 \end{pmatrix} \Rightarrow \phi_2 = k_2(1\quad -1)^{\mathrm{T}}
$$

取单位正交的向量：
$$
\mu_1 = \frac{\sqrt{2}}{2}(1\quad 1)^{\mathrm{T}},\quad \mu_2 = \frac{\sqrt{2}}{2}(1\quad -1)^{\mathrm{T}}
$$

变换矩阵 U：因为 $\lambda_1 > \lambda_2$，所以 $U = (\boldsymbol{\mu}_1, \boldsymbol{\mu}_2) = \dfrac{\sqrt{2}}{2}\begin{pmatrix} 1 & 1 \\ 1 & -1 \end{pmatrix}$。

计算 K–L 变换：$A = U^{\mathrm{T}} X = \left\{ \dfrac{\sqrt{2}}{2}\begin{pmatrix} 1 \\ 0 \end{pmatrix}, \dfrac{\sqrt{2}}{2}\begin{pmatrix} -1 \\ 0 \end{pmatrix}, \dfrac{\sqrt{2}}{2}\begin{pmatrix} 2 \\ 0 \end{pmatrix}, \dfrac{\sqrt{2}}{2}\begin{pmatrix} -2 \\ 0 \end{pmatrix} \right\}$。

【例 3.14】　给定一幅图像，求其 K–L 变换。

解：程序如下。

```
clc;
dim = 3;                                 % 变换后维数
v = randn(8,5);                          % 样本
label = [1 1 2 2 3 3 4 4];               % 每个样本对应的类别
[y,x] = size(v);
LabelRange = max(label). min(label)+1;   % 样本种类
LabelCount = zeros(1,LabelRange);        % 每种样本个数
LabelP = zeros(1,LabelRange);            % 概率
for i=1:y                                % 计算样本种类数
    LabelCount(label(i))=LabelCount(label(i))+1;
end
for j=1:LabelRange                       % 计算概率
    LabelP(j)=LabelCount(j)/y;
end
s = zeros(1,x);
m = zeros(1,x);
for i=1:LabelRange
    for j=1:LabelCount(label(i))
        s = s + v((i. 1)*LabelCount(label(i))+j, :);
    end
    m = m+1/LabelCount(label(i))*  s;
end
for i=1:y
    v(i,:) = v(i,:) . m;
end
r = zeros(x,x);
t1 = zeros(x,x);
%  t2 = zeros(x,x);
for i=1:LabelRange
    for j=1:LabelCount(label(i))
        t1=v((i. 1)*LabelCount(label(i))+j, :)' *v((i. 1)*LabelCount(label(i))+j, :);
    end
    r = r+1/LabelCount(label(i))*t1*LabelP(i);
end
% 求特征向量
[vv,d]=eig(r)      % 求矩阵 r 的全部特征值,构成对角矩阵 d,并求 r 的特征向量构成 vv 的列向量。
```

```
dia = d;
index = zeros(1,dim);
for i=1:dim
    [x1 y1]=find(dia==max(max(dia)));
    index(1,i) = x1;
    dia(x1,y1) = .inf;
end
Q =zeros(x,dim);
for i=1:3        % 计算变换矩阵 Q
    Q(:,i) = 1/sqrt(sum(vv(:,index(i)).^2)). * vv(:,index(i));
end
```

上述程序运行的结果，如图 3.19 所示。

（a）   （b）

图 3.19　图像 K-L 变换

（a）原图像；（b）K-L 变换后的图像

3.3.4　沃尔什变换

傅里叶变换、离散余弦变换在快速算法中要用到复数乘法、三角函数乘法，占用时间较多。在某些应用领域，需要更为有效和便利的变换方法。沃尔什（Walsh）变换就是其中一种。它包括只有+1 和-1 两个数值所构成的完备正交基。由于沃尔什函数就是二值正交基，与数字逻辑的两个状态对应，因而更加适用于计算机处理。另外，与傅里叶变换相比，沃尔什变换减少了存储空间，提高了运算速度，这一点对于图像处理来说是至关重要的，特别是在大量数据需要进行实时处理时，沃尔什变换更加具有优越性。

1. 一维离散沃尔什变换

一维沃尔什变换核为

$$g(x,u) = \frac{1}{N} \prod_{i=0}^{n-1} (-1)^{b_i(x)b_{n-1-i}(u)} \tag{3.29}$$

式中，$b_k(z)$ 为 z 的二进制表示的第 k 位值，或者是 1。如果 $z=6$，其二进制表示是 110。因此，$b_0(z)=0$，$b_1(z)=1$，$b_2(z)=1$。N 为沃尔什变换的阶数，$N=2^n$；$u=0$，1，2，…，$N-1$；$x=0$，1，2，…，$N-1$。

因此，一维离散沃尔什变换可写成

$$W(u) = \frac{1}{N} \sum_{i=0}^{N-1} f(x) \prod_{i=0}^{n-1} (-1)^{b_i(x)b_{n-1-i}(u)} \qquad (3.30)$$

式中，$u=0$，1，2，$\cdots$，$N-1$；$x=0$，1，2，$\cdots$，$N-1$。

一维沃尔什逆变换核为

$$h(x,u) = \prod_{i=0}^{n-1} (-1)^{b_i(x)b_{n-1-i}(u)} \qquad (3.31)$$

相应的一维沃尔什逆变换为

$$f(x) = \sum_{i=0}^{N-1} W(u) \prod_{i=0}^{n-1} (-1)^{b_i(x)b_{n-1-i}(u)} \qquad (3.32)$$

式中，$u=0$，1，2，$\cdots$，$N-1$；$x=0$，1，2，$\cdots$，$N-1$。

一维沃尔什逆变换除了与正变换系数有差别之外，其他与正弦变换相同。

2. 二维离散沃尔什变换

将一维的情况推广到二维，可以得到二维沃尔什正变换核为

$$g(x,y,u,r) = \frac{1}{N^2} \prod_{i=0}^{n-1} (-1)^{[b_i(x)b_{n-1-i}(u)+b_i(y)b_{n-1-i}(v)]} \qquad (3.33)$$

它们也是可分离和对称的，二维沃尔什变换可以分成两步一维沃尔什变换来进行。相应的二维沃尔什正变换为

$$W(u,v) = \frac{1}{N^2} \sum_{x=0}^{N-1} \sum_{y=0}^{N-1} f(x,y) \prod_{x=0}^{n-1} (-1)^{[b_i(x)b_{n-1-i}(u)+b_i(y)b_{n-1-i}(v)]} \qquad (3.34)$$

式中，u，$v=0$，1，2，$\cdots$，$N-1$；x，$y=0$，1，2，$\cdots$，$N-1$。其矩阵表达式为

$$W = GfG \qquad (3.35)$$

式中，G 为 N 阶沃尔什逆变换核矩阵。

二维沃尔什逆变换核为

$$h(x,y,u,v) = \prod_{i=0}^{n-1} (-1)^{[b_i(x)b_{n-1-i}(u)+b_i(y)b_{n-1-i}(v)]}$$

相应的二维沃尔什逆变换为

$$f(x,y) = \sum_{u=0}^{N-1} \sum_{v=0}^{N-1} W(u,v) \prod_{i=0}^{n-1} (-1)^{[b_i(x)b_{n-1-i}(u)+b_i(y)b_{n-1-i}(v)]} \qquad (3.36)$$

式中，u，$v=0$，1，2，$\cdots$，$N-1$；x，$y=0$，1，2，$\cdots$，$N-1$。其矩阵表达式为

$$f = HWH \qquad (3.37)$$

式中，H 为 N 阶沃尔什逆变换核矩阵，与 G 只有系数之间的区别。因此，用于计算二维沃尔什正变换的任何算法不用修改也能来计算逆变换。

3.3.5　哈达玛变换

哈达玛（Hadamard）变换本质上是一种特殊排列的沃尔什变换。哈达玛变换矩阵也是一个方阵，又包括+1 和−1 两个矩阵元素，各行或各列之间彼此是正交的，即任意两行相乘或两列相乘后的各数之和必定为零。哈达玛变换核矩阵与沃尔什变换的不同之处仅仅是行的次序不同。哈达玛变换的最大优点在于它的变换核矩阵具有简单的递推关系，即高阶矩阵可

以用两个低阶矩阵求得。

1. 一维离散哈达玛变换

一维哈达玛变换核为

$$g(x,u) = \frac{1}{N}(-1)^{\sum_{i=0}^{N-1} b_i(x)b_i(u)} \tag{3.38}$$

式中，$N=2^n$；$u=0$，1，2，$\cdots$，$N-1$；$x=0$，1，2，$\cdots$，$N-1$；$b_k(z)$ 是 z 的二进制表示的第 k 位值。

相应的一维哈达玛变换为

$$H(u) = \frac{1}{N}\sum_{i=0}^{N-1} f(x)(-1)^{\sum_{i=0}^{N-1} b_i(x)b_i(u)} \tag{3.39}$$

哈达玛逆变换与正变换除相差 $1/N$ 常数项外，其形式基本相同。一维哈达玛逆变换核为

$$h(x,u) = (-1)^{\sum_{i=0}^{N-1} b_i(x)b_i(u)} \tag{3.40}$$

相应的一维哈达玛逆变换为

$$f(x) = \frac{1}{N}\sum_{i=0}^{N-1} H(u)(-1)^{\sum_{i=0}^{N-1} b_i(x)b_i(u)} \tag{3.41}$$

式中，$N=2^n$；$u=0$，1，2，$\cdots$，$N-1$；$x=0$，1，2，$\cdots$，$N-1$。若 $N=2^n$，则高、低阶哈达玛变换之间具有简单的递推关系。最低阶（$N=2$）的哈达玛矩阵为

$$\boldsymbol{H}_2 = \begin{bmatrix} 1 & 1 \\ 1 & -1 \end{bmatrix}$$

因此，$2N$ 阶哈达玛矩阵 $\boldsymbol{H}_{2N}$ 与 N 阶哈达玛矩阵 $\boldsymbol{H}_N$ 之间的递推关系可用下式表示：

$$\boldsymbol{H}_{2N} = \begin{bmatrix} \boldsymbol{H}_N & \boldsymbol{H}_N \\ \boldsymbol{H}_N & -\boldsymbol{H}_N \end{bmatrix}$$

2. 二维离散哈达玛变换

二维离散哈达玛变换对为

$$H(u,v) = \frac{1}{N^2}\sum_{x=0}^{N-1}\sum_{y=0}^{N-1} f(x,y)(-1)^{\sum_{i=0}^{n-1}[b_i(x)b_i(u)+b_i(y)b_i(v)]} \tag{3.42}$$

$$f(x,y) = \sum_{u=0}^{N-1}\sum_{v=0}^{N-1} H(u,v)(-1)^{\sum_{i=0}^{n-1}[b_i(x)b_i(u)+b_i(y)b_i(v)]} \tag{3.43}$$

式中，u，$v=0$，1，2，$\cdots$，$N-1$；x，$y=0$，1，2，$\cdots$，$N-1$。

3.3.6 小波变换

小波变换（Wavelet Transform，WT）是一种新的变换分析方法。它继承和发展了短时傅里叶变换局部化的思想，同时又克服了窗口大小不随频率变化等缺点，能够提供一个随频率改变的"时间–频率"窗口，是进行信号时频分析和处理的理想工具。它的主要特点是通过变换能够充分突出问题某些方面的特征，能对时间（空间）频率的局部化进行分析，通过伸缩平移运算对信号（函数）逐步进行多尺度细化，最终达到高频处时间细分，低频处频率细分，自动适应时频信号分析的要求。因此，其可聚焦信号的任意细节，解决了傅里叶变

换的困难问题，成为继傅里叶变换以来在科学方法上的重大突破。

小波变换是以局部化函数所形成的小波基作为基底而展开的，对它的研究开始于 20 世纪 80 年代初，理论基础奠基于 20 世纪 80 年代末。经过几十年的发展，它已在信号处理与分析、地震信号处理、信号奇异性监测和谱估计、计算机视觉、语音信号处理、图像处理与分析、尤其是图像编码等领域取得了突破性进展，成为一个研究开发的前沿热点。

1. 小波变换的定义及性质

小波变换是窗口大小固定不变，但其形状可改变的时频局部化分析方法。小波变换在信号的高频部分，可以取得较好的时间分辨率；在信号的低频部分，可以取得较好的频率分辨率，从而能够有效地从信号（语音、图像等）中提取信息。

设 $f(t)$ 是平方可积函数，即 $f(t) \in L^2(R)$，则该连续函数的小波变换定义为

$$WT_f(a,b) = \frac{1}{\sqrt{|a|}} \int_{-\infty}^{\infty} f(t) \Psi^n \left(\frac{t-b}{a} \right) dt \, (a \neq 0) \tag{3.44}$$

式中，$\dfrac{1}{\sqrt{|a|}} \Psi^n \left(\dfrac{t-b}{a} \right) = \Psi_{ab}(t)$ 为由母小波 $\Psi(t)$（基本小波）生成的位移和尺度伸缩；a 为尺度参数；b 为平移参数。

连续小波变换有明确的物理意义，尺度参数 a 越大，则 $\Psi \left(\dfrac{t}{a} \right)$ 越宽，该函数的时间分辨率越低。$\Psi_{ab}(t)$ 前增加因子 $1/\sqrt{|a|}$ 是为了使不同的 a 下 $\Psi_{ab}(t)$ 能量相同。$WT_t(a,t)$ 在频率域可以表示为 $WT(a,b) = \dfrac{\sqrt{a}}{2\pi} \int F(\omega) \Psi^n(\omega) \mathrm{e}^{j\omega b} d\omega$。$\Psi(\omega)$ 是幅频特性比较集中的带通函数，小波变换具有表征分析信号 $F(\omega)$ 频率域上局部性质的能力。采用不同的 a 值做处理时，$\Psi(\omega)$ 的中心频率和带宽都不同，但品质因数（中心频率/带宽）却不变。

多分辨率分析是小波分析的基石。它是在 $L^2(R)$ 函数空间内，将函数描述为一系列近似函数的极限。每一个近似函数都是对函数 f 的平滑逼近，而且具有越来越精细的近似函数。这些近似函数都是在不同分辨水平（尺度）上得到的，因此称为多分辨率分析或多尺度分析。多分辨率分析提供了寻求小波滤波器的基本思路：为了寻求 $L^2(R)$ 的一个基底，先从其某个子空间出发，构造它的基底，然后通过简单变换将之扩充至 $L^2(R)$ 中。

$L^2(R)$ 一系列嵌套子空间函数 V_j，$j \in \mathbf{Z}$，$\cdots \subset V_{-2} \subset V_{-1} \subset V_0 \subset V_1 \subset V_2 \subset \cdots$，具有以下性质。

①单调性（包容性），即 $\cdots \subset V_{-2} \subset V_{-1} \subset V_0 \subset V_1 \subset V_2 \subset \cdots$ 在分辨率 2^j 上对信号 $f(t)$ 的分析包含所有在 $2^{-(j-1)}$ 上对信号的分析信息。

②逼近性，即 $\bigcap_{j=-\infty}^{\infty} V_j = 0$，$\bigcup_{j=-\infty}^{\infty} V_j = L^2(R)$。

③伸缩性，即 $\Phi(t) \in V_j \Leftrightarrow \Phi(2t) \in V_{j-1}$。

④平移不变性，即 $\Phi(t) \in V_j \Leftrightarrow \Phi(t-2^{-j}k) \in V_j$，$\forall k \in \mathbf{Z}$。

⑤Riesz 基存在性。存在 $g \in V_0$，使 $\{g(x-k), k \in \mathbf{Z}\}$ 构成 V_0 的 Riesz 基。对任何 $u \in V_0$，存在唯一序列 $\{a_k\} \in l^2$，使 $u(x) = \sum_{k \in l} a_k g(x-k)$；反过来，任意序列 $\{a_k\} \in l^2$，确定一个函数 $g \in V_0$，且存在正整数 A 和 B，且 $A \leqslant B$，使 $A \|u\|^2 \leqslant \sum_{k \in l} |a_k|^2 \leqslant B \|u\|^2$，则称 $V_j = |\varphi_{j,k}(x)|$ 为一

个多分辨率分析。

引入闭子空间 W_j，$j \in \mathbf{Z}$，构成 V_j 和 V_{j+1} 空间的正交补空间，即 $V_{j+1} = V_j \oplus W_j$，$V_j \perp W_j$，$\Psi_{j,k}(x)$ 是 W_j，$j \in \mathbf{Z}$ 中的一组标准正交基。它的平移伸缩系为

$$\Psi_{j,k}(x) = 2^{kj}\varphi(2^j x - k)$$

由多分辨率分析的性质可知，$\varphi(x)$ 与 $\Psi(x)$ 之间的关系满足双尺度方程，即

$$\varphi(x) = \sum_{k \in Z} h_k \varphi(2x - k)$$

$$\Psi(x) = \sum_{k \in Z} g_k \varphi(2x - k)$$

为保证正交性，必须满足条件：$g_k = (-1)^k h_k$。

其中，$\varphi(x)$ 和 $\Psi(x)$ 被称为尺度函数与小波函数。继续将 V_j 空间进行分解，$V_{j2+1} = V_{j_1} \oplus W_{j_1} \oplus W_{j_1+1} \oplus W_{j_1+2} \oplus \cdots \oplus W_{j_2}(j_1, j_2 \in \mathbf{Z}; j_1 \leqslant j_2)$，因此 $L^2(R) = \bigoplus_{j \in L} W_j$。对于一个函数 $f(x) \in L^2(R)$，$f(x)$ 的多分辨率分析可以近似地表示为

$$f(x) \approx A_j f(x) = \sum_{k=-\infty}^{\infty} C_{j,k} \varphi_{j,k}(x)$$

式中，$C_{j,k} = <f(x), \varphi_{j,k}>$，即每个 $C_{j,k}$ 都要计算尺度函数与 $f(x)$ 的内积，计算量非常大，因此要考虑小波变换的快速算法。

2. 离散小波变换和 Mallat 算法

离散小波变换是对连续小波变换的尺度和位移按照 2 的幂次进行离散化得到的，又称二进制小波变换。离散小波变换可以表示为

$$W_k[f(x)] = \frac{1}{2^k} \int_{-\infty}^{+\infty} f(t) \Psi^k\left(\frac{x-t}{2^k}\right) \mathrm{d}t \tag{3.45}$$

式中，$\Psi(t)$ 为小波母函数。

实际上，由于人们是在一定尺度上认识信号的，而人的感官和物理仪器都有一定的分辨率，对低于一定尺度的信号的细节是无法认识的，因此低于一定尺度信号的研究也是没有意义的。为此，应该将信号分解为对应不同尺度的近似分量和细节分量。小波分解的意义就在于能够在不同尺度上对信号进行分析，而且对不同尺度的选择可以根据不同的目的来确定。

信号的近似分量一般为信号的低频分量，而它的细节分量一般为信号的高频分量。因此，对信号的小波分解可以等效于信号通过了一个滤波器组，其中一个滤波器为低通滤波器（用 L 表示），另一个为高通滤波器（用 H 表示）。

Mallat 算法是小波分解的快速算法，与 FFT 在傅里叶分析中的作用相似，只有在小波分解的快速算法出现之后，小波分析的实际意义才为人们所重视。

下面介绍 Mallat 算法的实现和小波分解的结构。设 $\{V_j\}$ 是一个给定的多分辨率分析，$\varphi(x)$ 与 $\Psi(x)$ 是尺度函数与小波函数，$f(x)$ 表示信号在第 $j-1$ 尺度上的细节。

根据多分辨率分析的双尺度方程

$$\begin{cases} (\varphi_{j,k}, \varphi_{j-1,m}) = \tilde{h}_{k-2m} \\ (\varphi_{j,k}, \Psi_{j-1,m}) = \tilde{g}_{k-2m} \end{cases} \tag{3.46}$$

可以求出：

$$\begin{cases} C_{j-1,m} = \sum\limits_{k=-\infty}^{+\infty} \tilde{h}_{k-2m} C_{j,m} \\ D_{j-1,m} = \sum\limits_{k=-\infty}^{+\infty} \tilde{g}_{k-2m} C_{j,m} \end{cases} \tag{3.47}$$

引入无穷矩阵 $\boldsymbol{H} = (H_{m,k})$，$\boldsymbol{G} = (G_{m,k})$，且 $H_{m,k} = \tilde{h}_{k-2m}$，$C_{m,k} = \tilde{g}_{k-2m}$，则上式的变换关系可以写为下面简单的形式：

$$\begin{cases} C_{j-1} = \boldsymbol{H} C_j \\ D_{j-1} = \boldsymbol{G} C_j \end{cases} \tag{3.48}$$

若设 A 为原始信号的近似信号，D 为细节信号，cA 为小波分解的近似分量的系数，cD 为细节分量的系数，则使用中要注意近似信号和近似分量、细节信号和细节分量的区别。通常，称 cA 和 cD 为近似分量和细节分量，而称 A 和 D 为近似信号和细节信号。它们的关系为

$$\begin{cases} A(t) = \sum\limits_{k} cA_k \varphi_k(t) \\ D(t) = \sum\limits_{k} cD_k \Psi_k(t) \end{cases}$$

上式是小波的分解算法，它可以一直逐级分解下去，这样就构成了多重小波分解的递推形式。

小波分解的意义在于，只要使用的小波函数尺度合适，那么就可以在任意尺度上观察信号。小波分解将信号分解为分量和细节分量，它们在应用中分别有不同的特点。例如，对于含噪信号，噪声分量的主要能量一般集中在小波分解的细节分量中，因此对细节分量进行阈值处理可以滤除噪声。

将信号的小波分解的分解进行处理后，一般根据需要把信号恢复出来，也就是利用信号的小波分解的分量重构出原来的信号或者所需要的信号。

对小波分解的式子两边用函数 $\varphi_{j,k}$ 作内积，得到小波的重构算法如下：

$$c_{j,k} = \sum\limits_{m=-\infty}^{+\infty} h_{k-2m} c_{j-1,m} + \sum\limits_{m=-\infty}^{+\infty} g_{k-2m} d_{j-1,m} \tag{3.49}$$

用数学表达式表示为

$$C_{j,k} = \boldsymbol{H}^* C_{j-1} + \boldsymbol{G}^* D_{j-1}$$

式中，$\boldsymbol{H}^*$ 和 $\boldsymbol{G}^*$ 分别为 $\boldsymbol{H}$ 和 $\boldsymbol{G}$ 的共轭转置矩阵。类似地，小波重构也可以推导出多重递推结构。

定义矩阵 $\boldsymbol{W} = \begin{bmatrix} \boldsymbol{H} \\ \boldsymbol{G} \end{bmatrix}$，因此小波分解算法可以表示为

$$\begin{bmatrix} C_{j-1} \\ D_{j-1} \end{bmatrix} = \boldsymbol{W} C_j$$

重构算法可以表示为

$$C_j = \boldsymbol{W}^* \begin{bmatrix} C_{j-1} \\ D_{j-1} \end{bmatrix}$$

在小波包分解下，一个信号可以有多种表示方式，信号 S 可以表示为

$$S = A_1 + AAD_3 + DAD_1 + DD_2$$

下面给出小波包的定义。

对于一组正交的小波基函数 $h = \{h_n\}$，$n \in \mathbf{Z}$，满足下列条件：

$$\sum h_{n-2k} h_{n-2l} = \delta_{kl}, \quad \sum h_n = \sqrt{2}$$

令 $g_k = (-1)^k h_{1-k}$，用 $W_0(t)$ 表示多分辨率分析的生成元 $\varphi(t)$，$W_1(t)$ 表示小波基函数 $\Psi(t)$，则定义 $\{W_n(t)\}$（$n \in \mathbf{Z}$）为由 $\varphi(t)$ 确定的小波包。其中，$W_n(t)$ 的递归定义为

$$\begin{cases} W_{2n}(t) = \sqrt{2} \sum h_k W_n(2t - k) \\ W_{2n+1}(t) = \sqrt{2} \sum g_k W_n(2t - k) \end{cases} \tag{3.50}$$

由于二维离散小波变换是一维离散小波变换的推广，因此容易推出二维离散小波变换的定义和性质。

设 $\{V_j\}_{j \in \mathbf{Z}}$ 是 $L^2(R)$ 空间中的闭子空间列，容易证明，对于张量空间 $\{V_j^2\}_{j \in \mathbf{Z}}$，有

$$V_j^2 = V_j \oplus V_j$$

构成 $L^2(R)$ 空间中一个多分辨率分析，当且仅当 $\{V_j\}_{j \in \mathbf{Z}}$ 是 $L^2(R)$ 空间的一个多分辨率分析，并且二维多分辨率分析 $\{V_j\}_{j \in \mathbf{Z}}$ 的尺度函数为

$$\Phi(x, y) = \varphi(x) \varphi(y) \tag{3.51}$$

式中，φ 为一维多分辨率分析 $\{V_j\}_{j \in \mathbf{Z}}$ 的实值尺度函数。

因此，二维离散小波变换也是将二维信号在不同的尺度上进行分解，得到信号的近似分量和细节分量。由于信号是二维的，所以分解也是二维的。分解结果为近似分量 cA、水平细节分量 cH、垂直细节分量 cV 以及对角细节分量 cD。同样，也可以将二维小波分解的结果在不同尺度上重构信号。

【例 3.15】 对图像进行小波变换。

解：程序如下。

```
% 读取图像
image = imread('cameraman. jpg');
% 将图像转换为灰度图像
grayImage = rgb2gray(image);
% 进行小波变换
[LL, LH, HL, HH] = dwt2(grayImage, 'haar');          % 显示原图像和小波变换结果
figure;
subplot(2, 2, 1);
imshow(grayImage);
title('原图像');
subplot(2, 2, 2);
imshow(LL, []);
title('低频分量');
subplot(2, 2, 3);
imshow(LH, []);
title('水平高频分量');
subplot(2, 2, 4);
imshow(HL, []);
title('垂直高频分量');
```

```
% 显示对角线高频分量
figure；
imshow（HH，[ ]）；
title（对角线高频分量）；
```

上述程序运行的结果，如图 3.20 所示：

（a）　　　　　　　　（b）　　　　　　　　（c）

（d）　　　　　　　　（e）　　　　　　　　（f）

图 3.20　小波变换

（a）原图像；（b）低频分量；（c）水平高频分量；（d）垂直高频分量；
（e）对角线高频分量；（f）根据小波系数重构图像

习题 三

习题三答案

3.1　图像的傅里叶频谱是如何反映图像特征的？

3.2　在 MATLAB 环境下，实现一幅图像的傅里叶变换。

3.3　已知 $N×N$ 的数字图像为 $f(m,n)$，其离散傅里叶变换为 $F(u,v)$，求 $(-1)^{m+n}f(m,n)$ 的离散傅里叶变换。

3.4　设图像 $f(x,y)$ 的大小为 $M×N$，直接对 $f(x,y)$ 进行傅里叶变换和对 $(-1)^{x+y}f(x,y)$ 进行傅里叶变换所得的频谱图有何区别？为什么？

3.5　利用 MATLAB 编程，打开一幅图像，对其进行离散余弦变换，并置其不同区域内的系数为零，进行离散余弦逆变换，观察其输出效果。

3.6　在 MATLAB 环境下，对一幅 512×512 的图像进行离散余弦变换，并保留 256×256 个离散余弦变换系数进行重构图像，比较重建图像与原始图像的差异。

3.7　离散的哈达玛变换与沃尔什变换之间有哪些异同？

3.8　什么是小波？小波基函数和傅里叶变换基函数有何区别？

3.9　设给定以下平移变换矩阵 T 和尺度变换矩阵 S，分别计算对空间点 $[1，2，3]^T$ 按两种不同的方式所得到的结果，并进行比较讨论。

①先平移变换后尺度变换；

②先尺度变换后平移变换。

$$T = \begin{bmatrix} 1 & 0 & 0 & 2 \\ 0 & 1 & 0 & 4 \\ 0 & 0 & 1 & 6 \\ 2 & 0 & 0 & 1 \end{bmatrix}, \quad S = \begin{bmatrix} 4 & 0 & 0 & 0 \\ 0 & 3 & 0 & 0 \\ 0 & 0 & 2 & 0 \\ 0 & 0 & 0 & 1 \end{bmatrix}$$

3.10　一幅 4×4 的数字图像 $f = \begin{bmatrix} 1 & 0 & 2 & 0 \\ 3 & 0 & 4 & 0 \\ 5 & 0 & 6 & 0 \\ 7 & 0 & 8 & 0 \end{bmatrix}$，求其离散余弦变换。

3.11　与离散傅里叶变换相比，离散余弦变换有哪些特点？

第 4 章

图 像 滤 波

由于成像系统、传输介质和记录设备等不完善，数字图像在其形成、传输记录过程中往往会受到多种噪声的污染，对图像造成亮、暗点干扰，极大降低了图像质量。为了获得高质量图像，必须在尽量保留图像细节特征的条件下，对目标图像的噪声进行抑制，其处理效果的好坏将直接影响后续图像处理和分析的有效性和可靠性。

本章主要介绍图像的空间滤波、频率域滤波等内容。

4.1 空间滤波

4.1.1 空间滤波机理

滤波概念来源于在频率域对信号进行处理的傅里叶变换。空间滤波用于传统的频率域滤波。空间滤波的机理，如图 4.1 所示。对于待处理图像，逐点移动掩模，在每一个像素 (x, y) 处，滤波器在该点的响应通过事先定义的关系计算。对于线性空间滤波，其响应由滤波器系数与滤波掩模扫过区域对应像素值乘积之和得出。

图 4.1 是 3×3 的掩模，在图像中的像素 (x, y) 处，该掩模线性滤波的响应 R 为

$$R = w(-1,-1)f(x-1, y-1) + w(-1,0)f(x-1, y) + \cdots + w(0,0)f(x, y) + \cdots + $$
$$w(1,0)f(x+1, y) + w(1,1)f(x+1, y+1) \tag{4.1}$$

系数 $w(0,0)$ 和图像值 $f(x, y)$ 相符合是指当乘积求和计算发生时，掩模位于 (x, y) 中心。对于一个尺寸为 $m \times n$ 的掩模，假设 $m = 2a+1$ 且 $n = 2b+1$（a, b 为非负整数），则掩模长与宽都为奇数，最小尺寸为 3×3。

通常在 $M \times N$ 图像 f 上，用 $m \times n$ 大小的滤波器掩模进行线性变换由下式给出：

$$g(x, y) = \sum_{s=-a}^{a} \sum_{t=-b}^{b} w(s,t) f(x+s, y+t) \tag{4.2}$$

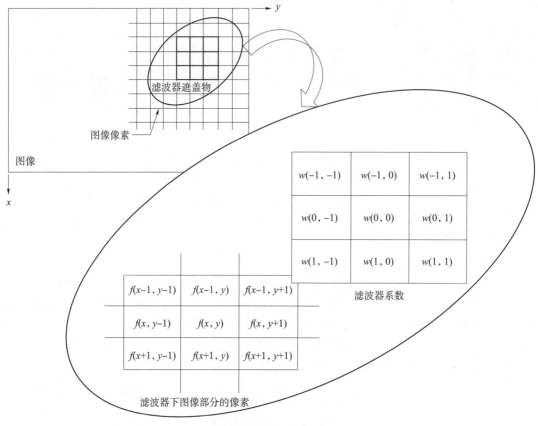

图 4.1　空间滤波的机理

4.1.2　空间相关与卷积

空间相关是滤波器模板和图像进行相对位移，并计算每个位置乘积之和的处理。卷积处理过程和空间相关处理非常类似，卷积表达式如式（4.3）所示：

$$g(x, y) = \sum_{s=-a}^{a} \sum_{t=-b}^{b} w(-s, -t) f(x+s, y+t) \tag{4.3}$$

可以看出，空间相关滤波和卷积差别非常细微，但是它们本质是不同的。卷积时，模板是相对其中心像素做镜像后，再对 f 位于模板下的子图像进行加权计算，是在做加权和之前模板需要以中心像素为原点旋转 $180°$。如果忽略此细微差别，就会导致完全错误的结果。不过，当模板本身关于中心点对称时，空间相关滤波和卷积的结果是完全一样的。

4.1.3　线性滤波的向量表示

当关注相关或卷积的模板响应特性 R 时，可以把卷积函数写成向量的方式，即

$$R = w_1 z_1 + w_2 z_2 + \cdots + w_{mn} z_{mn} = \sum_{k=1}^{mn} w_k z_k = \boldsymbol{W}^{\mathrm{T}} \boldsymbol{Z} \tag{4.4}$$

式中，w 项为一个大小为 $m \times n$ 滤波器的系数，如图 4.2 所示；z 项为由滤波器覆盖的响应图像的灰度值。

w_1	w_2	w_3
w_4	w_5	w_6
w_7	w_8	w_9

图 4.2 线性滤波器的系数

4.1.4 空间滤波器模板的产生

有了滤波公式，下面就是选择空间滤波器的模板。一般来说，要根据图像滤波的需求来确定。例如，希望对图像的相交处做平均运算，可以用均值公式：

$$h(x,y)=\begin{cases}\dfrac{1}{WH} & \left(|x|<\dfrac{W}{2},|y|<\dfrac{H}{2}\right)\\ 0 & (\text{其他})\end{cases} \tag{4.5}$$

也可以使用二维高斯函数进行运算：

$$h(x,y)=\mathrm{e}^{-\frac{x^2+y^2}{2\sigma^2}} \tag{4.6}$$

4.2 平滑空间滤波器

简单来讲，平滑空间滤波器就是低通滤波器。频率高在图像上就是指与其他像素反差大的地方，也就是相邻像素值的差值较大的地方。一般来说，平滑滤波器可以用来进行噪点消除、模糊处理等。

4.2.1 平滑线性滤波器

平滑线性滤波器用于模糊处理和减小噪声。模糊处理经常用于预处理，如在提取大的目标之前去除图像中一些无关的细节、线条之间的缝隙等。通过平滑线性滤波器的模糊处理，可以减小图像中的噪声。

平滑线性滤波器的输出包含在滤波掩模邻域内像素的简单平均值。因此，这些滤波器也称为均值滤波器。它们用滤波掩模确定的邻域内像素的平均灰度值代替图像每个像素的值。两个 3×3 的平滑滤波器模板，如图 4.3 所示。

$$\frac{1}{9}\times\begin{bmatrix}1&1&1\\1&1&1\\1&1&1\end{bmatrix}$$

(a)

$$\frac{1}{16}\times\begin{bmatrix}1&2&1\\2&4&2\\1&2&1\end{bmatrix}$$

(b)

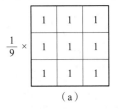

图 4.3 平滑滤波器模板

(a) 模板 1；(b) 模板 2

第一个滤波器产生掩模下标准的图像平均值，如把图 4.3（a）掩模系数代入下式：

$$R = \frac{1}{9}\sum_{t=1}^{9} z_t \tag{4.7}$$

由上式可以看出，R 是由掩模定义的 3×3 邻域像素灰度的平均值，如图 4.4 所示。

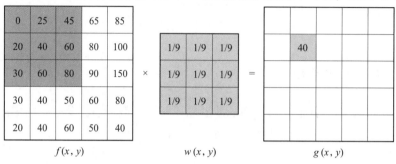

图 4.4　均值滤波器计算示意图

第二个滤波器的掩模也称为加权平均。从权值上来看，一些像素比其他的像素更重要，权值更大。对于图 4.3（b）所示的掩模，处于掩模中心位置的像素比其他任何像素的权值都要大。因此，在均值计算中，给定的这一像素最重要，离掩模中心较远的其他像素则次重要，由于对角项与中心之间的距离比正交方向相邻的像素更远，它们的重要性最不重要。把中心像素设置为最高，随着距离中心像素的距离增加而减小系数值，是为了减小平滑处理中的模糊。

一幅 $M×N$ 的图像经过一个 $m×n$（m 和 n 是奇数）的加权均值滤波器的滤波过程由下式给出：

$$g(x,y) = \frac{\sum_{s=-a}^{a}\sum_{t=-b}^{b} w(s,t)f(x+s,y+t)}{\sum_{s=-a}^{a}\sum_{t=-b}^{b} w(s,t)} \tag{4.8}$$

平滑线性滤波器处理减小了图像的"尖锐"变化，这是由于典型的随机噪声由灰度级的尖锐变化组成。因此，常见的平滑滤波是为了减噪。不过，由于图像边缘是由图像灰度尖锐变化带来的特性，所以均值滤波处理存在可能不想要的边缘模糊的负面效果。

【例 4.1】　利用前面两个均值滤波器模板，对添加了高斯噪声的图像进行平滑线性滤波。

解：程序如下。

```
orgImg = imread('LENA256. BMP');
% 以 2×2 方式显示图像
figure(), subplot(2,2,1), imshow(orgImg), title('原图像');
% 加入高斯噪声并显示
noiseImg = imnoise(orgImg, 'gaussian', 0, 0.05);
noiseImg = im2double(noiseImg);
subplot(2,2,2), imshow(noiseImg), title('噪声图像');
% 采用 h1 对高斯噪声图像 noiseImg 进行平滑线性滤波
h1 = 1/9. *[1 1 1; 1 1 1; 1 1 1];
```

```
FilterImg1=conv2(noiseImg, h1,'same');
subplot(2,2,3),imshow(FilterImg1),title('滤波器 1 图像');
% 采用 h2 对高斯噪声图像 noiseImg 进行平滑线性滤波
h2=1/16. *[1 2 1;2 4 2;1 2 1];
FilterImg2=conv2(noiseImg, h2,'same');
subplot(2,2,4),imshow(FilterImg2),title('滤波器 2 图像');
```

上述程序运行的结果，如图 4.5 所示。

（a）　　　　　　　　　　　（b）

（c）　　　　　　　　　　　（d）

图 4.5　平滑线性滤波效果

（a）原图像；（b）噪声图像；（c）滤波器 1 图像；（d）滤波器 2 图像

4.2.2　统计排序滤波器

统计排序滤波器是一种非线性的空间滤波器。它的输出基于图像滤波器包围的图像区域中像素的排序，然后由统计排序的结果决定的值代替中心像素的值。统计排序滤波器中最常见的例子就是中值滤波器，它是用像素邻域内灰度的中值代替该像素的值。中值滤波器的使用非常普遍，对一定类型的随机噪声提供了去噪能力，比小尺寸的线性平滑滤波器的模糊程度要低。中值滤波器对处理椒盐噪声（也称脉冲噪声）非常有效，因为这种噪声是以黑白像素叠加在图像上。

为了对一幅图像上的某个像素做中值滤波处理，必须先将掩模内求值的像素值以及邻域的像素值进行排序，得出这些像素值的中值，并将该中值赋予该像素值，如图 4.6 所示。

【例 4.2】　利用中值滤波器函数 medfilt2，对添加了椒盐噪声的图像进行统计排序线性滤波。

解：程序如下。

```
orgImg = imread('LENA256. BMP');
% 加入椒盐噪声并显示
```

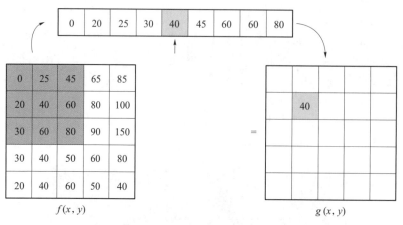

图 4.6 中值滤波器计算示意图

```
noiseImg = imnoise(orgImg, 'salt & pepper', 0.05);
noiseImg = im2double(noiseImg);
figure(), subplot(1, 2, 1), imshow(noiseImg), title('噪声图像');
% 采用中值滤波器对椒盐噪声图像 noiseImg 进行统计排序滤波
FilterImg = medfilt2(noiseImg);
subplot(1, 2, 2), imshow(FilterImg), title('滤波器图像');
```

上述程序运行的结果，如图 4.7 所示。

（a）   （b）

图 4.7 中值滤波效果

（a）噪声图像；（b）滤波器图像

4.3 锐化空间滤波器

锐化空间滤波器主要作用是突出图像中的细节，或者增强模糊的细节。这种模糊不是错误的操作产生的，而是特殊图像获取方法的固有影响。锐化处理从宏观上看就是让轮廓更显眼，但从数字图像的微观上看就是突出灰度的过渡部分。

4.3.1 拉普拉斯算子

二阶微分是对图像锐化处理的一大利器。本节讨论二阶微分在数字图像领域的实际应用。拉普拉斯定义了二阶微分形式，直接将二阶微分拓展到二维图像 $f(x,y)$ 上，即

$$\nabla^2 f(x,y) = \frac{\partial^2 f}{\partial x^2} + \frac{\partial^2 f}{\partial y^2} \tag{4.9}$$

因为任意阶微分都是线性操作，所以拉普拉斯变换也是一个线性算子。对于离散的二维图像 $f(x,y)$，可以用下式作为对二阶偏微分的近似：

$$\begin{cases} \dfrac{\partial^2 f}{\partial x^2} = (f(i+1,j)-f(i,j))-(f(i,j)-f(i-1,j))=f(i+1,j)+f(i-1,j)-2f(i,j) \\ \dfrac{\partial^2 f}{\partial y^2} = (f(i,j+1)-f(i,j))-(f(i,j)-f(i,j-1))=f(i,j+1)+f(i,j-1)-2f(i,j) \end{cases} \tag{4.10}$$

将上面两式相加，就得到用于图像锐化的拉普拉斯算子，即

$$\nabla^2 f(x,y) = [f(i+1,j)+f(i-1,j)+f(i,j+1)+f(i,j-1)]-4f(i,j) \tag{4.11}$$

上式可以用图 4.8（a）所示模板实现。该模板给出了以 90° 旋转的各向同性的结果，它以目标像素 (x,y) 为中心，90° 方向的上、下、左、右通过拉普拉斯变换得到。加上角度为 45°，则表示以目标像素 (x,y) 为中心，4 个对角线组成的拉普拉斯变换，如图 4.8（b）所示。

图 4.8（c）和图 4.8（d）所示的两个模板在实践中也经常使用。这两个模板也是以拉普拉斯算子为基础，只是其中的系数与前面所用的符号相反而已。它们也可以产生等效的结果。不过，图像经过拉普拉斯算子处理后，如果与其他的图像合并（相加或者相减），则需要考虑符号的差别。

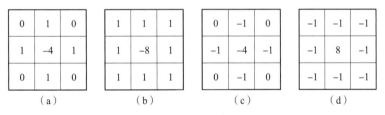

图 4.8 拉普拉斯算子模板

（a）模板 1；（b）模板 2；（c）模板 3；（d）模板 4

【例 4.3】 利用预定义的拉普拉斯算子二维滤波器，对图像进行锐化处理。

解： 程序如下。

```
orgImg = imread('原图像');
figure(),subplot(1,2,1),imshow(orgImg),title('原图像');
% 采用拉普拉斯算子对图像进行锐化
h8 = fspecial('laplacian', 0.5);
sharpImg = filter2(h8,orgImg,'same');
subplot(1,2,2),imshow(sharpImg),title('锐化图像');
```

上述程序运行的结果，如图 4.9 所示。

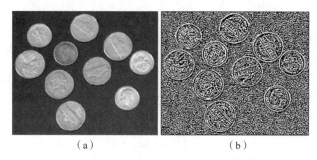

（a） （b）

图 4.9 拉普拉斯算子锐化效果

（a）原图像；（b）锐化图像

4.3.2 非锐化掩蔽和高提升滤波

非锐化掩蔽的锐化处理，是将图像的模糊形式从原始图像中去除，其表示方式如下：

$$f_s(x,y) = f(x,y) - \bar{f}(x,y) \tag{4.12}$$

式中，$f_s(x,y)$ 为经过非锐化掩蔽得到的锐化图像，是 $f(x,y)$ 的模糊形式。

非锐化掩蔽处理最早应用于摄影暗室中，将一张模糊的负片与相应的正片卷积在一起，然后冲洗混合的胶片，得到一张更为清晰的照片。

用模糊和图像相减的思路进行锐化，如图 4.10 所示。

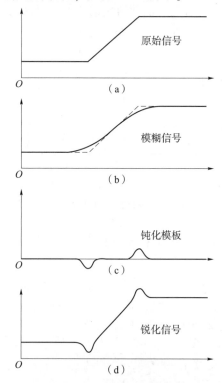

图 4.10 非锐化掩蔽原理

（a）原图像；（b）模糊图像；（c）原图像和模糊图像相减得到的钝化模板；

（d）原图像和模板相加得到的锐化图像

非锐化掩蔽处理步骤为：

①平滑图像，使边缘和突变被消减，而平滑部分不变（其常用模板，如图 4.11 所示）；

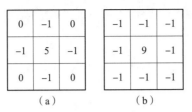

图 4.11 非锐化掩蔽平滑模板

（a）模板 1；（b）模板 2

②原图像与平滑后图像相减，得到钝化模板。

③钝化模板的 k 倍与原图像相加得到锐化结果图像。

非锐化掩蔽进一步的形式称为高提升滤波。在图像中的任何一个像素处，高提升滤波后的图像可以定义为

$$f_{hb}(x,y) = Af(x,y) - \bar{f}(x,y) \qquad (4.13)$$

式中，$A \geqslant 1$。当 $A = 1$ 时，就是上面的非锐化掩蔽处理。此式也可以写为

$$f_{hb}(x,y) = (A-1)f(x,y) + f(x,y) - \bar{f}(x,y) \qquad (4.14)$$

结合非锐化掩蔽的公式，可以得到

$$f_{hb}(x,y) = (A-1)f(x,y) + f_s(x,y) \qquad (4.15)$$

上式可以计算高提升滤波图像。高提升滤波处理步骤为：

①锐化图像，计算原图像的非锐化掩蔽图像；

②原图像与锐化图像按比例进行混合；

③混合后结果灰度调整（归一化至 [0，255]）。

【例 4.4】 高提升滤波使用前面讲的拉普拉斯算子进行锐化，然后和原图像进行混合，得到高提升滤波图像（当序号 A 为 1 时，即为非锐化掩蔽）。

解：程序如下。

```
function highImg = HLiftflt(img,n);              % 高提升滤波函数，img 是图像，n 是乘法系数
h8 = fspecial('laplacian', 0.5);
sharp = filter2(h8, img, 'same');
high = n*img + sharp;
immax = max(max(high));                          % 找到 g 最大值
immin = min(min(high));                          % 找到最小值
% 结果可能超出[0,1]的范围，所以进行归一化将 immin,immax 经过线性变换 y=b*x+c 成 0,1
highImg = (high. immin). /(immax. immin);
end
orgImg = imread('pout. tif');
figure(), subplot(2,2,1),imshow(orgImg),title('原图像');
orgImg = im2double(orgImg);
% 高提升滤波 (A=1，即非锐化掩蔽)
highImg1 = HLiftflt(orgImg,1);
subplot(2,2,2),imshow(highImg1),title('高提升滤波图像(A=1)');
```

```
% 高提升滤波 (A=2)
highImg2 = HLiftflt(orgImg,2);
subplot(2,2,3),imshow(highImg2),title('高提升滤波图像(A=2)');
% 高提升滤波 (A=3)
highImg3 = HLiftflt(orgImg,3);
subplot(2,2,4),imshow(highImg3),title('高提升滤波图像(A=3)');
```

上述程序运行的结果，如图 4.12 所示。

（a）   （b）

（c）   （d）

图 4.12　高提升滤波效果

（a）原图像；（b）高提升滤波图像（$A=1$）；（c）高提升滤波图像（$A=2$）；（d）高提升滤波图像（$A=3$）

4.3.3　梯度法

在图像处理中，一阶微分是通过梯度法来实现的。梯度表示某一函数在该点处的方向导数沿着该方向的最大值，即函数在该点处沿着该方向（此梯度的方向）变化最快，变化率最大。数字图像处理中的一阶微分是用梯度的幅值来实现的。对于函数 $f(x,y)$，在其坐标 (x,y) 上的梯度是通过一个二维列向量定义的，即

$$\nabla f = \begin{bmatrix} G_x \\ G_y \end{bmatrix} = \begin{bmatrix} \dfrac{\partial f}{\partial x} \\ \dfrac{\partial f}{\partial y} \end{bmatrix} \tag{4.16}$$

式中，幅值为

$$\nabla f(x,y) = \sqrt{G_x^2 + G_y^2} = \sqrt{\left(\frac{\partial f}{\partial x}\right)^2 + \left(\frac{\partial f}{\partial y}\right)^2} \tag{4.17}$$

对于数字图像，可以用有限差分作为梯度幅值的近似，即

$$|\nabla f(i,j)| = \sqrt{[f(i+1,j) - f(i,j)]^2 + [f(i,j+1) - f(i,j)]^2} \tag{4.18}$$

尽管梯度幅值和梯度两者之间有本质的区别，但在数字图像处理中提到梯度时，一般不进行区分，而将上式的梯度幅值称作梯度。由于上式中包含平方和开方的计算，因此经常近似为绝对值的形式，即

$$|\nabla f(i,j)| = |f(i+1,j) - f(i,j)| + |f(i,j+1) - f(i,j)| \tag{4.19}$$

但是，在实际的梯度应用中，常使用另一种近似梯度算子——Roberts 算子，即

$$|\nabla f(i,j)| = |f(i+1,j+1) - f(i,j)| + |f(i,j+1) - f(i+1,j)| \tag{4.20}$$

Roberts 算子模板如图 4.13 所示，其中图 4.13（a）对接近 +45° 边缘有较强响应，而图 4.13（b）对接近 -45° 边缘有较强响应

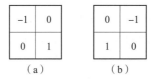

图 4.13　Roberts 算子模板

（a）对接近 +45° 边缘有较强响应；（b）对接近 -45° 边缘有较强响应

【例 4.5】　通过函数 Roberts 算子，利用预定义的边缘提取函数，对图像进行锐化处理。

解：程序如下。

```
orgImg = imread('coins. png');
figure(),subplot(1,2,1),imshow(orgImg),title('原图像');
% 采用 Roberts 算子对图像进行锐化
sharpImg = edge(orgImg,'Roberts');
subplot(1,2,2),imshow(sharpImg),title('Roberts 算子锐化图像');
```

上述程序运行的结果，如图 4.14 所示。

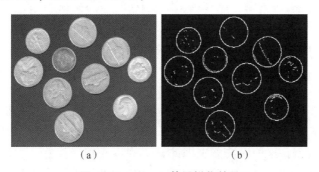

图 4.14　Roberts 算子锐化效果

（a）原图像；（b）Roberts 锐化图像

4.4　频率域滤波

4.4.1　频率域特性

频率直接关系到空间变化率，因此可以直接将傅里叶变换中的频率与图像中的亮度变化模式联系起来。变化最慢的频率分量与图像的平均灰度成正比。当远离变换的原点时，低频对应图像中变化缓慢的灰度分量。例如，在一幅教室的图像中，低频对应墙和地板的平滑灰度变化。当从原点移开更远一些时，较高的频率开始对应于图像中灰度变化越来越大的部分，这些是物体的边缘，或由灰度快速变化所表示的其他图像分量。

频率域中的滤波技术以如下的处理为基础：修改傅里叶变换以达到特殊目的，然后计算离散傅里叶逆变换（Inverse Discrete Fourier Transform，IDFT）返回到图像域。按照式（4.21）所示，频率域滤波使用的傅里叶变换的两个分量是变换的幅度（傅里叶频谱）和相角：

$$F(u,v) = |F(u,v)| \, \mathrm{e}^{\mathrm{j}\varphi(u,v)} \qquad (4.21)$$

式中，幅度（傅里叶频谱）为

$$|F(u,v)| = \sqrt{R^2(u,v) + I^2(u,v)} \qquad (4.22)$$

相角为

$$\varphi(u,v) = \arctan \frac{I(u,v)}{R(u,v)} \qquad (4.23)$$

4.4.2　频率域滤波基础

频率域滤波处理首先是修改一幅图像的傅里叶变换，然后计算其逆变换，还原为结果图像。因此，给定一幅大小为 $M \times N$ 的数字图像 $g(x,y)$，则其基本滤波公式为

$$g(x,y) = \zeta^{-1}[H(u,v)F(u,v)] \qquad (4.24)$$

式中，ζ^{-1} 为 IDFT；$F(u,v)$ 为输入图像的 DFT；$H(u,v)$ 为滤波函数；$g(x,y)$ 为滤波后的输出结果图像。函数 F、H、g 都是大小与输入图像相同的 $M \times N$ 矩阵。滤波函数修改输入图像的傅里叶变换，得到处理后的输出结果图像 $g(x,y)$。

由上述可知，滤波能否取得理想结果的关键在于频率域滤波函数 $H(u,v)$，称为滤波器，或滤波器传递函数。这是因为它在滤波中抑制或滤除频谱中某些频率的分量，而保留其他的一些频率不受影响。本书中只关心其值为实数的滤波器，这样滤波过程中 H 的每一个实数元素分别乘以 F 中对应位置的复数元素，从而使 F 中元素的实部和虚部等比例变化，但不会改变 F 的相位谱，这种滤波器也因此被称为零相移滤波器。这样，最终逆变换回空间域得到的滤波结果图像 $g(x,y)$ 理论上也应当为实函数。然而由于计算舍入误差等，结果可能会存在非常小的虚部，但通常将虚部直接忽略。

构建一个最简单的滤波器函数：它在变换的中心处为 0，而其他地方都是 1。当建立乘

积 $H(u,v)F(u,v)$ 时，该滤波器将抑制 $F(u,v)$ 的直流项而保留其他项。由于从傅里叶变换中可以知道直流项决定图像的平均灰度，因此抑制直流项，即将图像的平均灰度置0，会把输出图像的平均灰度减小为0，图像会变得更暗（负值的灰度在图像中也为0）。

当卷积两个周期函数时，卷积本身也是周期的，但周期的靠近会使它们互相干扰而导致所谓的缠绕错误。要解决缠绕错误，需要考虑分别有 A 个样本和 B 个样本的两个函数 $f(x)$ 和 $h(x)$。可以证明，如果把0添加到这两个函数中，使它们有相同的长度，用 P 表示，这样可以选择避免缠绕，即

$$P \geq A+B-1 \tag{4.25}$$

同样，在二维卷积时，令 $f(x,y)$ 和 $h(x,y)$ 分别是大小为 $A \times B$ 和 $C \times D$ 像素的图像矩阵。在循环卷积中的缠绕错误可以通过对这两个函数进行0填充来避免，方法如下：

$$f_p(x,y) = \begin{cases} f(x,y) & (0 \leq x \leq A-1 \text{ 和 } 0 \leq x \leq B-1) \\ 0 & (A \leq x \leq P \text{ 和 } B \leq x \leq Q) \end{cases}$$

$$h_p(x,y) = \begin{cases} h(x,y) & (0 \leq x \leq C-1 \text{ 和 } 0 \leq x \leq D-1) \\ 0 & (C \leq x \leq P \text{ 和 } D \leq x \leq Q) \end{cases} \tag{4.26}$$

式中，

$$P \geq A+C-1$$
$$Q \geq B+D-1 \tag{4.27}$$

用0填充后的图像大小为 $P \times Q$。如果两个矩阵的大小相同，都是 $M \times N$，则要求：

$$P \geq 2M-1$$
$$Q \geq 2N-1 \tag{4.28}$$

4.4.3　频率域滤波步骤

前面两节的内容，总结起来就是频率域滤波的步骤。

①给定一幅大小为 $M \times N$ 的数字图像 $f(x,y)$，计算填充参数 P 和 Q，典型地，$P=2M$，$Q=2N$。

②对 $f(x,y)$ 进行0填充，形成大小为 $P \times Q$ 的填充后的图像 $f_p(x,y)$。

③用 $(-1)^{x+y}$ 乘以 $f_p(x,y)$ 移到其变换的中心。

④计算步骤③的图像的DFT，得到 $F(u,v)$。

⑤生成一个实数、对称的滤波函数 $F(u,v)$，其大小为 $P \times Q$，中心在 $\left(\dfrac{P}{2}, \dfrac{Q}{2}\right)$。用矩阵相乘形成乘积 $G(u,v)=H(u,v) \cdot F(u,v)$，即 $G(i,k)=H(i,k) \cdot F(i,k)$。

⑥得到处理后的图像：

$$g_p(x,y) = \{\text{real}[\boldsymbol{\zeta}^{-1}[G(u,v)]]\}(-1)^{x+y} \tag{4.29}$$

式中，为忽略由计算舍入误差导致的复数分量，选择了实部；下标 p 是指处理的是0填充后的阵列。

⑦通过从 $g_p(x,y)$ 的左上象限提取区域，得到最终滤波后的结果图像 $g(x,y)$。

【例 4.6】 求下列数字图像块的 2 维 DFT。

$$f_1(m,n) = \begin{bmatrix} 0 & 1 & 1 & 0 \\ 0 & 1 & 1 & 0 \\ 0 & 1 & 1 & 0 \\ 0 & 1 & 1 & 0 \end{bmatrix}$$

解：$f_1(m,n)$ 的二维 DFT 如下。

根据下面二维 DFT 的计算公式：

$$F(u,v) = \frac{1}{N} \sum_{m=0}^{N-1} \sum_{n=0}^{N-1} f(m,n) W_N^{mu+mv}$$

并利用二维 DFT 的可分离性，有

$$\begin{aligned} F(u,v) &= 2D\text{-DFT}[f(m,n)] \\ &= 1D\text{-DFT}_n\{1D\text{-DFT}_m[f(m,n)]\} \\ &= 1D\text{-DFT}_n[F(u,v)] \end{aligned}$$

或

$$\begin{aligned} F(u,v) &= 2D\text{-DFT}[f(m,n)] \\ &= 1D\text{-DFT}_m\{1D\text{-DFT}_n[f(m,n)]\} \\ &= 1D\text{-DFT}_m[F(u,v)] \end{aligned}$$

由于原图像中有两个全 0 的列向量，其 DFT 也是全 0 的列向量。因此，为减少运算量，可先进行列一维 DFT，再进行行一维 DFT。

对于题中所给 4×4 图像，其一维 DFT 为

$$F_i(\omega) = \{F(0), F(1), F(2), F(3)\}$$

式中，i 为第 i 行或第 i 列；$F(r)(r=0,1,2,3)$ 为对应行或列一维 DFT 的第 r 个元素。

根据一维 DFT 公式，有

$$F(0) = \frac{1}{2}\{[f(0)+f(2)]+[f(1)+f(3)]\}$$

$$F(1) = \frac{1}{2}\{[f(0)-f(2)]-j[f(1)-f(3)]\}$$

$$F(2) = \frac{1}{2}\{[f(0)+f(2)]-[f(1)+f(3)]\}$$

$$F(3) = \frac{1}{2}\{[f(0)-f(2)]+j[f(1)-f(3)]\}$$

由此得到 $f_1(m,n)$ 的列 DFT 为

$$F_1(m,n) = 1D\text{-DFT}_n[f_1(m,n)] = \begin{bmatrix} 0 & 2 & 2 & 0 \\ 0 & 0 & 0 & 0 \\ 0 & 0 & 0 & 0 \\ 0 & 0 & 0 & 0 \end{bmatrix}$$

再计算行一维 DFT，可得结果为

$$F_1(m,v) = 1D\text{-}DFT_n[f_1(m,n)] = \begin{bmatrix} 0 & -1-j & 0 & -1+j \\ 0 & 0 & 0 & 0 \\ 0 & 0 & 0 & 0 \\ 0 & 0 & 0 & 0 \end{bmatrix}$$

4.4.4 空间和频率域滤波间的对应

傅里叶变换可以将图像从空间域变换到频率域，而傅里叶逆变换则可以将图像的频谱逆变换为空间域图像，即可以直接识别的图像。空间域和频率域滤波间的纽带就是卷积定理。利用空间域图像与频谱之间的对应关系，首先尝试将空间域卷积滤波变换为频率域滤波，然后再将频率域滤波处理后的图像逆变换回空间域，从而达到图像增强的目的。

根据卷积定理：两个二维连续函数在空间域中的卷积可由其相应的两个傅里叶变换乘积的逆变换而得到；反之，在频率域中的卷积可由在空间域中乘积的傅里叶变换而得到，即

$$\begin{cases} f(x,y)*h(x,y) \Leftrightarrow F(u,v)H(u,v) \\ f(x,y)h(x,y) \Leftrightarrow F(u,v)*H(u,v) \end{cases} \tag{4.30}$$

其中，符号⇔表示傅里叶变换对，即左侧的表达式可通过傅里叶正变换得到右侧的表达式，而右侧的表达式则可通过傅里叶逆变换得到左侧的表达式。上式构成了整个频率域滤波的基础，而式中的乘积实际上就是两个二维矩阵 $F(u,v)$ 和对应元素之间的乘积。

为了更为直观地理解频率域滤波与空间域滤波之间的对应关系，下面看一个简单的例子。原点处的傅里叶变换 $F(0,0)$ 实际上是图像中全部像素的灰度之和。如果要从原图像 $f(x,y)$ 得到一幅像素灰度和为 0 的空间域图像 $g(x,y)$，就可以先将 $f(x,y)$ 变换到频率域 $F(u,v)$。令 $F(0,0)=0$[在原点移动到中心的频谱中为 $F(M/2,N/2)$]，再逆变换回去。这个滤波过程相当于计算 $F(u,v)$ 和以下 $H(u,v)$ 之间的乘积：

$$H(u,v) = \begin{cases} 0 & ((u,v)=(M/2,N/2)) \\ 1 & (其他) \end{cases} \tag{4.31}$$

其中，$H(u,v)$ 对应平移过的频谱，其原点位于 $(M/2,N/2)$。显然，这里 $H(u,v)$ 的作用就是将点 $F(M/2,N/2)$ 置 0，而其他位置的 $F(u,v)$ 保持不变。有兴趣的读者可以自己尝试这个简单的频率域滤波过程，逆变换之后验证 $g(x,y)$ 的所有像素灰度之和是否为 0。

4.5 使用频率域滤波器平滑图像

4.5.1 理想低通滤波器

在以原点为圆心、以 D_0 为半径的圆内，无衰减地通过所有频率，而在该圆外"切断"所有频率的二维低通滤波器，称为理想低通滤波器（Ideal Low Pass Filter，ILPF）。ILPE 由下面的函数确定：

$$H(u,v) = \begin{cases} 1 & (D(u,v) \leqslant D_0) \\ 0 & (D(u,v) > D_0) \end{cases} \tag{4.32}$$

式中，D_0 为一个正常数；$D(u,v)$ 为频率域中点 (u,v) 与频率矩形中心的距离，即

$$D(u,v) = \sqrt{(u-P/2)^2 + (v-Q/2)^2} \tag{4.33}$$

式中，P 和 Q 为填充后的图像大小。

理想低通滤波器示意图如图 4.15 所示。理想滤波器在半径为 D_0 的圆内，所有频率无衰减地通过，而在此圆之外的所有频率则完全被衰减（滤除）。理想低通滤波器是关于原点径向对称的，这意味着该滤波器完全由一个径向剖面面来定义，如图 4.15（c）所示。

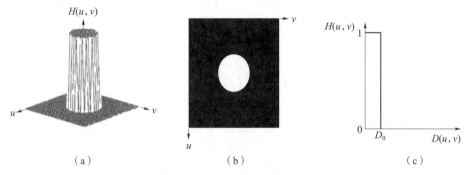

（a）　　　　　　　　　　（b）　　　　　　　　　　（c）

图 4.15　理想低通滤波器示意图

（a）透视图；（b）图像显示（$D_0 = 60$）；（c）径向剖面图

【例 4.7】　通过理想低通滤波器，对图像进行低通滤波处理。

解：程序如下。

```
% 理想低通滤波函数,img 是图像经过傅里叶变换后的结果,d0 为截止频率
function ilpfImg = ILPF(img,d0);
    [M N] = size(img);
    m_mid = fix(M/2);
    n_mid = fix(N/2);
    ilpfImg = zeros(M,N);
    for i = 1:M
        for j = 1:N
            % 理想低通滤波,求距离
            d = sqrt((i. m_mid)^2+(j. n_mid)^2);
            if d <= d0
                h(i,j) = 1;
            else
                h(i,j) = 0;
            end
            ilpfImg(i,j) = h(i,j)*img(i,j);
        end
    end
end
% 采用理想低通滤波器对图像进行滤波
```

```
clear;
orgImg = imread('focus. png');
figure(), subplot(2,3,1), imshow(orgImg);
title('Org Image');
% 傅里叶变换得到频谱
img_f = fftshift(fft2(double(orgImg)));
% 截止频率
D = [10 30 60 160 460];
[M,N] = size(D);
for i = 1:N
    lwimg = ILPF(img_f, D(i));              % 调用理想低通滤波器
    % 傅里叶逆变换
    img_lpf = ifftshift(lwimg);
    % 取实数部分
    img_lpf = uint8(real(ifft2(img_lpf)));
    subplot(2,3,i+1), imshow(img_lpf);
title(['ILPF Img(D = 'num2str(D(i))')']);
end
```

理想低通滤波器对图像进行平滑的效果，如图 4.16 所示。其中，第 1 个为原图像，后 5 个分别为使用理想低通滤波器后的效果，截止频率分别设置为半径值 10、30、60、160 和 460。这些滤波器滤除的功率分别为总功率的 13%、6.9%、4.3%、2.2% 和 0.8%。

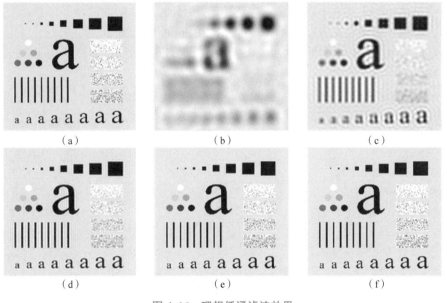

图 4.16　理想低通滤波效果

(a) 原图像；(b) ILPF 图像（$D_0 = 10$）；(c) ILPF 图像（$D_0 = 30$）；(d) ILPF 图像（$D_0 = 60$）；
(e) ILPF 图像（$D_0 = 160$）；(f) ILPF 图像（$D_0 = 460$）

从上面的示例可以看出，理想低通滤波器并不是非常实用。因为理想低通滤波器滤除了高频成分，所以使图像模糊。由于理想低通滤波器的过渡特性过于陡峭，产生了振铃现象。

4.5.2　巴特沃斯低通滤波器

截止频率位于距原点 D_0 处的 n 阶巴特沃斯低通滤波器（Butterworth Low Pass Filter, BLPF）的传递函数定义为

$$H(u,v) = \frac{1}{1 + \left[D(u,v)/D_0 \right]^{2n}} \qquad (4.34)$$

式中，$D(u,v)$ 的定义参见理想低通滤波器；n 为巴特沃斯低通滤波器的阶数。

图 4.17 为巴特沃斯低通滤波器示意图。

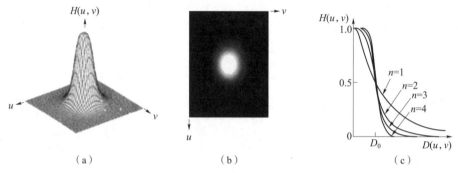

图 4.17　巴特沃斯低通滤波器示意图
(a) 透视图；(b) 图像显示；(c) 径向剖面图

与理想低通滤波器不同，巴特沃斯低通滤波器的传递函数并没有在通过频率和滤除频率之间给出明显截止的尖锐的不连续性。对于具有平滑传递函数的滤波器，可在这一点上定义截止频率，即截止频率是使 $H(u,v)$ 下降为其最大值的某个百分比的点。

【例 4.8】　通过巴特沃斯低通滤波器，对图像进行巴特沃斯低通滤波处理。

解：程序如下。

```
% 巴特沃斯滤波函数,img 是图像经过傅里叶变换后的结果,d0 为截止频率
function blpfImg=BLPF(img,d0);
    [M N]=size(img);
    m_mid=fix(M/2);
    n_mid=fix(N/2);
    blpfImg=zeros(M,N);
    U=0:M;
    V=0:N;
    center_u = ceil(M/2);
    center_v = ceil(N/2);
    for i=1:M
        for j=1:N
            dist = sqrt((U(i) . center_u)^2 + (V(j) . center_v)^2);
            h(i,j)=1 / (1 + power(dist/d0, 2*N));
            blpfImg(i,j)=h(i,j)*img(i,j);
        end
    end
```

```
end
% 采用巴特沃斯低通滤波器对图像进行滤波
clear;
orgImg=imread('focus. png');
figure(),subplot(2,3,1),imshow(orgImg);
title('Org Image');
% 傅里叶变换得到频谱
img_f=fftshift(fft2(double(orgImg)));
% 截止频率
D=[10 30 60 160 460];
[M,N]=size(D);
for i=1:N
    lwimg = BLPF(img_f,D(i));          % 调用巴特沃斯低通滤波器
% 傅里叶逆变换
    img_lpf=ifftshift(lwimg);
% 取实数部分
    img_lpf=uint8(real(ifft2(img_lpf)));
    subplot(2,3,i+1),imshow(img_lpf);
    title(['BLPF Img(D='num2str(D(i))')']);
end
```

巴特沃斯低通滤波器对图像进行平滑的效果，如图4.18所示。其中，第1个为原图像，后5个为使用巴特沃斯低通滤波器后的效果。在图4.18中，n为2，截止频率分别设置为半径值10、30、60、160和460。使用这种巴特沃斯低通滤波器处理过的任何图像中都没有可见的振铃现象，这归因于这种滤波器在低频和高频之间的平滑过渡。

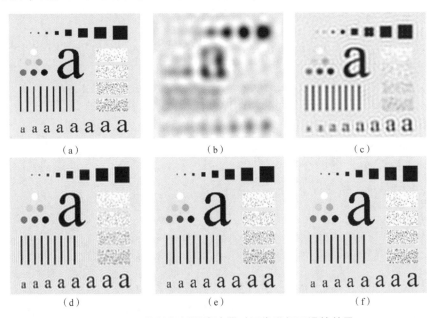

图 4.18　巴特沃斯低通滤波器对图像进行平滑的效果

（a）原图像；（b）BLPF 图像（$D_0=10$）；（c）BLPF 图像（$D_0=30$）；（d）BLPF 图像（$D_0=60$）；

（e）BLPF 图像（$D_0=160$）；（f）BLPF 图像（$D_0=460$）

4.5.3　高斯低通滤波器

高斯低通滤波器（Gaussian Low Pass Filter，GLPF）的传递函数定义为

$$H(u,v) = e^{\frac{-D^2(u,v)}{2D_0^2}}　　　　　　　　　　(4.35)$$

式中，$D(u,v)$ 的定义参见理想低通滤波器；D_0 为截止频率。当 $D(u,v) = D_0$ 时，高斯低通滤波器下降为其最大值的 0.607。

由于高斯低通滤波器的傅里叶逆变换也是高斯函数，意味着 GLPF 的传递函数的 IDFT 得到的空间高斯低通滤波器没有振铃现象。高斯低通滤波器过渡特性平坦，因此不会产生振铃现象。图 4.19 为高斯低通滤波器示意图。

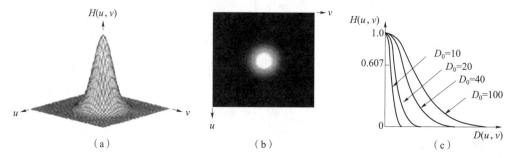

图 4.19　高斯低通滤波器示意图

(a) 透视图；(b) 图像显示；(c) 径向剖面图

本节讨论的低通滤波器，如表 4.1 所示。

表 4.1　低通滤波器

类型	理想	巴特沃斯	高斯
传递函数	$H(u,v) = \begin{cases} 1 & (D(u,v) \leqslant D_0) \\ 0 & (D(u,v) > D_0) \end{cases}$	$H(u,v) = \dfrac{1}{1 + [D(u,v)/D_0]^{2n}}$	$H(u,v) = e^{\frac{-D^2(u,v)}{2D_0^2}}$

注：D_0 为截止频率；n 为巴特沃斯低通滤波器的阶数。

【例 4.9】　通过高斯低通滤波器，对图像进行高斯低通滤波处理。

解：程序如下。

```
function glpfImg=GLPF(img,d0);   % 高斯滤波函数,img 是图像经过傅里叶变换后的结果,d0 为截止频率
    [M N]=size(img);
    m_mid=fix(M/2);
    n_mid=fix(N/2);
    glpfImg=zeros(M,N);
    U=0:M;
    V=0:N;
    center_u = ceil(M/2);
    center_v = ceil(N/2);
    for i=1:M
        for j=1:N
            dist = sqrt((U(i) . center_u)^2 + (V(j) . center_v)^2);
```

```
        h(i,j)=exp(. dist^2/(2*d0^2));
        glpfImg(i,j)=h(i,j)*img(i,j);
        end
    end
end
% 采用高斯低通滤波器对图像进行滤波
clear;
orgImg=imread('focus. png');
figure(),subplot(2,3,1),imshow(orgImg);
title('Org Image');
% 傅里叶变换得到频谱
img_f=fftshift(fft2(double(orgImg)));
% 截止频率
D=[10 30 60 160 460];
[M,N]=size(D);
for i=1:N
    lwimg = GLPF(img_f,D(i));        % 调用高斯低通滤波器
    % 傅里叶逆变换
    img_lpf=ifftshift(lwimg);
    % 取实数部分
    img_lpf=uint8(real(ifft2(img_lpf)));
    subplot(2,3,i+1),imshow(img_lpf);
    title(['GLPF Img(D='num2str(D(i))')']);
end
```

高斯低通滤波器对图像进行平滑的效果，如图 4.20 所示。其中，第 1 个为原图像，后 5 个分别为使用高斯低通滤波器后的效果，截止频率分别设置为半径值 10、30、60、160 和 460。与巴特沃斯低通滤波器一样，模糊的平滑过渡是截止频率增大的函数。图 4.20（c）与图 4.18（c）比较可以看出，对于相同的截止频率，GLPF 与二阶 BLPF 相比，导致的平滑效果要稍微差一些。这是因为 GLPF 的径向剖面图不像二阶 BLPF 的径向剖面图那样"紧凑"。

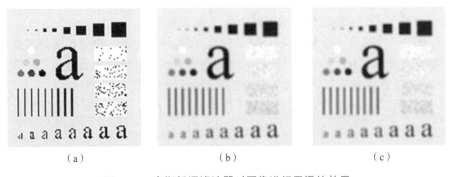

（a）　　　　　　　　　　（b）　　　　　　　　　　（c）

图 4.20　高斯低通滤波器对图像进行平滑的效果

（a）原图像；（b）GLPF 图像（$D_0 = 10$）；（c）GLPF 图像（$D_0 = 30$）

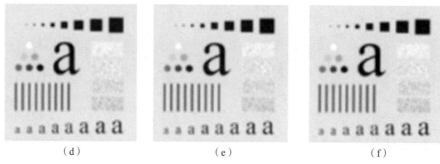

图 4.20　高斯低通滤波器对图像进行平滑的效果（续）

（d）GLPF 图像（$D_0 = 60$）；（e）GLPF 图像（$D_0 = 160$）；（f）GLPF 图像（$D_0 = 460$）

4.6　使用频率域滤波器锐化图像

因为边缘和其他灰度的急剧变化与高频分量有关，所以图像锐化可在频率域通过高通滤波来实现。高通滤波会衰减傅里叶变换中的低频分量，但不会扰乱高频分量。

一个高通滤波器是从给定的低通滤波器用下式得到的：

$$H_{\mathrm{HP}}(u,v) = 1 - H_{\mathrm{LP}}(u,v) \tag{4.36}$$

其中，$H_{\mathrm{LP}}(u,v)$ 是低通滤波器的传递函数。被低通滤波器衰减的频率能通过高通滤波器，反之亦然。3 种低通滤波器，即理想、巴特沃斯、高斯低通滤波器可以通过上面的式子快速地转变为高通滤波器。

4.6.1　理想高通滤波器

理想高通滤波器（Ideal High Pass Filter, IHPF）的定义为

$$H(u,v) = \begin{cases} 0 & (D(u,v) \leqslant D_0) \\ 1 & (D(u,v) > D_0) \end{cases} \tag{4.37}$$

式中，$D(u,v)$ 的定义参见理想低通滤波器；D_0 为截止频率。

理想高通滤波器和理想低通滤波器是相对的。在这种情况下，理想高通滤波器把半径为 D_0 的圆内的所有频率置 0，无衰减地通过圆外的所有频率。与理想低通滤波器一样，理想高通滤波器在物理上是无法实现的。理想高通滤波器示意图如图 4.21 所示。

【例 4.10】　已知 $f(x,y)$ 的图像数据如下所示，计算 $f(x,y)$ 的离散傅里叶变换。

$$\begin{bmatrix} 1 & 4 & 4 & 1 \\ 2 & 4 & 4 & 1 \\ 2 & 4 & 4 & 1 \end{bmatrix}$$

解：$F(u,v) = \dfrac{1}{N} \sum\limits_0^3 \sum\limits_0^3 f(x,y) \exp\{-\mathrm{j}2\pi(ux+vy)/N\} \ (u,v=0,1,2,3)$

令 $W^{mn} = \exp\{-\mathrm{j}2\pi mn/N\}$，则

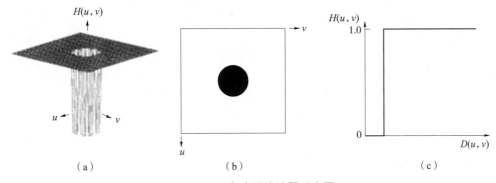

图 4.21　理想高通滤波器示意图

（a）透视图；（b）图像显示；（c）径向剖面图

$$A_x = A_y = \begin{bmatrix} W^0 & W^0 & W^0 & W^0 \\ W^0 & W^1 & W^2 & W^3 \\ W^0 & W^2 & W^4 & W^6 \\ W^0 & W^3 & W^6 & W^9 \end{bmatrix}$$

$$F(u,v) = \frac{1}{4} A_x f(x,y) A_y$$

$$= \frac{1}{4} \begin{bmatrix} 1 & 1 & 1 & 1 \\ 1 & -j & -1 & j \\ 1 & -1 & 1 & -1 \\ 1 & j & -1 & -j \end{bmatrix} \begin{bmatrix} 1 & 4 & 4 & 1 \\ 2 & 4 & 4 & 2 \\ 2 & 4 & 4 & 2 \\ 1 & 4 & 4 & 1 \end{bmatrix} \begin{bmatrix} 1 & 1 & 1 & 1 \\ 1 & -j & -1 & j \\ 1 & -1 & 1 & -1 \\ 1 & j & -1 & -j \end{bmatrix}$$

$$= \frac{1}{4} \begin{bmatrix} 44 & -10-10j & 0 & -10+10j \\ -2-2j & -2j & 0 & -2 \\ 0 & 0 & 0 & 0 \\ -2+2j & -2 & 0 & 2j \end{bmatrix}$$

【例 4.11】　通过理想高通滤波器，对图像进行高通滤波处理。

解：程序如下。

```
% 理想低通滤波函数,img 是图像经过傅里叶变换后的结果,d0 为截止频率
function ihpfImg = IHPF(img,d0);
  [M N] = size(img);
  m_mid = fix(M/2);
  n_mid = fix(N/2);
  ihpfImg = zeros(M,N);
  for i=1:M
    for j=1:N
      % 理想低通滤波,求距离
      d=sqrt((i. m_mid)^2+(j. n_mid)^2);
      if d>d0
        h(i,j)=1;
      else
        h(i,j)=0;
      end
```

```
        ihpfImg(i,j)=h(i,j)*img(i,j);
      end
    end
end
% 采用理想高通滤波器对图像进行滤波
clear;
orgImg=imread('focus. png');
figure();
subplot(2,2,1),imshow(orgImg),title('Org Image');
% 傅里叶变换得到频谱
img_f=fftshift(fft2(double(orgImg)));
% 截止频率
D=[30 60 100];
[M,N]=size(D);
for i=1:N
  lwimg = IHPF(img_f,D(i));          % 调用理想高通滤波器
  % 傅里叶逆变换
  img_hpf=ifftshift(lwimg);
  % 取实数部分
  img_hpf=uint8(real(ifft2(img_hpf)));
  subplot(2,2,i+1),imshow(img_hpf);
  title(['IHPF Img(D='num2str(D(i))')']);
end
```

理想高通滤波器对图像进行锐化的效果，如图 4.22 所示。其中，第 1 个为原图像，后 3 个分别为使用理想高通滤波器后的效果，截止频率分别设置为半径值 30、60 和 100。

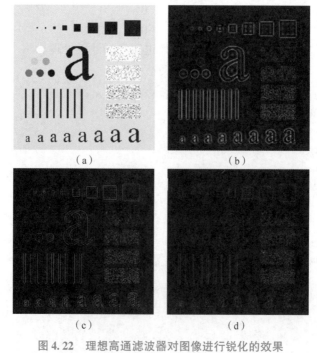

（a）　　　　　　　　　　（b）

（c）　　　　　　　　　　（d）

图 4.22　理想高通滤波器对图像进行锐化的效果

（a）原图像；（b）IHPF 图像（$D_0=30$）；（c）IHPF 图像（$D_0=60$）；（d）IHPF 图像（$D_0=100$）

　　类似地，可以预料到 IHPF 和 ILPF 具有相同的振铃性质。当 $D_0 = 30$ 时，图中的振铃现象相当严重，产生了失真现象，边界加粗。另外，空间域滤波是空间滤波器与图像的卷积，这就是较小的物体和线条几乎都显示为白色的原因。当 $D_0 = 60$ 时，情况有所改善，边缘失真虽然仍然明显，但对较小的物体进行了过滤。当 $D_0 = 100$ 时，更像一幅高通滤波后的图像，此时边缘更清晰，失真更小，而且较小的物体被滤除。因为高通滤波类似于空间域中的差分，所有图像的恒定背景在高通滤波后的图像中都是 0。

4.6.2　巴特沃斯高通滤波器

　　截止频率为 D_0 的 n 阶巴特沃斯高通滤波器（Butterworth High Pass Filter，BHPF）的传递函数定义为

$$H(u,v) = \frac{1}{1 + \left[D_0 / D(u,v) \right]^{2n}} \tag{4.38}$$

式中，$D(u,v)$ 的定义参见理想低通滤波器；n 为巴特沃斯高通滤波器的阶数。

　　图 4.23 为巴特沃斯高通滤波器示意图。

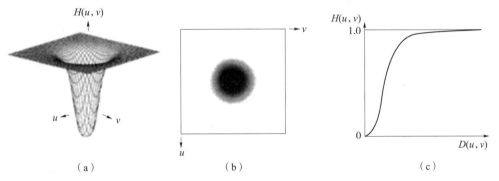

图 4.23　巴特沃斯高通滤波器示意图
（a）透视图；（b）图像显示；（c）径向剖面图

　　与低通滤波器一样，巴特沃斯高通滤波器比 IHPF 更平滑。巴特沃斯高通滤波器对图像进行锐化的效果表明，D_0 值和 4.5.2 节设置相同的 2 阶 BLPF 特性。边缘失真比理想低通滤波器要小得多，甚至对于最小的截止频率也一样。因为理想高通滤波器和巴特沃斯高通滤波器中心区域的点的大小类似，所以这两个滤波器过滤小目标的性能具有相比性。截止频率越大，使用巴特沃斯高通滤波器得到的结果就越平滑。

　　【例 4.12】　通过巴特沃斯高通滤波器，对图像进行巴特沃斯高通滤波处理。

　　解：程序如下。

```
% 巴特沃斯滤波函数,img 是图像经过傅里叶变换后的结果,d0 为截止频率
function bhpfImg = BHPF(img,d0);
    [M N] = size(img);
    m_mid = fix(M/2);
    n_mid = fix(N/2);
    bhpfImg = zeros(M,N);
    U = 0:M;
    V = 0:N;
```

```
        center_u = ceil(M/2);
        center_v = ceil(N/2);
        for i=1:M
          for j=1:N
            dist = sqrt((U(i) . center_u)^2 + (V(j) . center_v)^2);
            h(i,j)=1 / (1 + power(d0/dist, 2*N));
            bhpfImg(i,j)=h(i,j)*img(i,j);
          end
        end
      end
      % 采用巴特沃斯高通滤波器对图像进行滤波
      clear;
      orgImg=imread('focus. png');
      figure();
      subplot(2,2,1),imshow(orgImg),title('Org Image');
      % 傅里叶变换得到频谱
      img_f=fftshift(fft2(double(orgImg)));
      %  截止频率
      D=[30 60 100];
      [M,N]=size(D);
      for i=1:N
        lwimg = BHPF(img_f,D(i));                %调用巴特沃斯高通滤波器
        % 傅里叶逆变换
        img_hpf=ifftshift(lwimg);
        % 取实数部分
        img_hpf=uint8(real(ifft2(img_hpf)));
        subplot(2,2,i+1),imshow(img_hpf);
        title(['BHPF Img(D='num2str(D(i))')']);
      end
```

　　巴特沃斯高通滤波器对图像进行锐化的效果，如图 4.24 所示。其中，第 1 个为原图像，后 3 个分别为使用巴特沃斯高通滤波器后的效果，截止频率分别设置为半径值 30、60 和 100。

（a）　　　　　　　　　　　（b）

图 4.24　巴特沃斯高通滤波器对图像进行锐化的效果

（a）原图像；（b）BHPF 图像（$D_0=30$）

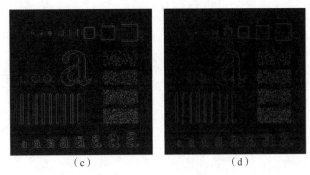

$$(c) \qquad\qquad\qquad\qquad (d)$$

图 4.24 巴特沃斯高通滤波器对图像进行锐化的效果（续）

（c）BHPF 图像（$D_0 = 60$）；（d）BHPF 图像（$D_0 = 100$）

4.6.3 高斯高通滤波器

截止频率处于距频率矩阵中心距离为 D_0 的高斯高通滤波器（Gaussian High Pass Filter，GHPF）的传递函数定义为

$$H(u,v) = 1 - e^{\frac{-D^2(u,v)}{2D_0^2}} \tag{4.39}$$

式中，$D(u,v)$ 的定义参见理想低通滤波器；D_0 为截止频率。

图 4.25 为高斯高通滤波器示意图。

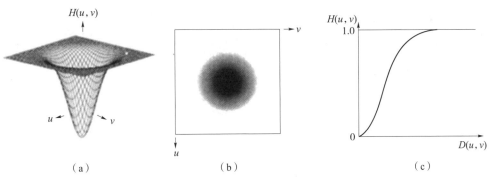

图 4.25 高斯高通滤波器示意图

（a）透视图；（b）图像显示；（c）径向剖面图

本节讨论的高通滤波器，如表 4.2 所示。

表 4.2 高通滤波器

类型	理想	巴特沃斯	高斯
传递函数	$H(u,v) = \begin{cases} 0 & (D(u,v) \leq D_0) \\ 1 & (D(u,v) > D_0) \end{cases}$	$H(u,v) = \dfrac{1}{1 + [D_0/D(u,v)]^{2n}}$	$H(u,v) = 1 - e^{\frac{-D^2(u,v)}{2D_0^2}}$

注：D_0 为截止频率；n 为巴特沃斯高通滤波器的阶数。

【例 4.13】　通过高斯高通滤波器，对图像进行高斯高通锐化处理。

解：程序如下。

```
% 高斯滤波函数,img 是图像经过傅里叶变换后的结果,d0 为截止频率
function ghpfImg = GHPF(img, d0);
    [m n] = size(img);
    m_mid = fix(m/2);
    n_mid = fix(n/2);
    ghpfImg = zeros(m, n);
    U = 0:m;
    V = 0:n;
    center_u = ceil(m/2);
    center_v = ceil(n/2);
    for i = 1:m
        for j = 1:n
            dist = sqrt((U(i) . center_u)^2 + (V(j) . center_v)^2);
            h(i, j) = 1 . exp(. dist^2/(2*d0^2));
            ghpfImg(i, j) = h(i, j)* img(i, j);
        end
    end
end
% 采用高斯高通滤波器对图像进行滤波
clear;
orgImg = imread('focus. png');
figure();
subplot(2, 2, 1), imshow(orgImg), title('Org Image');
% 傅里叶变换得到频谱
img_f = fftshift(fft2(double(orgImg)));
% 截止频率
D = [30 60 100];
[M, N] = size(D);
for i = 1:N
    lwimg = GHPF(img_f, D(i));              % 调用高斯高通滤波器
    % 傅里叶逆变换
    img_hpf = ifftshift(lwimg);
    % 取实数部分
    img_hpf = uint8(real(ifft2(img_hpf)));
    subplot(2, 2, i+1), imshow(img_hpf);
    title(['GHPF Img(D = 'num2str(D(i))')']);
end
```

沿用 BHPF 相同的形式，高斯高通滤波器对图像进行锐化的效果，如图 4.26 所示。效果如预期的一样，比前两个高通滤波器的效果更平滑。即使是对微小物体和细线条使用高斯高通滤波器进行滤波，效果也比较清晰。

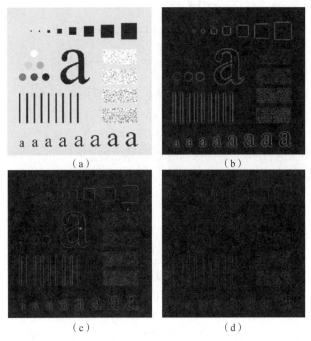

图 4.26　高斯高通滤波器对图像进行锐化的效果

（a）原图像；（b）GHPF 图像（$D_0 = 30$）；（c）GHPF 图像（$D_0 = 60$）；（d）GHPF 图像（$D_0 = 100$）

4.6.4　频率域的拉普拉斯算子

本书 4.3 节讨论过使用拉普拉斯算子对空间域图像进行滤波。使用拉普拉斯算子对频率域的图像进行滤波，证明拉普拉斯算子可以使用以下滤波器在频率域中实现，即

$$H((u,v) = -4\pi^2(u^2+v^2) \tag{4.40}$$

或者关于频率矩阵的中心，可以使用以下滤波器：

$$H(u,v) = -4\pi^2\left[(u-P/2)^2+(v-Q/2)^2\right] = -4\pi^2 D^2(u,v) \tag{4.41}$$

式中，$D(u,v)$ 的定义参见理想低通滤波器。

拉普拉斯图像可以由下式得到：

$$\nabla^2 f(x,y) = \zeta^{-1}\{H(u,v)F(u,v)\} \tag{4.42}$$

式中，$F(u,v)$ 是 $f(x,y)$ 的傅里叶变换。

图像增强可以使用下式实现：

$$g(x,y) = f(x,y) + c\,\nabla^2 f(x,y) \tag{4.43}$$

式中，$c = -1$，这是因为 $H(u,v)$ 是负的。

【例 4.14】　写出频率域拉普拉斯算子的传递函数，并说明掩膜矩阵

$$M = \begin{bmatrix} 0 & -1 & 0 \\ -1 & 5 & -1 \\ 0 & -1 & 0 \end{bmatrix}$$

对图像 $f(x,y)$ 的卷积与拉普拉斯算子对图像 $f(x,y)$ 运算结果之间的关系。

解：

$$g(x,y) = \nabla^2 f(x,y)$$

$$G(u,v) = F(g(x,y)) = F(\nabla^2 f(x,y))$$

$$= \left\{ \frac{\partial^2 f}{\partial x^2} + \frac{\partial^2 f}{\partial y^2} \right\} = F\left\{ \frac{\partial^2 f}{\partial x^2} \right\} + F\left\{ \frac{\partial^2 f}{\partial y^2} \right\}$$

$$= (j2\pi u)^2 F(u,v) + (j2\pi v)^2 F(u,v)$$

$$= -(2\pi)^2 (u^2 + v^2) F(u,v)$$

因此，频率域拉普拉斯算子的传递函数为 $H = -(2\pi)^2(u^2+v^2)$。

掩膜矩阵 $\boldsymbol{M}$ 相当于原图像与拉普拉斯算子运算之差。

因为拉普拉斯算子为

$$\begin{bmatrix} 0 & 1 & 0 \\ 1 & -4 & 1 \\ 0 & 1 & 0 \end{bmatrix}$$

因此，

$$\boldsymbol{M} = \begin{bmatrix} 0 & -1 & 0 \\ -1 & 5 & -1 \\ 0 & -1 & 0 \end{bmatrix} = \begin{bmatrix} 0 & 0 & 0 \\ 0 & 1 & 0 \\ 0 & 0 & 0 \end{bmatrix} - \begin{bmatrix} 0 & 1 & 0 \\ 1 & -4 & 1 \\ 0 & 1 & 0 \end{bmatrix}$$

【例 4.15】 通过拉普拉斯算子，对图像频率域的数据进行处理，再进行傅里叶逆变换，得到频率域的拉普拉斯高通滤波处理。

解：程序如下。

```
orgImg = imread('moon. tif');
figure()
subplot(1,2,1),imshow(orgImg),title('原图像');
[M,N] = size(orgImg);
M0 = M/2;
N0 = N/2;
% 傅里叶变换得到频谱
J_shift = fftshift(fft2(double(orgImg)));
for i = 1:M
  for j = 1:N
    % 计算频率域拉普拉斯算子
    h_hp = 1+4*((i. M0)^2+(j. N0)^2)/(M0* N0);
    J_shift(i,j) = J_shift(i,j)*h_hp;
  end
end
% 傅里叶逆变换
img_hpf = ifftshift(J_shift);
% 取实数部分
img_hpf = uint8(real(ifft2(img_hpf)));
subplot(1,2,2),imshow(img_hpf),title('拉普拉斯算子');
```

使用拉普拉斯算子在频率域进行锐化，效果如图 4.27 所示。

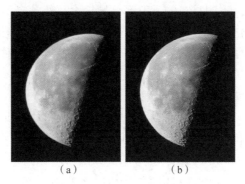

（a）　　　　　　（b）

图 4.27　拉普拉斯算子锐化效果

（a）原图像；（b）拉普拉斯算子图像

4.6.5　钝化模板、高提升滤波器和高频强调滤波器

本节讨论使用钝化模板、高提升滤波器和高频强调滤波器进行图像锐化的技术。使用频率域方法，非锐化掩蔽定义的模板由下式给出：

$$g_{\text{mask}}(x,y)=f(x,y)-f_{LP}(x,y) \tag{4.44}$$

$$f_{LP}(x,)=\zeta^{-1}[H_{LP}(u,v)F(u,v)] \tag{4.45}$$

式中，$H_{LP}(u,v)$ 为一个低通滤波器；$F(u,v)$ 为 $f(x,y)$ 的傅里叶变换；$f_{LP}(x,y)$ 为平滑后的图像，该图像类似于 $\bar{f}(x,y)$。然后，最终滤波的公式如下：

$$g(x,y)=f(x,y)+k\times g_{\text{mask}}(x,y) \tag{4.46}$$

该表达式定义了 $k=1$ 时的钝化模板和 $k>1$ 时的高提升滤波器。利用空间域的结果，可以使用低通滤波器的频率域计算出结果，公式表示如下：

$$g(x,y)=\zeta^{-1}\{[1+k\times[1-H_{LP}(u,v)]]F(u,v)\} \tag{4.47}$$

使用高通滤波器，则上述结果可表示为

$$g(x,y)=\zeta^{-1}\{[1+k\times H_{HP}(u,v)]F(u,v)\} \tag{4.48}$$

式中，方括号中的表达式称为高频强调滤波器。

高通滤波器将直流项设置为 0，这样可以把滤波后图像的平均灰度减小为 0。但是，高频强调滤波器不存在这一问题，因为高通滤波器加上了 1，常数 k 给出了影响最终结果的高频的比例。高频强调滤波器的一般公式如下：

$$g(x,y)=\zeta^{-1}\{[k_1+k_2\times H_{HP}(u,v)]F(u,v)\} \tag{4.49}$$

式中，$k_1\geq 0$ 控制距原点的偏移量；$k_2\geq 0$ 控制高频的贡献。

4.6.6　同态滤波器

生活中会得到这样的图像，它的动态范围很大，感兴趣部分的灰度又很暗，图像细节没有办法辨认，采用一般的灰度级线性变换达不到处理目的。人眼能分辨出图像的灰度不仅仅是由光照函数（照射分量）决定，还与反射函数（反射分量）有关。反射函数能反映图像的具体内容。光照强度一般具有一致性，在空间上通常会有缓慢变化的性质，在傅里叶变换下变换为低频分量。然而，不同材料的反射率差异较大，经常会引起反射光的急剧变化，从而使图像的灰度值发生变化，这种变化与高低频分量有关。为了消除不均匀照度的影响，增强图像高频部分的细节，可以采用建立在频率域的同态滤波器，对光照不足或者有光照变化的图像进行处理，可以尽量减少由光照不足引起的图像质量下降，并对感兴趣的景物进行有效增强，这样就在很大程度上做到了原图像的图像增强。

同态滤波适用于服从广义叠加原理、输入和输出之间可以用线性变化表示的系统。图像的同态滤波基于以入射光和反射光为基础的图像模型，如果把图像函数 $f(x,y)$ 表示为光照函数，即照射分量 $i(x,y)$ 与反射分量 $r(x,y)$ 两个分量的乘积，那么图像的模型可以表示为 $f(x,y)=i(x,y)\cdot r(x,y)$，其中 $0<r(x,y)<\infty$，$0<i(x,y)<\infty$。$r(x,y)$ 的性质取决于成像物体的表面特性。通过对照射分量和反射分量的研究可知：照射分量一般反映灰度的恒定分量，相当于频率域中的低频信息，减弱入射光就可以起到缩小图像灰度范围的作用；反射光与物体的边界特性是密切相关的，相当于频率域中的高频信息，增强反射光就可以起到提高图像对比度的作用。因此，同态滤波器的传递函数通常是低频部分小于1，高频部分大于1。

进行同态滤波，首先，对原图像 $f(x,y)$ 取对数，目的是使图像模型中的乘法运算转化为简单的加法运算，即

$$z(x,y)=\ln f(x,y)=\ln i(x,y)+\ln r(x,y) \qquad (4.50)$$

其次，对对数函数进行傅里叶变换，目的是将图像转换到频率域，即

$$\zeta[z(x,y)]=\zeta[\ln i(x,y)]+\zeta[\ln r(x,y)] \qquad (4.51)$$

或者

$$Z(u,v)=F_i(u,v)+F_r(u,v) \qquad (4.52)$$

式中，$F_i(u,v)$ 和 $F_r(u,v)$ 分别是 $\ln i(x,y)$ 和 $\ln r(x,y)$ 的傅里叶变换。

用一个滤波器 $H(u,v)$ 对 $Z(u,v)$ 滤波，有

$$S(u,v)=H(u,v)Z(u,v)=H(u,v)F_i(u,v)+H(u,v)F_r(u,v) \qquad (4.53)$$

在空间域中，滤波后的图像为

$$s(x,y)=\zeta^{-1}[S(u,v)]=\zeta^{-1}[H(u,v)F_i(u,v)]+\zeta^{-1}[H(u,v)F_r(u,v)] \qquad (4.54)$$

令

$$\begin{cases} i'(x,y)=\zeta^{-1}[H(u,v)F_i(u,v)] \\ r'(x,y)=\zeta^{-1}[H(u,v)F_r(u,v)] \end{cases} \qquad (4.55)$$

则可得到

$$s(x,y)=i'(x,y)+r'(x,y) \qquad (4.56)$$

最后，由于 $z(x,y)$ 是通过取输入图像的自然对数形成的，所以通过取滤波后的结果的指数进行逆处理来形成输出图像，即

$$g(x,y)=e^{s(x,y)}=e^{i'(x,y)}e^{r'(x,y)} \qquad (4.57)$$

式中，后面两项分别表示输出图像的照射分量和反射分量。

该方法以称为同态系统的一类系统的特殊情况为基础。在这种特殊应用中，该方法的关键在于照射分量和反射分量的分离。将上面推导的滤波方法总结，如图 4.28 所示。

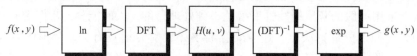

$f(x,y)$ ⇒ ln ⇒ DFT ⇒ $H(u,v)$ ⇒ $(DFT)^{-1}$ ⇒ exp ⇒ $g(x,y)$

图 4.28 同态滤波步骤

　　图像的照射分量通常由慢的空间变化来表征，而反射分量往往引起突变，特别是在不同物理的连接部分。这些特性导致图像取对数后的傅里叶变换的低频成分与照射相联系，而高频成分与反射相联系。虽然这些联系只是粗略的近似，但它们用在图像滤波中是有益的。

　　使用同态滤波器可更好地控制照射分量和反射分量。这种控制需要指定一个滤波器函数 $H(u,v)$，它可用不同的可控方法影响傅里叶变换的低频和高频分量。如果 γ_L 和 γ_H 选定，而 $\gamma_L<1$ 且 $\gamma_H>1$，那么滤波器函数趋向于衰减低频（照射）的贡献，而增强高频（反射）的贡献。这种滤波器函数的径向剖面图，如图 4.29 所示。最终结果是同时进行动态范围的压缩和对比度的增强。

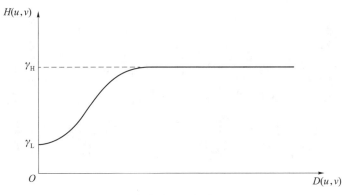

图 4.29　同态滤波器函数的径向剖面图

　　这个函数形状可以用高通滤波器的基本形式来近似，即

$$H(u,v)=(\gamma_H-\gamma_L)\left[1-e^{-c(D^2(u,v)/D_0^2)}\right]+\gamma_L \tag{4.58}$$

【例 4.16】　对图像取对数后的频率域数据进行高斯同态滤波，之后进行傅里叶逆变换，得到频率域的同态滤波器处理效果。

　　解：程序如下。

```
orgImg=imread('office_1. jpg');
figure(),subplot(1,2,1),imshow(orgImg),title('原图像');
orgImg=double(rgb2gray(orgImg));
[M,N]=size(orgImg);
% 可根据需要效果调整参数
rL=0. 5;
rH=4. 7;
c=2;
d0=10;
% 取对数和傅里叶变换
img_f=fft2(log(orgImg+1));
n1=floor(M/2);
n2=floor(N/2);
for i=1:M
  for j=1:N
    D(i,j)=((i. n1). ^2+(j. n2). ^2);
    % 高斯同态滤波
```

```
        H(i,j)=(rH. rL). * (exp(c* (. D(i,j). /(d0^2))))+rL;
    end
end

% 傅里叶逆变换
img_f=real(exp(ifft2(H. *img_f)));
subplot(1,2,2),imshow(img_f,[]),title('同态滤波器图像');
```

同态滤波器有类似于高动态范围压缩的效果，如可以把图像暗的部分提亮。使用同态滤波器在频率域进行图像锐化，效果如图 4.30 所示。

（a）   （b）

图 4.30　同态滤波器效果

（a）原图像；（b）同态滤波器图像

习题四

4.1　请描述空间滤波的基本机理以及与卷积的差异。

4.2　请分析梯度法和拉普拉斯算子的异同点。

4.3　请描述傅里叶变换在图像的低通滤波中的应用原理。

4.4　频率域的处理是如何使用高通滤波器进行图像锐化的？

4.5　频率域滤波与空间域滤波相比，它的计算效率如何？适用条件是什么？

4.6　请描述频率域常用的低通滤波器及其特性。

4.7　什么是同态滤波？描述同态滤波的处理步骤。

4.8　图 4.31 为一个 5×5 的数字图像，使用 3×3 的均值滤波器，写出最终的处理结果图像（边界像素不处理，与原图像保持一致）。

4.9　图 4.32 为一个 5×5 的数字图像，分别使用 3×3 的均值滤波器和中值滤波器进行处理，写出最终的处理结果图像（边界像素不处理，与原图像保持一致）。

4.10　用梯度算子和拉普拉斯算子对读取的灰度图像进行锐化处理，并比较锐化的效果。

4.11　编写 3×3 的中值滤波算法对灰度图像进行处理，并和 OpenCV 的中值滤波效果进行比较。

4.12　利用理想低通滤波器和理想高通滤波器，分别对同一幅灰度图像在频率域进行平滑和锐化处理。

习题四答案

1	2	1	4	3
1	10	2	3	4
5	2	6	8	8
5	5	7	0	9
5	6	7	9	9

图 4.31　题 4.8 图

1	3	2	3	2
1	2	1	4	3
1	10	2	3	4
5	2	6	18	8
5	5	7	0	8

图 4.32　题 4.9 图

4.13　读取一幅灰度图像，利用巴特沃斯低通滤波器和巴特沃斯高通滤波器，分别对图像进行平滑和锐化处理。

第 5 章

图 像 复 原

图像复原是图像处理中的一个重要问题，对于改善图像质量具有重要的意义。解决该问题的关键首先是对图像的退化过程建立相应的数学模型，然后通过求解该逆问题获得图像的复原模型，并对原图像进行合理估计。

本章将主要介绍图像退化及复原机理、图像退化模型、无约束图像复原以及有约束图像复原等内容。目前，国内外图像复原技术的研究和应用主要集中于天文观测、遥感遥测、医学影像、交通监控等领域。

5.1 图像退化原因及复原机理

5.1.1 图像退化原因

在图像的获取、传输以及保存过程中，由各种因素，如摄像设备中光学系统的衍射、传感器特性的非线性、光学系统的误差、成像设备与物体之间的相对运动、感光胶卷的非线性及物体之间的相对运动、感光胶卷的非线性以及电视摄像扫描的非线性等引起的几何失真，都难免会造成图像的畸变和失真。通常，称由这些因素引起的质量下降为图像退化。

图像退化的典型表现是图像模糊、失真、附加噪声等。由于图像退化，在接收端显示的图像已不再是传输的原图像，图像效果明显变差。为此，必须对退化的图像进行处理，才能恢复原图像，这一过程称为图像复原。

5.1.2 图像复原机理

图像复原算法是整个技术的核心部分。早期的图像复原是利用光学的方法对失真的观测图像进行校正，而数字图像复原技术最早则是从对天文观测图像的后期处理中逐步发展起来的。其中，一个成功例子是美国国家航空航天局（NASA）的喷气推进实验室在 1964 年用计算机处理月球的相关照片，这些照片是在空间飞行器上用电视摄像机拍摄的。另一个典型的例子是对肯尼迪遇刺事件现场照片的处理，该事件由于事发突然，照片是在相机移动过程中拍摄的，图像复原的主要目的就是消除移动造成的失真。

图像的复原包括消除干扰和噪声、校正几何失真和对比度损失以及反卷积。早期的复原方法有非邻域滤波、最近邻域滤波以及效果好的维纳滤波和最小二乘滤波等。随着数字信号处理和图像处理的发展，新的复原算法不断出现，在应用中可以根据具体情况进行选择。

5.2　图像退化模型

5.2.1　图像退化模型的一般特性

图像的退化过程，可以通过退化函数 H 和加性噪声项 $\eta(x,y)$ 处理一幅输入图像 $f(x,y)$ 产生一幅退化图像 $g(x,y)$，即

$$g(x,y) = H[f(x,y)] + \eta(x,y) \tag{5.1}$$

给定 $g(x,y)$ 和关于退化函数 H 的一些特性以及加性噪声项 $\eta(x,y)$ 后，图像复原的目的就是获得关于原图像的近似估计 $\hat{f}(x,y)$，如图 5.1 所示。通常而言，要使这个估计尽可能地接近原图像，对 H 和 η 掌握的信息越多，$\hat{f}(x,y)$ 就越接近于 $f(x,y)$。

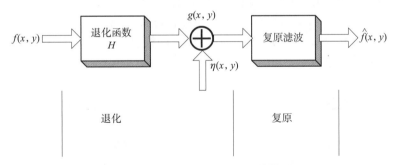

图 5.1　图像退化及复原处理的模型

如果退化函数 H 是一个线性、位置不变的过程，那么在空间域中给出的图像模型可以由下式给出：

$$g(x,y) = h(x,y) * f(x,y) + \eta(x,y) \tag{5.2}$$

式中，$h(x,y)$ 为退化函数的空间表示；符号"$*$"表示卷积。

空间域的卷积等同于频率域上的乘积，因此式（5.2）的模型在频率域上的描述如式（5.3）所示：

$$G(u,v) = H(u,v)F(u,v) + N(u,v) \tag{5.3}$$

式中，大写字母表示的项是卷积公式中相应项的傅里叶变换。

5.2.2　连续图像退化模型

一幅连续图像 $f(x,y)$，可以通过点光源函数的卷积来表示，即

$$f(x,y) = \int_{-\infty}^{+\infty} \int_{-\infty}^{+\infty} f(\alpha,\beta)\delta(x-\alpha,y-\beta)\mathrm{d}\alpha\mathrm{d}\beta \tag{5.4}$$

式中，$\delta(x,y)$ 为点光源函数，表示空间上的点脉冲。

不考虑噪声时，连续图像通过退化函数 H 后，输出图像为

$$g(x,y) = H[f(x,y)] \tag{5.5}$$

代入 $f(x,y)$ 的表达式，得到

$$g(x,y) = H[f(x,y)] = H\left[\int_{-\infty}^{+\infty} \int_{-\infty}^{+\infty} f(\alpha,\beta)\delta(x-\alpha,y-\beta)\mathrm{d}\alpha\mathrm{d}\beta\right] \tag{5.6}$$

对于线性空间不变系统，输入图像退化之后的输出图像为

$$\begin{aligned}
g(x,y) &= H[f(x,y)] = H\left[\int_{-\infty}^{+\infty} \int_{-\infty}^{+\infty} f(\alpha,\beta)\delta(x-\alpha,y-\beta)\mathrm{d}\alpha\mathrm{d}\beta\right] \\
&= \int_{-\infty}^{+\infty} \int_{-\infty}^{+\infty} f(\alpha,\beta)H[\delta(x-\alpha,y-\beta)]\mathrm{d}\alpha\mathrm{d}\beta \\
&= \int_{-\infty}^{+\infty} \int_{-\infty}^{+\infty} f(\alpha,\beta)h(x-\alpha,y-\beta)\mathrm{d}\alpha\mathrm{d}\beta \\
&= h(x,y)*f(x,y)
\end{aligned} \tag{5.7}$$

式中，$h(x,y)$ 为退化系统冲击响应函数，即点冲击响应的退化函数。退化系统的输出就是输入图像和退化系统冲击响应函数的卷积。

考虑加性噪声的影响时，退化系统的输出图像为

$$g(x,y) = h(x,y)*f(x,y)+\eta(x,y) \tag{5.8}$$

图像复原就是已知 $g(x,y)$，从式（5.8）所示的模型中求出 $f(x,y)$，求解的关键在于如何求出退化系统冲击响应函数 $h(x,y)$。

5.2.3　离散图像退化模型

由连续图像退化模型，可引申出离散图像退化模型数学表达式，即

$$g(x,y) = \sum_{m=0}^{M-1} \sum_{n=0}^{N-1} f(m,n)h(x-m,y-n)+n(x,y) \tag{5.9}$$

式中，$x=0,1,2,\cdots,M-1$；$y=0,1,2,\cdots,N-1$。

如果两函数 $f(x,y)$、$h(x,y)$ 的周期不是 $M\times N$，必须预先补零延伸它们的周期，这样可避免卷积周期交叠。

5.3　图像无约束复原

图像复原的方法有很多，按对图像复原是否附加约束条件，可以分为图像无约束复原和图像有约束复原两大类。本节将介绍图像无约束复原。

5.3.1　图像无约束复原基本原理

图像无约束复原是指在图像复原过程中不受其他条件限制的图像复原方法。典型的方法为逆滤波。

在对噪声项 η 没有先验知识的情况下，根据退化模型得到噪声项为 $\eta = g - Hf$。因为 g 是已知的退化图像，所以如果取 $\hat{f}$ 为 f 的估计，就可使 $H\hat{f}$ 在最小均方误差的意义下代替 Hf，从而可把图像的复原问题转化为对 $\hat{f}$ 求式（5.10）的最小值问题：

$$J(f) = \|g - H\hat{f}\|^2 \tag{5.10}$$

也就是求退化后的实际图像 g 与退化图像的估值 $H\hat{f}$ 的模（或范数）的平方。这是典型的最小二乘法最佳估值问题。

由此，可以推导出

$$\hat{f} = H^{-1}g \tag{5.11}$$

当已知 H 时，便可以由 g 求出 f 的估值。该式为图像无约束复原在空间域中的表达式。

5.3.2　逆滤波

1. 逆滤波基本原理

在退化函数已经给出的情况下，最简单的图像复原方法是直接进行逆滤波。这里，直接用退化函数除以退化图像的傅里叶变换 $G(u,v)$ 计算原图像傅里叶变换的估计 $\hat{F}(u,v)$，即

$$\hat{F}(u,v) = \frac{G(u,v)}{H(u,v)} \tag{5.12}$$

然后，采用 $\hat{F}(u,v)$ 的傅里叶逆变换来得到图像的估计。按 5.1 节讨论的图像复原模型，增加对噪声项的处理，可以将图像的估计表示为

$$\hat{F}(u,v) = F(u,v) + \frac{N(u,v)}{H(u,v)} \tag{5.13}$$

2. 逆滤波的病态条件

由上面表达式可以知道，使用逆滤波时，有以下 3 个前提条件。

①必须先知道精确的退化函数 $H(u,v)$。

②如果退化函数 $H(u,v)$ 含有零值或者极小值，会使噪声项 $N(u,v)$ 变得极大。解决该问题的方法是避开 $H(u,v)$ 的零值及极小值。具体是在进行 $F(u,v)$ 时采取以下措施：一是在 $H(u,v)$ 的零点上不做计算，或者直接赋予某个值；二是在原点的有限邻域内进行，避免极小值和零值的 $H(u,v)$。

③由于存在噪声分量的随机函数，且对应的傅里叶变换 $N(u,v)$ 是未知的，因此也不能完全恢复图像 $F(u,v)$。

综上所述，其实逆滤波有两个病态条件。

①退化函数 $H(u,v)$ 的推测。

②尽可能不让噪声项 $N(u,v)$ 影响画质。

【例 5.1】　通过对 LENA 图像进行运动模糊/运动+高斯噪声模糊后，分别进行逆滤波处理。

解：程序如下。

```
orgImg = imread('LENA256. BMP');
orgImg = im2double(orgImg);
[M,N] = size(orgImg);
% 构造运动模糊退化图像
PSF = fspecial('motion' ,28,14);
blurImg = imfilter(orgImg,PSF,'circular');
figure();
subplot(2,2,1),imshow(blurImg),title('BlurImg')
% 直接逆滤波 1
If = fft2(blurImg);
Pf = psf2otf(PSF,[M,N]);
deblurImg = ifft2(If. /Pf);
subplot(2,2,2),imshow(deblurImg),title('Inverse Img1')
% 构造运动模糊+噪声退化图像
blurNoiseImg = imnoise(blurImg,'gaussian' ,0,0. 0001);
subplot(2,2,3),imshow(blurNoiseImg),title('BlurNoiseImg')
% 直接逆滤波 2
Ifn = fft2(blurNoiseImg);
deblurNoiseImg = ifft2(Ifn. /Pf);
subplot(2,2,4),imshow(deblurNoiseImg),title('Inverse Img2')
```

逆滤波图像复原效果，如图 5.2 所示。从图中可以看到，在没有噪声的情况下，逆滤波复原的效果较好。但是，逆滤波对噪声非常敏感，除非知道噪声的分布情况（事实上，这也很难知道），否则逆滤波几乎不可用，这从图 5.2（d）可以看出，恢复图像效果极差。

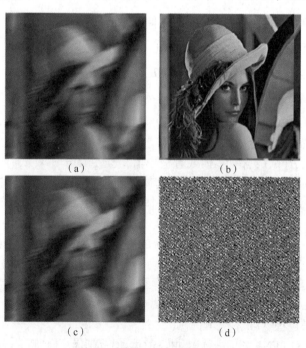

图 5.2 逆滤波图像复原效果

(a) 模糊图像；(b) 逆滤波图像 1；(c) 模糊+噪声图像；(d) 逆滤波图像 2

5.4　图像有约束复原

在图像复原过程中，为了在数学上更容易处理，常常给复原添加一定的约束条件，并在这些条件下使某个准则函数最小化。这类方法称为图像有约束复原。图像有约束复原的典型方法有约束最小二乘法复原（CLSF）、维纳滤波、几何均值滤波等。

5.4.1　约束最小二乘法复原

为了克服逆滤波图像复原过程中的病态条件，常常在图像的复原过程中对运算施加某种约束，因此引入了约束最小二乘法复原。

约束最小二乘法复原需要知道噪声的模平方 $\|\eta\|^2$。可以证明，$\|\eta\|^2$ 能用噪声的均值 $\bar{e}_\eta$ 和方差 σ_η 表示，即

$$\|\eta\|^2 = (M-1)(N-1)\left[\bar{e}_\eta^2 + \sigma_\eta^2\right] \tag{5.14}$$

可见，约束最小二乘法复原只需要知道噪声的均值和方差即可。

下面先讨论图像有约束复原的一般表示形式。

假设对原图像施加某一线性运算 $\boldsymbol{Q}$，求在约束条件

$$\|\boldsymbol{g}-\boldsymbol{H}\hat{f}\|^2 = \|\eta\|^2 \tag{5.15}$$

下，使 $\|\boldsymbol{Q}\hat{f}\|^2$ 为最小的原图像 f 的最佳估值 $\hat{f}$。

这一问题实际上是求极值问题，故可以使用拉格朗日乘数法实现。利用拉格朗日乘数法构造下面辅助函数：

$$J(\hat{f},\lambda) = \|\boldsymbol{Q}\hat{f}\|^2 + \lambda\left(\|\boldsymbol{g}-\boldsymbol{H}\hat{f}\|^2 - \|\eta\|^2\right) \tag{5.16}$$

令

$$\begin{aligned}
\frac{\partial J(\hat{f},\lambda)}{\partial \hat{f}} &= \frac{\partial}{\partial \hat{f}}\left[(\boldsymbol{Q}\hat{f})^{\mathrm{T}}\cdot(\boldsymbol{Q}\hat{f})\right] + \lambda\,\frac{\partial}{\partial \hat{f}}\left[(\boldsymbol{g}-\boldsymbol{H}\hat{f})^{\mathrm{T}}\cdot(\boldsymbol{g}-\boldsymbol{H}\hat{f})\right] \\
&= 2\boldsymbol{Q}^{\mathrm{T}}\boldsymbol{Q}\hat{f} - 2\lambda\boldsymbol{H}^{\mathrm{T}}(\boldsymbol{g}-\boldsymbol{H}\hat{f}) \\
&= 2\boldsymbol{Q}^{\mathrm{T}}\boldsymbol{Q}\hat{f} + 2\lambda\boldsymbol{H}^{\mathrm{T}}\boldsymbol{H}\hat{f} - 2\lambda\boldsymbol{H}^{\mathrm{T}}\boldsymbol{g} = 0
\end{aligned} \tag{5.17}$$

设 $\gamma = \dfrac{1}{\lambda}$，并代入上式，可得

$$\begin{aligned}
\boldsymbol{H}^{\mathrm{T}}\boldsymbol{g} &= \gamma\boldsymbol{Q}^{\mathrm{T}}\boldsymbol{Q}\hat{f} + \boldsymbol{H}^{\mathrm{T}}\boldsymbol{H}\hat{f} \\
&= (\gamma\boldsymbol{Q}^{\mathrm{T}}\boldsymbol{Q} + \boldsymbol{H}^{\mathrm{T}}\boldsymbol{H})\hat{f}
\end{aligned} \tag{5.18}$$

因此

$$\hat{f} = (\gamma\boldsymbol{Q}^{\mathrm{T}}\boldsymbol{Q} + \boldsymbol{H}^{\mathrm{T}}\boldsymbol{H})^{-1}\boldsymbol{H}^{\mathrm{T}}\boldsymbol{g} \tag{5.19}$$

由此可得约束最小二乘法复原的过程：

①估算 $\|\eta\|^2$；

②选择 γ 的初始值，利用式（5.19）计算 $\hat{f}$，并代入计算 $\|\boldsymbol{g}-\boldsymbol{H}\hat{f}\|^2$；

③当结果大于 $\|\eta\|^2$，减小 γ，返回步骤②；

④当结果小于 $\|\eta\|^2$，增加 γ，返回步骤②；

⑤重复上述迭代过程，直到满足 $\|g - H\hat{f}\|^2 = \|\eta\|^2$。

【例 5.2】 在和上节逆滤波同等条件下，使用约束最小二乘法复原对添加高斯噪声的图像，进行图像复原。

解：程序如下。

```
orgImg = imread('LENA256. BMP');
orgImg = im2double(orgImg);
[M,N] = size(orgImg);
% 构造运动模糊退化图像
PSF = fspecial('motion' ,28,14);
blurImg = imfilter(orgImg,PSF,'circular');
figure();
subplot(2,2,1),imshow(blurImg),title('BlurImg')
% 直接逆滤波
If = fft2(blurImg);
Pf = psf2otf(PSF,[M,N]);
deblurImg = ifft2(If. /Pf);
subplot(2,2,2),imshow(deblurImg),title('Inverse Img')
% 构造运动模糊+噪声退化图像
blurNoiseImg = imnoise(blurImg,'gaussian' ,0,0. 0001);
subplot(2,2,3),imshow(blurNoiseImg),title('BlurNoiseImg')
% 约束最小二乘法复原
p = [0 . 1 0; .1 4 .1; 0 . 1 0];
P = psf2otf(p,[M,N]);
If = fft2(blurNoiseImg);
numerator = conj(Pf);
denominator = Pf. ^2 + 0. 001*(P. ^2);
deblurNoiseImg = ifft2( numerator. *If. / denominator );
subplot(2,2,4),imshow(deblurNoiseImg),title('CLSF Img')
```

使用约束最小二乘法进行图像复原的效果，如图 5.3 所示。从图中可以看到，复原效果表明，约束最小二乘法滤波效果较好。

（a） （b）

图 5.3 约束最小二乘法图像复原效果

（a）模糊图像；（b）逆滤波图像

（c）　　　　　　　　　　　　（d）

图 5.3　约束最小二乘法图像复原效果（续）

（c）模糊+噪声图像；（d）CLSF 图像

5.4.2　维纳滤波

维纳滤波也称最小均方误差滤波或最小二乘误差滤波，是由数学家诺伯特·维纳（Norbert Wiener，1894—1964）于第二次世界大战期间提出的。它能处理被退化函数退化和噪声污染的图像。该滤波方法建立在图像和噪声都是随机变量的基础上，目标是找到未污染图像 $f(x,y)$ 的一个估计 $\hat{f}$，使它们之间的均方误差最小，即

$$e^2 = E\big[(f-\hat{f})^2\big] \tag{5.20}$$

式中，$E[\cdot]$ 为参数期望值。

在假设噪声和图像不相关，其中一个或另一个有零值，且估计中的灰度级是退化图像中灰度级的线性函数的条件下，均方误差函数的最小值在频率域由以下表达式给出：

$$
\begin{aligned}
\hat{F}(u,v) &= \left[\frac{H^*(u,v)S_f(u,v)}{S_f(u,v)\,|H(u,v)|^2 + S_\eta(u,v)}\right]G(u,v) \\
&= \left[\frac{H^*(u,v)}{|H(u,v)|^2 + S_\eta(u,v)/S_f(u,v)}\right]G(u,v) \\
&= \left[\frac{1}{H(u,v)}\frac{|H(u,v)|^2}{|H(u,v)|^2 + S_\eta(u,v)/S_f(u,v)}\right]G(u,v)
\end{aligned}
\tag{5.21}
$$

式中，$H(u,v)$ 为退化函数；$H^*(u,v)$ 为 $H(u,v)$ 的复共轭，有 $|H(u,v)|^2 = H^*(u,v)H(u,v)$；$S_\eta(u,v) = |N(u,v)|^2$ 为噪声的功率谱；$S_f(u,v) = |F(u,v)|^2$ 为未退化图像的功率谱。

与前面的含义一样，$H(u,v)$ 是退化函数的傅里叶变换，而 $G(u,v)$ 是退化图像的傅里叶变换。空间域中复原的图像由频率域估计 $\hat{F}(u,v)$ 的傅里叶逆变换给出。

从上面的公式可以发现，如果没有噪声，即 $S_\eta(u,v)=0$，噪声功率谱会消失，此时维纳滤波就简化为逆滤波了。如果有噪声，那么 $S_\eta(u,v)$ 如何估计将成为问题，同时 $S_f(u,v)$ 的估计也成为问题。在实际应用中，假设退化函数已知，如果噪声为高斯白噪声，则 $S_\eta(u,v)$ 为常数，但 $S_f(u,v)$ 通常难以估计。一种近似的解决办法是用一个系数 K 代替 $S_\eta(u,v)/S_f(u,v)$，因此上面的公式变为式（5.22）：

$$\hat{F}(u,v) = \left[\frac{1}{H(u,v)}\frac{|H(u,v)|^2}{|H(u,v)|^2 + K}\right]G(u,v) \tag{5.22}$$

在实际应用中，可根据处理的效果选取合适的 K 值。

【例 5.3】 在与上节逆滤波同等条件下，对 LENA 图像进行运动模糊/运动+高斯噪声模糊后，分别进行维纳滤波处理。

解： 程序如下。

```
orgImg=imread('LENA256. BMP');
orgImg=im2double(orgImg);
[M,N]=size(orgImg);
% 构造运动模糊退化图像
PSF=fspecial('motion' ,28,14);
blurImg=imfilter(orgImg,PSF,'circular');
figure();
subplot(2,2,1),imshow(blurImg),title('BlurImg')
% 维纳滤波 1
deblurImg=deconvwnr(blurImg, PSF, 0);
subplot(2,2,2),imshow(deblurImg),title('Wiener Img1')
% 构造运动模糊+噪声退化图像
noise_var = 0. 0001;
blurNoiseImg=imnoise(blurImg,'gaussian' ,0,noise_var);
subplot(2,2,3),imshow(blurNoiseImg),title('BlurNoiseImg')
% 维纳滤波 2
signal_var = var(orgImg,1);
deblurNoiseImg = deconvwnr(blurNoiseImg, PSF, noise_var , signal_var);
subplot(2,2,4),imshow(deblurNoiseImg),title('Wiener Img2')
```

使用维纳滤波进行图像复原的效果，如图 5.4 所示。从图中可以看到，维纳滤波对运动模糊/运动+高斯噪声模糊的图像复原都有较好的效果。

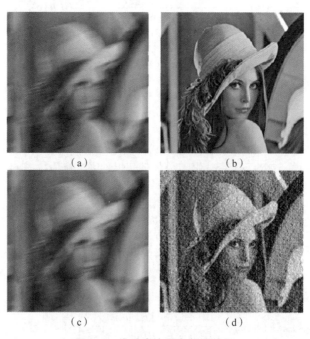

图 5.4　维纳滤波图像复原效果

（a）模糊图像；（b）维纳滤波图像 1；（c）模糊+噪声图像；（d）维纳滤波图像 2

5.4.3　几何均值滤波

对维纳滤波稍微推广一下，就可以得到以下几何均值滤波的形式：

$$\hat{F}(u,v)=\left[\frac{H^*(u,v)}{|H(u,v)|^2}\right]^{\alpha}\left[\frac{H^*(u,v)}{|H(u,v)|^2+\beta\dfrac{S_{\eta}(u,v)}{S_f(u,v)}}\right]^{1-\alpha}G(u,v) \tag{5.23}$$

式中，α 和 β 是正的实常数，其他项和维纳滤波含义相同。

几何均值滤波器由两个括号内的幂次分别为 α 和 $1-\alpha$ 的表达式组成。当 $\alpha=1$ 时，该滤波器退化为逆滤波器；当 $\alpha=0$ 时，该滤波器变为所谓的参数维纳滤波器，参数维纳滤波器在 $\beta=1$ 时还原为标准的维纳滤波器。如果 $\alpha=1/2$，滤波器就变成相同幂次的两个量的积，这就是几何均值的定义，也是该滤波器名称的由来。当 $\beta=1$ 时，随着 α 减小到 $1/2$ 以下，滤波器的性能越来越接近逆滤波器。类似地，当 α 增大到 $1/2$ 以上时，滤波器更接近维纳滤波器。

当 $\alpha=1/2$ 且 $\beta=1$ 时，该滤波器通常也称为功率谱均衡滤波器。

5.5　其他校正技术

5.5.1　几何畸变校正

前面介绍的图像复原方法都是对图像的灰度值进行校正。在实际图像处理中，还存在另一类的图像失真。例如，成像系统具有非线性或者摄影的角度问题，导致图像退化，出现几何畸变，它主要是由于图像中的像素发生位移而产生的，其典型表现为图像中的物体扭曲、远近比例不协调等，如图 5.5 所示。解决这类失真问题的方法就称为几何畸变校正。

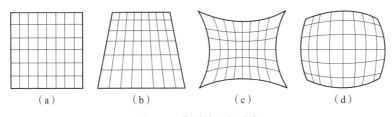

（a）　　　　（b）　　　　（c）　　　　（d）

图 5.5　典型的几何畸变

（a）原图像；（b）梯形畸变；（c）枕形畸变；（d）桶形畸变

几何畸变校正一般分为两步：第一步是对原图像坐标空间进行几何变换，该处理的目的是使像素落在正确的位置上；第二步是重新确定新像素的灰度值。这是因为经过第一步的坐标变换后，有些像素被挤压在一起，而有些像素被分散开来，使校正后的像素不是落在离散的坐标点上，因此需要重新确定这些像素的灰度值。

设 $f(u,v)$ 为原图像，是 $f(x,y)$ 畸变的图像。两者坐标之间存在着一个非线性变换 T_{α}，即

$$(x, y) = \boldsymbol{T}_\alpha \big[(u, v) \big] \tag{5.24}$$

上述变换可用多项式来近似，即

$$\begin{cases} x = \displaystyle\sum_{i=0}^{n} \sum_{j=0}^{n-i} a_{ij} u^i v^j \\ y = \displaystyle\sum_{i=0}^{n} \sum_{j=0}^{n-i} b_{ij} u^i v^j \end{cases} \tag{5.25}$$

式中，a_{ij}，b_{ij} 为待定系数；n 为多项式的次数。

图像几何畸变校正的思想是通过一些已知的正确位置点和畸变点之间的对应关系，拟合上述多项式的系数。拟合的多项式将作为恢复其他畸变点的变换基础。

设已知 L 个对应关系为

$$(x_1, y_1) \rightarrow (u_1, v_1), (x_2, y_2) \rightarrow (u_2, v_2), \cdots, (x_L, y_L) \rightarrow (u_L, v_L)$$

使用上述关系进行拟合时，应使拟合的误差平方和最小，即使

$$\begin{cases} \varepsilon_1 = \displaystyle\sum_{e=1}^{L} \Big(x_e - \sum_{i=0}^{n} \sum_{j=0}^{n-i} a_{ij} u_e^i v_e^j \Big)^2 \\ \varepsilon_2 = \displaystyle\sum_{e=1}^{L} \Big(y_e - \sum_{i=0}^{n} \sum_{j=0}^{n-i} b_{ij} u_e^i v_e^j \Big)^2 \end{cases} \tag{5.26}$$

最小。

容易得到上式的极值条件为

$$\begin{cases} \displaystyle\sum_{e=1}^{L} \Big(\sum_{i=0}^{n} \sum_{j=0}^{n-i} a_{ij} u_e^i v_e^j \Big) u_e^s v_e^t = \sum_{e=1}^{L} x_e u_e^s v_e^t \\ \displaystyle\sum_{e=1}^{L} \Big(\sum_{i=0}^{n} \sum_{j=0}^{n-i} b_{ij} u_e^i v_e^j \Big) u_e^s v_e^t = \sum_{e=1}^{L} y_e u_e^s v_e^t \end{cases} \tag{5.27}$$

式中，$s = 0, 1, \cdots, n$；$t = 0, 1, \cdots, n$。

通常为简化计算，在式中只取到二次，由此得到

$$\begin{cases} \boldsymbol{T}_a = \boldsymbol{x} \\ \boldsymbol{T}_b = \boldsymbol{y} \end{cases} \tag{5.28}$$

式中，$\boldsymbol{T}$ 为矩阵，如下所示：

$$\boldsymbol{T} = \begin{bmatrix} \displaystyle\sum_{e=1}^{L} 1 & \displaystyle\sum_{e=1}^{L} v_e & \displaystyle\sum_{e=1}^{L} v_e^2 & \displaystyle\sum_{e=1}^{L} u_e & \displaystyle\sum_{e=1}^{L} u_e v_e & \displaystyle\sum_{e=1}^{L} u_e^2 \\ \displaystyle\sum_{e=1}^{L} v_e & \displaystyle\sum_{e=1}^{L} v_e^2 & \displaystyle\sum_{e=1}^{L} v_e^3 & \displaystyle\sum_{e=1}^{L} u_e v_e & \displaystyle\sum_{e=1}^{L} u_e v_e^2 & \displaystyle\sum_{e=1}^{L} u_e^2 v_e \\ \displaystyle\sum_{e=1}^{L} v_e^2 & \displaystyle\sum_{e=1}^{L} v_e^3 & \displaystyle\sum_{e=1}^{L} v_e^4 & \displaystyle\sum_{e=1}^{L} u_e v_e^2 & \displaystyle\sum_{e=1}^{L} u_e v_e^3 & \displaystyle\sum_{e=1}^{L} u_e^2 v_e^2 \\ \displaystyle\sum_{e=1}^{L} u_e & \displaystyle\sum_{e=1}^{L} u_e v_e & \displaystyle\sum_{e=1}^{L} u_e v_e^2 & \displaystyle\sum_{e=1}^{L} u_e^2 & \displaystyle\sum_{e=1}^{L} u_e^2 v_e & \displaystyle\sum_{e=1}^{L} u_e^3 \\ \displaystyle\sum_{e=1}^{L} u_e v_e & \displaystyle\sum_{e=1}^{L} u_e v_e^2 & \displaystyle\sum_{e=1}^{L} u_e v_e^3 & \displaystyle\sum_{e=1}^{L} u_e^2 v_e & \displaystyle\sum_{e=1}^{L} u_e^2 v_e^2 & \displaystyle\sum_{e=1}^{L} u_e^3 v_e \\ \displaystyle\sum_{e=1}^{L} u_e^2 & \displaystyle\sum_{e=1}^{L} u_e^2 v_e & \displaystyle\sum_{e=1}^{L} u_e^2 v_e^2 & \displaystyle\sum_{e=1}^{L} u_e^3 & \displaystyle\sum_{e=1}^{L} u_e^3 v_e & \displaystyle\sum_{e=1}^{L} u_e^4 \end{bmatrix} \tag{5.29}$$

而 $\boldsymbol{a}$、$\boldsymbol{x}$、$\boldsymbol{b}$、$\boldsymbol{y}$ 都是 6×1 的列向量，如下所示：

$$
\begin{cases}
\boldsymbol{a} = \left[a_{00}, a_{01}, a_{02}, a_{10}, a_{11}, a_{20} \right]^{\mathrm{T}} \\
\boldsymbol{b} = \left[b_{00}, b_{01}, b_{02}, b_{10}, b_{11}, b_{20} \right]^{\mathrm{T}} \\
\boldsymbol{x} = \left[\sum\limits_{e=1}^{L} x_e, \sum\limits_{e=1}^{L} x_e v_e, \sum\limits_{e=1}^{L} x_e, v_e^2 \sum\limits_{e=1}^{L} x_e u_e, \sum\limits_{e=1}^{L} x_e u_e v_e, \sum\limits_{e=1}^{L} x_e u_e^2 \right]^{\mathrm{T}} \\
\boldsymbol{y} = \left[\sum\limits_{e=1}^{L} y_e, \sum\limits_{e=1}^{L} y_e v_e, \sum\limits_{e=1}^{L} y_e, v_e^2 \sum\limits_{e=1}^{L} y_e u_e, \sum\limits_{e=1}^{L} y_e u_e v_e, \sum\limits_{e=1}^{L} y_e u_e^2 \right]^{\mathrm{T}}
\end{cases}
\tag{5.30}
$$

解出方程组，即可得到拟合参数。

一旦得到拟合参数，就可将畸变后的图像进行校正。对每一对坐标 (u,v) 实行 $\boldsymbol{T}_a$ 交换 $f(u,v)$ 得到在畸变图像的坐标 (x,y)。如果这一坐标恰好落在畸变图像的像素上，则原图像 (u,v) 的灰度值就为畸变图像相应像素的灰度值；如果这一坐标落在图像内而不是在像素上，那么可用内插值的方法得到灰度值；如果这一坐标恰好落在畸变图像的外边，那么可以用最接近它的图像的像素作为它的灰度值。

分析实际的畸变图像，可以看出其主要是由纵向畸变产生的，相当于将矩形的图像在高度方向上压缩成一个椭圆。因此，复原的思路就是构建一个椭圆向矩形转换的映射，将图像的每一列像素按坐标比例进行拉伸。假设畸变图像外圈椭圆坐标为 (x_1, y_1)，对应同列矩形坐标为 (x_2, y_2)，其满足的转换关系如下：

$$
\begin{cases}
x_2 = x_1 \\
\dfrac{y_2}{b} = \dfrac{y_1}{b\sqrt{1 - \dfrac{x_1^2}{a^2}}}
\end{cases}
\tag{5.31}
$$

【例 5.4】　利用式（5.31）将同一列的所有坐标进行拉伸，得到复原的图像。

解：程序如下。

```matlab
orgImg = imread('chessboard. png');
[M,N] = size(orgImg);
figure();
subplot(1,2,1),imshow(orgImg),title('Org Image')
corrImg = zeros(M,N);
U = round(M/2);
V = round(N/2);
for i = U:M
    for j = (V. 1):. 1:1
        cx = round(j. V);
        cy = round(i. U);
        d =round(cy*sqrt(1. (cx^2)/(V^2)));
        corrImg(i,j) = orgImg(U+d,j);
    end
    for j = V:N
        cx = round(j. V);
        cy = round(i. U);
        d =round(cy*sqrt(1. (cx^2)/(V^2)));
        corrImg(i,j) = orgImg(U+d,j);
    end
end
```

```
    for i = U.1:.1:1
        for j = (V.1):.1:1
        cx = round(j. V);
        cy = round(i. U);
        d =round(cy*sqrt(1. (cx^2)/(V^2)));
        corrImg(i,j) = orgImg(U+d,j);
        end
    for j = V:N
        cx = round(j. V);
        cy = round(i. U);
        d =round(cy*sqrt(1. (cx^2)/(V^2)));
        corrImg(i,j) = orgImg(U+d,j);
        end
    end
corrImg = uint8(corrImg);
subplot(1,2,2),imshow(corrImg),title('GeoCorr Img')
```

上述程序运行的结果，如图 5.6 所示。

（a）   （b）

图 5.6　几何畸变校正复原效果

（a）原图像；（b）几何畸变校正复原图像

5.5.2　盲图像复原

在实际应用中，退化图像本身的复杂性难以解析表示（如大气湍流的扰动）或其测量困难等原因，导致通常难以获得系统的退化函数，而需在很少（或基本没有）系统点扩散函数（Point Spread Function，PSF）和原图像的先验知识的条件下，直接从退化图像估计原图像，即进行盲图像复原（亦称盲去卷积）。由于工程上普遍存在导致图像退化的因素复杂且难以完全确定，因而盲图像复原在成像跟踪、生物医学、水下成像系统等领域有广泛的应用。

盲图像复原的过程，如图 5.7 所示。通过观测到的退化图像 $g(x,y)$，以及有关原图像 $f(x,y)$ 和系统点扩散函数的先验知识，可以采用盲图像复原技术，获得对原图像 $\hat{f}(x,y)$ 的估计。

盲图像复原有多种方法，本节介绍基于露西·理查德森（Richardson Lucy）算法的盲去卷积算法。

露西·理查德森算法属于图像复原中的非线性算法。与维纳滤波这种较为直接的算法不

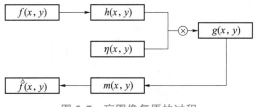

图 5.7　盲图像复原的过程

同，该算法使用非线性迭代技术，在计算量、性能方面都有了一定提升。露西·理查德森算法是由贝叶斯公式推导而来，因为其使用了条件概率（算法考虑了信号的固有波动，因此具有复原噪声图像的能力）。贝叶斯公式如下：

$$P(x|y) = \frac{P(y|x)P(x)}{\int P(y|x)P(x)\,dx} \tag{5.32}$$

结合图像退化/复原模型，可以得到下面的迭代函数：

$$f_{i+1}(x) = \int \frac{g(y,x)c(y)\,dy}{\int g(y,z)f_i(z)\,dz} f_i(x) \tag{5.33}$$

式中，f_i 为第 i 次迭代复原图像，对应贝叶斯公式中的 $P(x)$；g 为退化函数，对应贝叶斯公式中的 $P(y|x)$；c 为退化图像 [$c(y)\,dy$ 为在退化图像上积分]。

如果满足条件，即图像各区域的模糊函数相同，则迭代公式可化简如下：

$$f_{i+1}(x) = \left[\frac{c(x)}{f_i(x) \otimes g(x)} \otimes g(-x) \right] f_i(x) \tag{5.34}$$

式（5.34）即为露西·理查德森迭代公式，其中 c 为退化图像，g 为退化函数，f_i 为第 i 轮迭代复原图像。如果系统的退化函数已知，只要有一个初始估计 f 就可以进行迭代求解。在开始迭代后，由于算法的形式，估计值会与真实值的差距迅速减小，从而后续迭代过程 f 的更新速度会逐渐变慢，直至收敛。算法的另一优点就是初始值 $f>0$，后续迭代值均会保持非负性，并且能量不会发散。

盲图像复原需要两步进行复原，因为系统既不知道原图像 f，也不知道退化函数 g。盲图像复原求解过程示意图，如图 5.8 所示。

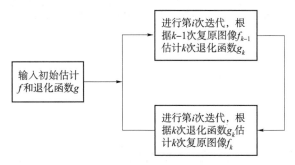

图 5.8　盲图像复原求解过程示意图

在第 k 次迭代，假设原图像已知，即 $k-1$ 次得到的 f_{k-1}，再通过露西·理查德森迭代公式求解 g_k，随后再用 g_k 求解 f_k，反复迭代，最后求得最终 f 和 g。因此，在求解最初，需要同时假设一个复原图像 f_0 和一个退化函数 g_0，迭代公式如下：

$$\begin{cases} g_{i+1}^k(x) = \left[\dfrac{c(x)}{g_i^k(x) \otimes f^{k-1}(x)} \otimes f^{k-1}(x) \right] g_i^k(x) \\ f_{i+1}^k(x) = \left[\dfrac{c(x)}{f_i^k(x) \otimes g^k(x)} \otimes g^k(x) \right] f_i^k(x) \end{cases} \qquad (5.35)$$

【例 5.5】 使用 MATLAB 的 deconvblind 函数实现对模糊图像的盲复原。针对生成的棋盘图像，进行高斯模糊，添加高斯噪声后，通过 deconvblind 函数进行盲去卷积处理，20 次迭代后输出复原图像。

解：程序如下。

```
orgImg = checkerboard(8);
subplot(1,3,1),imshow(orgImg),title('Org Image')
PSF = fspecial('gaussian',7,10);
V = 0.0001;
blurNoiseImg = imnoise(imfilter(orgImg,PSF),'gaussian',0,V);
subplot(1,3,2);imshow(blurNoiseImg);title('blurNoise Img');
WT = zeros(size(orgImg));
WT(5:end.4,5:end.4) = 1;
INITPSF = ones(size(PSF));
[deblurNoiseImg resPSF] = deconvblind(blurNoiseImg,INITPSF,20,10*sqrt(V),WT);
subplot(1,3,3);imshow(deblurNoiseImg); title('deblurNoise Img');
```

上述程序运行的结果，如图 5.9 所示：

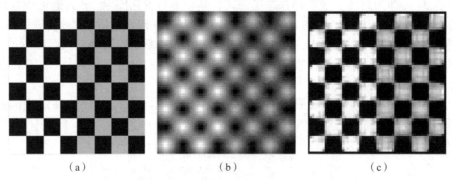

(a)   (b)   (c)

图 5.9 盲去卷积图像复原效果

(a) 原图像；(b) 模糊+噪声图像；(c) 消除模糊+噪声图像

5.6 中值滤波

中值滤波是基于排序统计理论的一种能有效抑制噪声的非线性处理技术。在空间滤波时曾经简单介绍过，本节将详细进行介绍。

5.6.1　中值滤波基本原理

1971 年，图基（Tukey）在进行时间序列分析时提出中值滤波器的概念，后来人们将其引入图像处理领域中。该滤波器的优点是运算简单，而且速度较快，在滤除叠加白噪声和长尾叠加噪声方面显示了极好的性能。中值滤波器在滤除噪声（尤其是脉冲噪声）的同时，能很好地保护信号的细节信息（如边缘、锐角等）。另外，中值滤波器很容易自适应化，从而可以进一步提高其滤波性能。因此，它非常适合一些线性滤波器无法胜任的图像处理应用场景。

在图像处理中，中值滤波是通过对邻域内像素按灰度排序的结果来决定中心像素的灰度。中值滤波通常采用一个含奇数个像素的滑动窗口，用窗口中灰度值的中值来代替中心点的灰度值，其实就是对这个窗口中的灰度值进行排序，然后将其中值赋值给中心点。具体的操作过程如下：用一个奇数点的移动窗口，将窗口中心点的值用窗口内各点的中值代替。假设窗口内有 5 个点，其值为 1、2、3、4 和 5，那么此窗口内各点的中值为 3，也就是用 3 来代替中心点的像素值。

常用的中值滤波窗口形状有线形、十字形、×字形、方形、菱形、米字形、圆形等，如图 5.10 所示。假设滤波窗口为 5×5，通常有 8 种形式的子滑动窗口。

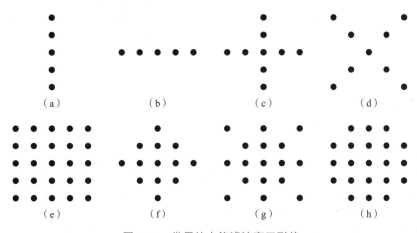

图 5.10　常用的中值滤波窗口形状

（a）垂直线形；（b）水平线形；（c）十字形；（d）×字形；（e）方形；（f）菱形；（g）米字形；（h）圆形

从实践经验来看，方形或圆形窗口适于外轮廓较长的物体图像，而十字形窗口适于有尖顶角物体的图像。

5.6.2　中值滤波特性

中值滤波有许多重要的特性，举例如下。

①对离散阶跃信号、斜坡信号不产生影响。

②连续个数小于窗口宽度一半的离散脉冲将被滤除。

③三角形信号的顶部被削平。

④中值滤波后，信号频谱基本不变。

前面 3 个特性，如图 5.11 所示。

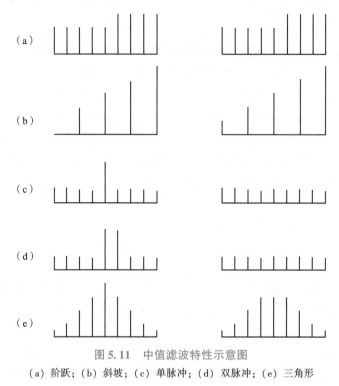

图 5.11　中值滤波特性示意图

（a）阶跃；（b）斜坡；（c）单脉冲；（d）双脉冲；（e）三角形

5.6.3　加权中值滤波

实际的图像信号具有极其复杂的结构，这些结构（如线段、锐角等）都可能被较大的滑动窗口（如 5×5）的中值滤波处理破坏，因为排序过程很可能破坏任意结构和空间的邻域信息。为了减少中值滤波的这种破坏作用，进一步提高滤波效果，人们提出了很多种中值滤波的改进，其中加权中值滤波是最为典型的一种。

加权中值滤波是将窗口内的每一个像素都乘以一个相应的权值，然后利用乘以权值后的值进行排序，取中值替换中心元素的灰度值。普通的中值滤波可以看作是每个像素的权值都是 1 的加权中值滤波。

加权中值滤波的表达式为

$$y_i = \mathrm{med}(w_{-k}x_{i-k}, \cdots, w_0 x_i, \cdots, w_k x_{i+k}) \tag{5.36}$$

式中，w_j 为权值，$-k \leqslant j \leqslant k$。

式（5.36）中，当 $w_{-k} = \cdots = w_{-1} = w_1 = \cdots = w_k = 1$，且 $w_0 \neq 1$ 时，对应的加权中值滤波器称为中心加权中值滤波器。显然，中心加权中值滤波器是加权中值滤波器的特例。

通常为了方便求得中值，权值之和保持奇数，即

$$\sum_{j=-k}^{k} w_j = 2k+1 \tag{5.37}$$

加权均值滤波对模板中的像素点赋予不同的权重，求的是像素的加权平均。典型的模板，如高斯模糊，其模板权重呈现钟形的高斯分布：

$$\begin{bmatrix} 1 & 2 & 1 \\ 2 & 4 & 2 \\ 1 & 2 & 1 \end{bmatrix}$$

加权中值滤波由于比较耗时，在实时性要求比较高的项目中难以应用，需要考虑采用其他方法进行加速。

【例 5.6】 通过高斯模糊权重模板，对添加高斯噪声的图像进行加权中值滤波复原，并与传统的中值滤波复原效果进行对比。

解：程序如下。

```
orgImg = imread('LENA256. BMP');
[M,N]=size(orgImg);
figure();
subplot(2,2,1),imshow(orgImg),title('Org Image')
% 加入高斯噪声并显示
noiseImg=imnoise(orgImg, 'gaussian' ,0,0. 05);
noiseImg=im2double(noiseImg);
subplot(2,2,2),imshow(noiseImg),title('Noise Img');
% 采用中值滤波对图像复原
fltImg=medfilt2(noiseImg);
subplot(2,2,3),imshow(fltImg),title('MedFilt Img');
% 采用加权中值滤波对图像复原
wfltImg = zeros(M,N);
kernel = 1/16. *[1 2 1; 2 4 2; 1 2 1];
for i=2:M. 1
  for j=2:N. 1
      weight=conv2(noiseImg(i. 1:i+1,j. 1:j+1), kernel, 'same');
      wfltImg(i,j) = median(weight(:));
  end
end
subplot(2,2,4),imshow(wfltImg),title('WeightMedFilt Img');
```

上述程序运行的结果，如图 5.12 所示。

（a） （b）

图 5.12 中值滤波和加权中值滤波复原效果

（a）原图像；（b）噪声图像

（c）　　　　　　　　　　　（d）

图 5.12　中值滤波和加权中值滤波复原效果（续）

（c）中值滤波图像；（d）加权中值滤波图像

习题五

习题五答案

5.1　什么是图像退化？什么是图像复原？

5.2　请描述图像退化的基本模型和离散图像退化模型。

5.3　请描述逆滤波复原的基本原理以及应用的局限性。

5.4　请描述维纳滤波复原图像的基本原理以及实现步骤。

5.5　一幅退化图像，不知道原图像的功率谱，仅知道噪声的方差，请问采用何种方法复原图像较好？

5.6　请分析中值滤波和均值滤波的异同点。

5.7　图像的几何畸变有哪几种？图像的几何畸变校正的步骤有哪些？

5.8　图 5.13 为一个 5×5 的数字图像，采用 3×3 中值滤波，给出处理后的结果（边界像素不处理，设置为黑色）。

5.9　图 5.14 有噪声干扰，导致图像中有若干个亮点（灰度值为 255），请问用什么方法进行恢复比较合适，并给出恢复后的图像（边界像素不处理，与原图像一致）。

124	120	123	128	123
130	123	127	119	126
125	128	124	135	125
187	127	123	189	121
116	120	132	121	118

图 5.13　题 5.8 图

24	120	23	28	23	27
30	255	27	19	26	40
25	28	255	35	25	29
87	27	23	255	21	32
16	20	32	21	255	21
17	21	30	28	32	38

图 5.14　题 5.9 图

5.10　编写程序，对一幅灰度图像进行高斯模糊，设计逆滤波器对其进行复原；在高斯模糊的退化图像上叠加高斯噪声，利用逆滤波器进行复原，比较复原效果。

5.11　编写程序，对一幅灰度图像进行高斯模糊并叠加高斯噪声，设计图像约束最小二乘法滤波器对其进行复原。

5.12　编写程序，对一幅灰度图像进行运动模糊，并叠加椒盐噪声，设计图像维纳滤波，改变滤波器的参数，观察图像复原的效果。

5.13　使用加权中值滤波对添加了高斯噪声的图像进行恢复，计算算法的运行时间，并与中值滤波的算法运行时间进行比较。

第 6 章

图 像 增 强

图像增强是一种基本的图像处理技术。它的目的主要是提高图像质量，或者提高图像中感兴趣部分的质量，使增强后的图像更有利于计算机处理或者人的识别。

本章将首先介绍图像质量评价体系、图像噪声、图像统计特性、图像增强方法分类，然后重点介绍利用直方图的各种图像增强方法，最后从图像平滑和图像锐化两个角度介绍常用的图像增强方法。

6.1 图像质量评价体系

图像是人类感知和机器模式识别的重要信息源，其质量对所获取信息的充分性和准确性起着决定性的作用。然而，图像在获取、压缩、处理、传输、显示等过程中难免会出现一定程度的失真。如何衡量图像的质量、评定图像是否满足某种特定应用要求？要解决这个问题，需要建立有效的图像质量评价体系。

目前，图像质量评价方法可分为主观质量评价方法和客观质量评价方法。主观质量评价凭借实验人员的主观感知来评价对象的质量。主观质量评价的评价主体是人，由人根据观看感受打分，这种评价方法的优点是最符合人类观感并且是准确的，缺点是评价麻烦且效率低。

客观质量评价依据模型给出的量化指标，模拟人类视觉系统感知机制来衡量图像质量。客观评价算法根据其对参考图像的依赖程度，可分为以下 3 类。

①全参考评价算法，需要与参考图像的所有像素点作比较。它是研究时间最长、发展最成熟的客观质量评价算法。

②半参考评价算法，只需要与参考图像上的部分统计特征作比较。它可以分为两类：基于图像特征统计量的算法和基于数字水印的算法。这类算法的特点是只需从参考图像中提取部分统计量用于比较，无须原始像素级别的信息。

③无参考评价算法，不需要具体的参考图像。它可以分为两类：针对失真类型的算法和基于机器学习的算法。这类算法的特点是无须参考图像，灵活性强。无参考评价算法的难点

在于如何使评价结果尽量不受图像内容的影响。

全参考评价算法根据算法采用的技术路线，可分为基于误差统计量的算法和基于 HVS（人类视觉系统）模型的算法。

6.1.1　基于误差统计量的算法

基于误差统计量的算法通过设计特征来比较失真图像和参考图像的局部差异，然后在整幅图像上求出一个总的平均统计量，并把这个统计量与图像质量关联起来。最简单的质量评价算法就是均方误差（Mean Squared Error，MSE）和峰值信噪比（Peak Signal Noise Ratio，PSNR）。

均方误差为

$$\text{MSE} = \frac{1}{MN} \sum_{x=0}^{M-1} \sum_{y=0}^{N-1} |f(x,y) - f'(x,y)|^2 \tag{6.1}$$

峰值信噪比为

$$\text{PSNR} = 10 \log_{10} \frac{\text{MAX}^2}{\text{MSE}} \tag{6.2}$$

其中，MAX 是可能的像素最大值。如果一个像素用 8 位表示，则 MAX = 255。MSE 为均方误差。PSNR 的单位是分贝（dB），一般为 20～40 dB。MSE 和 PSNR 评价指标是通常图像处理中经常使用的方法。MSE 越小或 PSNR 越大，表示图像失真越小，图像质量越好。

MSE 和 PSNR 计算复杂度小，易于实现，在图像处理领域中广泛应用，但缺点是它们给出的数值与图像的感知质量之间没有必然联系。

6.1.2　基于 HVS 模型的算法

通过对 HVS 的某些底层特性进行建模，将失真图像和参考图像之间的绝对误差映射为能被人眼觉察的最小可觉差（Just Noticeable Difference，JND）单位。根据对 HVS 模型描述的侧重点不同，又可以将图像质量评价算法分为基于误差灵敏度评价算法和基于结构相似度评价算法两类。

1. 基于误差灵敏度评价算法

基于误差灵敏度评价算法的不同之处在于侧重点和处理方式上的区别，其评价框架如图 6.1 所示。

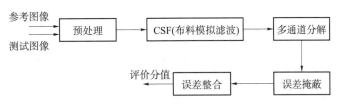

图 6.1　基于误差灵敏度评价算法的评价框架

2. 基于结构相似度评价算法

基于结构相似度评价算法常用的有两种：结构相似度评价算法和多尺度结构相似度评价算法。

1）结构相似度（SSIM）

结构相似度是两幅图像相似度的评价指标。要求结构相似度，首先需要了解两幅图像的亮度（Luminance）、对比度（Contrast）和结构（Structure）。这 3 个量的表达式如下：

$$
\begin{cases}
l(x,y) = \dfrac{2u_x u_y + C_1}{u_x^2 + u_y^2 + C_1} \\[3mm]
c(x,y) = \dfrac{2\sigma_x \sigma_y + C_2}{\sigma_x^2 + \sigma_y^2 + C_2} \\[3mm]
s(x,y) = \dfrac{\sigma_{xy} + C_3}{\sigma_x + \sigma_y + C_3}
\end{cases}
\tag{6.3}
$$

式中，x、y 分别为两个图像；u_x、u_y 分别为 x、y 的均值；σ_x、σ_y 分别为 x、y 的方差；σ_{xy} 为 x、y 的协方差；$C_1 = (K_1 L)^2$，$C_2 = (K_2 L)^2$，$C_3 = C_2/2$，$L = 2^B - 1$，B 为像素位数，8 位图像 $L = 2^8 - 1 = 255$。$K_1 \ll 1$，$K_2 \ll 1$，K_1、K_2 为两个小常数，默认 $K_1 = 0.01$，$K_2 = 0.03$。

结构相似度的表达式为

$$
\text{SSIM}(x,y) = [l(x,y)^\alpha \cdot c(x,y)^\beta \cdot s(x,y)^\gamma]
\tag{6.4}
$$

默认 $\alpha = \beta = \gamma = 1$，则

$$
\text{SSIM}(x,y) = \frac{(2u_x u_y + C_1)(2\sigma_{xy} + C_2)}{(u_x^2 + u_y^2 + C_1)(\sigma_x^2 + \sigma_y^2 + C_2)}
\tag{6.5}
$$

SSIM 最大值为 1，当且仅当两幅图像完全相同时，SSIM = 1。SSIM 值越大，图像质量越好。通常而言，计算 SSIM 时都是使用滑动窗口形式，滑动窗口在整个图像上滑动，每次计算滑动窗口内的 SSIM 形成一个质量图，根据这个质量图计算整幅图像平均 SSIM。

2）多尺度 SSIM（Multi scale SSIM，MS-SSIM）

人眼在不同距离观看图像时也会有不同感受，距离远时图像显得小，图像细节失真很大。MS-SSIM 考虑了不同分辨率的图像相似性，如图 6.2 所示。

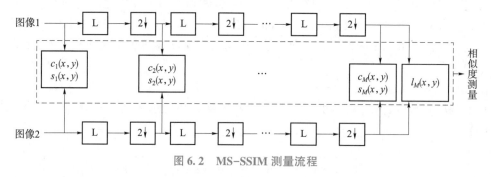

图 6.2　MS-SSIM 测量流程

对两幅图像低通滤波和 1/2 降采样，每次处理完图像分辨率就减半，假设原始尺寸为 Scale 1，最终尺寸为 Scale M，在每个尺寸下都要计算两幅图像的 $c(x,y)$ 和 $s(x,y)$，在 Scale M 下计算 $l(x,y)$，则

$$
\text{MS-SSIM} = \left[l_M(x,y)^{\alpha M} \cdot \prod_{j=1}^{M} [c_j(x,y)^{\beta j} \cdot s_j(x,y)^{\gamma j}] \right]
\tag{6.6}
$$

默认 $\alpha_j = \beta_j = \gamma_j$，且 $\displaystyle\sum_{j=1}^{M} \gamma_j = 1$。

6.2 图像噪声

6.2.1 图像噪声的产生

在数字图像中，噪声主要来源于图像的获取和传输过程。成像传感器的性能受各种因素的影响，如图像获取过程中的环境条件和传感元器件自身的质量。例如，使用 CCD 摄像机获取图像，光照程度和传感器温度是生成图像中产生大量噪声的主要因素。图像在传输过程中受到传输信道的干扰，也有很大一部分来自电子元器件自身原因，如电阻引起的热噪声、真空器件引起的散粒噪声和闪烁噪声、场效应管的沟道热噪声等。由这些元器件组成的各种电子线路以及构成的设备，又将使这些噪声产生不同的变换而形成局部线路和设备的噪声。另外，光学现象也会产生图像光学噪声。

6.2.2 图像噪声的分类

在数字图像中，常见的噪声主要有以下几种。

1. 加性噪声

加性噪声和图像信号强度是不相关的，如图像在传输过程中引进的信道噪声，以及 CCD 摄像机在图像数字化过程中产生的噪声等。这类带有噪声的图像 g 可看成理想无噪声图像 f 与噪声 η 之和，即

$$g(x,y)=f(x,y)+\eta(x,y) \tag{6.7}$$

2. 乘性噪声

乘性噪声和图像信号强度是相关的，乘性噪声往往随图像信号的变化而变化，如飞点扫描图像中的噪声、电视扫描光栅、胶片中的颗粒噪声等。这类噪声和图像的关系为

$$g(x,y)=f(x,y)\times\eta(x,y) \tag{6.8}$$

3. 量化噪声

量化噪声是数字图像的主要噪声源，其大小显示了数字图像和原图像的差异。减少这种噪声的最好办法就是采用按灰度级概率密度函数选择量化的措施。

4. 椒盐噪声

此类噪声往往由图像切割引起，即黑图像上的白点噪声或白图像上的黑点噪声。它是在变换域引入的误差，或者是图像逆变换后形成的变换噪声等。

6.2.3 图像噪声的特点

图像噪声使图像模糊，甚至淹没图像特征，给分析带来很大困难。图像噪声一般具有以下特点。

①噪声在图像中的分布和大小不规则，即具有随机性。

②噪声与图像之间一般具有相关性。例如，摄像机的信号和噪声相关，黑暗部分噪声大，明亮部分噪声小。又如，数字图像中的量化噪声与图像相位相关，图像内容接近平坦时，量化噪声呈现伪轮廓，但图像中的随机噪声会因为颤噪效应，反而使量化噪声变得不明显。

③噪声具有叠加性。在串联图像传输系统中，各部分窜入噪声若是同类噪声，可以进行功率相加，依次信噪比要下降。

6.3 图像统计特性

在图像增强处理过程中，经常需要统计一些图像的特性，并根据这些统计特性的结果进行相应的处理。常用的图像统计特性有均值、方差、标准差、相关系数等。

6.3.1 图像的均值

图像的均值，即灰度平均值，指的是一幅图像中的所有像元灰度值的算术平均值。

令 $z_i(i=0,1,2,\cdots,L-1)$ 表示一幅 $M\times N$ 大小数字图像中所有可能的灰度值，则在给定图像中灰度 z_k 出现的概率 $p(z_k)$ 可估计为

$$p(z_k)=\frac{n_k}{MN} \tag{6.9}$$

式中，n_k 为灰度 z_k 在图像中出现的次数；MN 为像素的总数。显然，

$$\sum_{k=0}^{L-1}p(z_k)=1 \tag{6.10}$$

图像的均值计算方式如下：

$$m=\sum_{k=0}^{L-1}z_k p(z_k) \tag{6.11}$$

6.3.2 图像的方差和标准差

方差是在概率论和统计方差衡量随机变量或一组数据时离散程度的度量。图像的方差是关于均值的展开度的度量。因此，它是图像对比度的有用度量。方差计算公式为

$$\sigma^2=\sum_{k=0}^{L-1}(z_k-m)^2 p(z_k) \tag{6.12}$$

图像的标准差（Standard Deviation）用 σ 表示，是各数据偏离平均值的距离的平均数，即是图像方差的方根，因此有时标准差又被称为均方根误差（RMSE）。

标准差反映了测量数据偏离真实值的程度。σ 越小，表示测量精度越高，因此可用 σ 作为评定这一测量过程精度的标准。

6.3.3 图像的相关系数

图像的相关系数是两个不同波段图像所含信息的重叠度。相关系数越大，重叠度越高，反之越低。图像的相关系数可以用来表征两幅图像之间内容的相似程度。

两幅大小均为 $M×N$ 的图像 A 和 B 的相关系数计算公式为

$$r = \frac{\sum_{m=0}^{M-1}\sum_{n=0}^{N-1}(A_{mn}-m_A)(B_{mn}-m_B)}{\sqrt{\left(\sum_{m=0}^{M-1}\sum_{n=0}^{N-1}(A_{mn}-m_A)^2\right)\left(\sum_{m=0}^{M-1}\sum_{n=0}^{N-1}(B_{mn}-m_B)^2\right)}} \tag{6.13}$$

6.4 图像增强方法分类

图像增强是通过一定手段对原图像附加一些信息或变换数据，有选择地突出图像中感兴趣的特征或者抑制（掩盖）图像中某些不需要的特征，使图像与视觉响应特性相匹配。

在图像增强过程中，不分析图像降质的原因，处理后的图像不一定逼近原图像。图像增强技术根据增强处理过程所在的空间不同，可分为空间域增强法和频率域增强法两大类。

空间域增强法是直接对图像灰度级做运算，具有代表性的空间域算法有局部求平均值法、中值滤波法等。它可用于去除或者减弱噪声。

频率域增强法是在图像的某种变换域内对图像的变换系数值进行某种修正，是一种间接增强的算法。采用低通滤波（即只让低频信号通过）法，可去除图像中的噪声。采用高通滤波法，可增强边缘等高频信号，使模糊的图片变得清晰。

6.4.1 空间域增强法

空间域是组成图像像素的集合。空间域增强法直接对图像中像素灰度级进行运算处理，基本上是以灰度映射变换为基础。空间域图像增强主要分为点处理（包括灰度变换和直方图处理）和区域处理（包括平滑和锐化处理）。

灰度变换的原理就是通过改变灰度的动态范围，达到增强图像灰度级细节部分的方法。一般的变换函数包括线性变换、非线性变换、分段线性变换。具体函数的选择与图像的成像系统和相应的应用场合有关。

直方图表示了图像中每个灰度级与出现该灰度级的像素数目的统计关系，反映了图像中每个灰度级出现的频率。直方图处理主要有直方图均衡化和直方图规定化两种方法。直方图均衡化是空间域增强法中应用最广泛的一种方法，其基本原理是使处理后的图像灰度级近似均匀分布，从而达到图像增强效果。但由于其变换函数采用的是累积分布函数，因此形成的近似均匀直方图都很相似，这必然限制了它的功能。直方图规定化又称直方图匹配，其目的是调整原图像的直方图，使之符合某一规定直方图的要求。为了适应图像的局部特性，基于局部变换的图像增强方法应运而生，如局部直方图均衡化、对比度受限自适应直方图均衡化、利用局部统计特性的噪声去除方法。这些方法对图像细节部分的增强均有很好的效果，但均有一个共同的缺点是算法运算量较大。

图像平滑用于突出图像中的主要部分，目的是使图像的亮度平缓渐变、去除噪声、提高图像质量。图像平滑常用的方法有邻域平均、中值滤波等。邻域平均将每个像素的灰度值用它所在邻域内像素的平均值代替。中值是将奇数个窗口中的数据按大小排序后处于中间位置的数，而中值滤波是将窗口中的中值作为新图像的像素。对于细节多，特别是点、线、尖顶细节多的图像不宜采用中值滤波。

图像锐化的目的是增强图像的边缘或轮廓。图像锐化的方法包括一阶微分方法和二阶微分方法。图像锐化最常用的是梯度法，而梯度法中常用的算子有 Roberts、Sobel、Prewitt、拉普拉斯等。

6.4.2　频率域增强法

频率域增强法是建立在图像傅里叶变换基础上，首先将原来的图像空间中的图像以某种形式变换到其他空间中，然后利用该空间的特有性质进行图像处理，最后再转换到原来的图像空间中。其原理如图 6.3 所示。

图 6.3　频率域增强法原理

频率域增强法主要有低通滤波、高通滤波、同态滤波和陷波滤波。

低通滤波是利用低通滤波器去除反映细节和跳变的高频分量。但其在去除图像尖峰细节的同时，也将图像边缘的跳变细节去除了，从而使图像变模糊。低通滤波器有理想低通滤波器、巴特沃斯低通滤波器、指数低通滤波器等。

高通滤波是利用高通滤波器来忽略图像中平缓的部分，突出细节和跳变等高频部分，使增强后的图像边缘信息更加清晰。利用高通滤波进行增强处理后的图像，视觉效果不好，其较适用于图像中物体的边缘提取。高通滤波器有理想高通滤波器、梯形高通滤波器、指数高通滤波器等。

同态滤波是一种在频率域中同时压缩图像亮度范围和增强图像对比度的方法，即把频率过滤和灰度变换结合起来，是基于图像成像模型进行的。同态滤波的基本思想：为了分离加性组合信号，常采用线性滤波的方法，而非加性组合信号常用同态滤波技术将非线性问题转化成线性问题进行处理，即先对非线性（乘性或者卷积性）混杂信号做某种数学运算，变换成加性的，然后用线性滤波方法处理，最后做逆变换运算，恢复处理后图像。

陷波滤波是一种可以在某个频率点迅速衰减输入信号，以达到阻碍此频率信号通过的滤波效果。陷波滤波也用于去除周期噪声。

6.5 直方图

直方图是多种空间域处理技术的基础。直方图操作可用于图像增强,如本节所示。除了提供有用的图像统计资料外,它提供的信息在其他图像处理应用中也非常有用,如图像压缩与分割。直方图在软件中计算简单,而且有助于商用硬件实现,因此已经成为实时图像处理的一种流行工具。

下面介绍直方图的数学表达。

灰度级范围$[0,L-1]$的数字直方图是离散函数$h(r_k)=n_k$。其中,r_k是第k级灰度值;n_k是图像中灰度级为r_k的像素个数。在实践中,经常用乘积MN表示的图像像素的总数除以每个分量的个数来归一化直方图(M和N代表一张图的行和列)。因此,归一化的直方图由$p(r_k)=n_k/MN$给出,其中$k=0$,1,$\cdots$,$L-1$。归一化后的直方图所有分量和应该为1。图 6.4(a)为 5 个办公室的图像,图像的亮度逐渐增加,图 6.4(b)则显示了与这些图像对应的直方图。

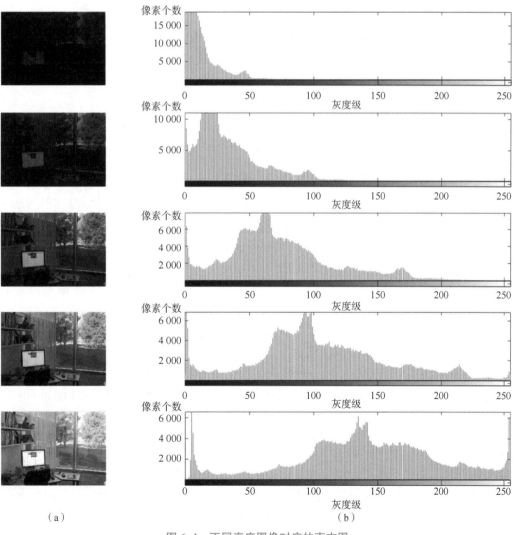

（a）　　　　　　　　　　　　　　（b）

图 6.4　不同亮度图像对应的直方图

【例 6.1】 利用 MATLAB 编程实现上述图像的直方图。

解：程序如下。

```
for i=1:5
imgName=sprintf('% s% d% s' ,'office_' ,i,'. jpg');
orgImg=imread(imgName);
orgImg=rgb2gray(orgImg);
pos1 = [0. 05, 1. 0. 18* (i. 1). 0. 2, 0. 4, 0. 15];
pos2 = [0. 50, 1. 0. 18* (i. 1). 0. 2, 0. 4, 0. 15];
subplot(5,2,2*i. 1,'Position' ,pos1),imshow(orgImg);
subplot(5,2,2*i,'Position' ,pos2),imhist(orgImg);
end
```

总而言之，直方图可以表示特定灰度值的像素个数，而归一化后的直方图表示特定灰度值在一张图中出现的概率。

6.5.1 直方图均衡化

考虑连续灰度值，并用变量 r 表示处理图像的灰度值。通常，假设 r 的取值区间为 $[0, L-1]$，且 $r=0$ 表示黑色，$r=L-1$ 表示白色。在 r 满足这些条件的情况下，将注意力集中在变换形式，即

$$s=T(r) \quad (0 \leqslant r \leqslant L-1) \tag{6.14}$$

对于输入图像中每个具有 r 值的像素值产生一个输出灰度值 s。上式常用的反函数形式为

$$r=T^{-1}(s) \quad (0 \leqslant s \leqslant L-1) \tag{6.15}$$

假设以下条件：

（a） $T(r)$ 在区间 $0 \leqslant r \leqslant L-1$ 上为单调递增函数。单调好理解，为什么要递增呢？这是为了保证输入中原本比 r_k 亮的点在转换后一定要比 s_k 亮，防止灰度逆变换时产生人为缺陷。

（b） 当 $0 \leqslant r \leqslant L-1$ 时，$0 \leqslant T(r) \leqslant L-1$。限于计算机的存储格式，要求输出的灰度等级范围一定要与输入的等级范围一致。只有在这个范围内做均衡才有意义。

根据上面的反函数，条件（a）可以改为：

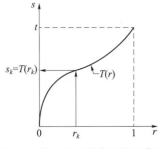

（a′） $T(r)$ 在区间 $0 \leqslant r \leqslant L-1$ 上是一个严格单调递增函数，保证从 s 到 r 的映射是一对一的，防止出现二义性。

图 6.5 表示满足条件（a′）和条件（b）的一个 $T(r)$ 函数示例。

一幅图像的灰度级可以看成区间 $[0, L-1]$ 内的随机变量。随机变量的基本描述是其概率密度函数（Probability Density Function，PDF）。令 $p_r(r)$ 和 $p_s(s)$ 分别为 r 和 s 的概率密度函数，由概率论的知识就可以得到 $p_r(r)$ 和 $p_s(s)$ 的关

图 6.5 直方图均衡化函数示意图　系，即

$$p_s(s)=p_r(r) \left| \frac{\mathrm{d}r}{\mathrm{d}s} \right| \tag{6.16}$$

由此可以得到图像处理中特别重要的变换函数，即

$$s = T(r) = (L-1) \int_0^r p_r(w) \, \mathrm{d}w \tag{6.17}$$

其中，$\int_0^r p_r(w) \, \mathrm{d}w$ 就是输入 r 的积分，它代表的意义就是从 0 到 r 上的概率密度函数与 x 轴围成的面积，这就是 r 的累积分布函数（Cumulative Distribution Function，CDF）。只要确认了 r，$T(r)$ 也就确定了。r 的累积分布函数会把 r 转换成想要的 s。

对上面的变换函数式（6.17），验证是否满足 $T(r)$ 的两个条件。

①公式右边是随机变量 r 的累积分布函数。因为 PDF 总为正，所以对它的积分就是该函数下面的面积，它肯定是一个单调递增函数，满足条件（a）。

②对于整幅图的灰度密度和为 1，即 PDF 与 x 轴围成的面积必须是 1。这就代表 s 的分布范围是 $[0, L-1]$，满足条件（b）。

另外，还可以对变换函数的输入 r 求导：

$$\frac{\mathrm{d}s}{\mathrm{d}r} = \frac{\mathrm{d}T(r)}{\mathrm{d}r} = (L-1) \frac{\mathrm{d}}{\mathrm{d}r} \left[\int_0^r p_r(w) \, dw \right] = (L-1) p_r(r) \tag{6.18}$$

将求导公式代入式（6.16），得到

$$p_s(s) = p_r(r) \left| \frac{\mathrm{d}r}{\mathrm{d}s} \right| = p_r(r) \left| \frac{1}{(L-1)p_r(r)} \right| = \frac{1}{L-1} \quad (0 \leqslant s \leqslant L-1) \tag{6.19}$$

这是一个均匀概率密度函数。简而言之，变换函数的灰度变换将得到一个随机变量 s，而该随机变量由一个均匀的 PDF 表征。由该式可知 $T(r)$ 取决于 $p_r(r)$，得到的 $p_s(s)$ 始终是均匀的，它与 $p_r(r)$ 的形式无关，如图 6.6 所示。

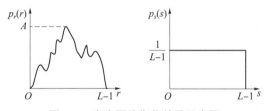

图 6.6　直方图均衡化效果示意图

为理解上述概念，考虑下面的例子。假设图像中的连续灰度值有以下的 PDF：

$$p_r(r) = \begin{cases} \dfrac{2r}{(L-1)^2} & (0 \leqslant r \leqslant L-1) \\ 0 & (\text{其他}) \end{cases} \tag{6.20}$$

则

$$s = T(r) = (L-1) \int_0^r p_r(w) \, \mathrm{d}w = \frac{2}{L-1} \int_0^r w \, \mathrm{d}w = \frac{r^2}{L-1} \tag{6.21}$$

按上述变换得到一幅像素为 s 的图像，即 s 是通过求输入图像的相应灰度值的平方，然后除以 $(L-1)$ 得到的。例如，考虑一幅 $L=10$ 的图像，并且假设输入图像中任意位置 (x,y) 处的像素有灰度 $r=3$，则新图像中在该位置的像素是 $s = T(r) = r^2/9 = 1$。可以由 $p_r(r)$ 求 $p_s(s)$，并用 $s = r^2/(L-1)$ 这样的事实验证新图像中的灰度的 PDF 是均匀的，即

$$p_s(s) = p_r(r) \left| \frac{\mathrm{d}r}{\mathrm{d}s} \right| = p_r(r) \left| \frac{1}{(L-1)p_r(r)} \right| = \frac{1}{L-1} (0 \leqslant s \leqslant L-1) \tag{6.22}$$

其中，最后一步遵循了这样一个事实，即 r 是非负的，并且假设 $L > 1$。如期望的意义，

结果是一个均匀的 PDF。

对于离散值，处理其概率（直方图值）与求和来替代处理概率密度函数与积分。正如前面提到的，一幅数字图像中灰度级 r_k 出现的概率近似为

$$p_r(r_k) = \frac{n_k}{MN} \quad (k = 0, 1, 2, \cdots, L-1) \tag{6.23}$$

式中，MN 为图像中像素的总数；n_k 为灰度级为 r_k 的像素个数；L 为图像中可能的灰度级的数量（如对 8 比特的图像，L 是 256）。

$p_r(r_k)$ 与 r_k 相对的图形就是直方图。s_k 变换对应的离散形式为

$$s_k = T(r_k) = (L-1) \sum_{j=0}^{k} p_r(r_j) = \frac{(L-1)}{MN} \sum_{j=0}^{k} n_j \quad (k = 0, 1, 2, \cdots, L-1) \tag{6.24}$$

这样，已处理的图像通过式（6.24）将输入图像中灰度级为 r_k 的各像素映射到输出图像中灰度级为 s_k 的对应像素得到。在该公式中，$T(r_k)$ 变换（映射）称为直方图均衡化，或直方图线性变换。

【例 6.2】 通过一个实际的例子，对直方图均衡化的计算进行说明。假设一幅大小为 64×64 像素（$MN = 4\,096$）的 3 比特图像（$L = 8$）的灰度分布如表 6.1 所示，其中灰度级范围是 $[0, L-1] = [0, 7]$ 中的整数。

表 6.1 大小为 64×64 像素的 3 比特数字图像的灰度分布

r_k	n_k	$p_r(r_k) = \dfrac{n_k}{MN}$
$r_0 = 0$	790	0.19
$r_1 = 1$	1 023	0.25
$r_2 = 2$	850	0.21
$r_3 = 3$	656	0.16
$r_4 = 4$	329	0.08
$r_5 = 5$	245	0.06
$r_6 = 6$	122	0.03
$r_7 = 7$	81	0.02

解：原图像直方图如图 6.7（a）所示。直方图均衡化变换函数值，通过下面的计算得到：

$$s_0 = T(r_0) = 7 \sum_{j=0}^{0} p_r(r_j) = 7p_r(r_0) = 1.33 \tag{6.25}$$

类似地，有

$$s_1 = T(r_1) = 7 \sum_{j=0}^{1} p_r(r_j) = 7p_r(r_0) + 7p_r(r_1) = 3.08 \tag{6.26}$$

$$s_2 = 4.55, \ s_3 = 5.67, \ s_4 = 6.23, \ s_5 = 6.65, \ s_6 = 6.86, \ s_7 = 7.00$$

该变换函数为阶梯形状，如图 6.7（b）所示。

由于 s 是非整数，因此要把它们近似为最接近的整数：

$$s_0 = 1.33 \rightarrow 1$$
$$s_1 = 3.08 \rightarrow 3$$
$$s_2 = 4.55 \rightarrow 5$$
$$s_3 = 5.67 \rightarrow 6$$
$$s_4 = 6.23 \rightarrow 6$$
$$s_5 = 6.65 \rightarrow 7$$
$$s_6 = 6.86 \rightarrow 7$$
$$s_7 = 7.00 \rightarrow 7$$

以上数据就是直方图均衡化后的直方图的值。新的直方图的值只有 5 个不同的灰度级。因为 $r_0 = 0$ 被映射为 $s_0 = 1$，在均衡化后的图像中有 790 个像素具有该值。另外，在图像中有 1 023 个像素取 $s_1 = 3$ 这个值，有 850 个像素取 $s_2 = 5$ 这个值。然而，r_3 和 r_4 都被映射为同一值 6，在均衡化后的图像中有 $656 + 329 = 985$ 个像素取这个值。类似地，在均衡化后的图像中有 $245 + 122 + 81 = 448$ 个像素取 7 这个值。使用 $MN = 4\ 096$ 除这些数，得到了图 6.7（c）所示的均衡化后的直方图。

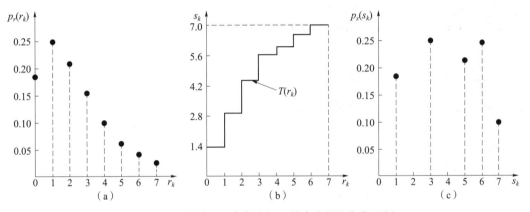

图 6.7　3 比特（8 个灰度级）的直方图均衡化示例
（a）原图像直方图；（b）变换函数；（c）均衡化后的直方图

因为直方图是 PDF 的近似，而且在处理中不允许造成新的灰度级，所以在实际的直方图均衡化应用中，很少见到完美平坦的直方图。因此，不像连续的情况，通常不能证明离散直方图均衡化会形成均匀的直方图。不过均衡化后的图像的灰度级将跨越更宽灰度级范围，最终增强了对比度。

【例 6.3】　通过 MATLAB 提供的直方图均衡化函数 histeq，对 5 种办公室不同亮度的图像进行直方图均衡化处理，并和原图像进行对比。

解：程序如下。

```
for num=1:5
    imgName=sprintf('% s% d% s' ,'office_' ,num,'. jpg');
    orgImg=imread(imgName);
    orgImg=rgb2gray(orgImg);
    teqImg=histeq(orgImg);
    pos1 = [0. 05, 1. 0. 18*(num. 1). 0. 2, 0. 3, 0. 15];
```

```
    pos2 = [0. 35, 1. 0. 18*(num. 1). 0. 2, 0. 3, 0. 15];
    pos3 = [0. 68, 1. 0. 18*(num. 1). 0. 2, 0. 3, 0. 15];
    subplot(5,3,3*num. 2,'Position',pos1),imshow(orgImg);
    subplot(5,3,3*num. 1,'Position',pos2),imshow(teqImg);
    subplot(5,3,3*num,'Position',pos3),imhist(teqImg);
end
```

图 6.8（a）和图 6.8（c）为 5 种办公室不同亮度的图像及其直方图，图 6.8（b）显示了对每个图像执行直方图均衡化后的结果，从上到下的前 3 种图像结果显示了重要的改进效果。正如预期的那样，直方图均衡化对第 4、5 幅图像没有产生太大的效果，这是因为这幅图像的灰度已经扩展到了全部灰度级范围。

尽管图 6.8（c）中的直方图不同，但直方图均衡化后的图像本身在视觉上却是非常相似的。因为图 6.8（a）中图像之间的差异仅仅是对比度上的，而不是内容上的，也就是说图像有相同的内容。直方图均衡化使对比度增强，足以补偿图像在视觉上难以区分灰度级的差别。

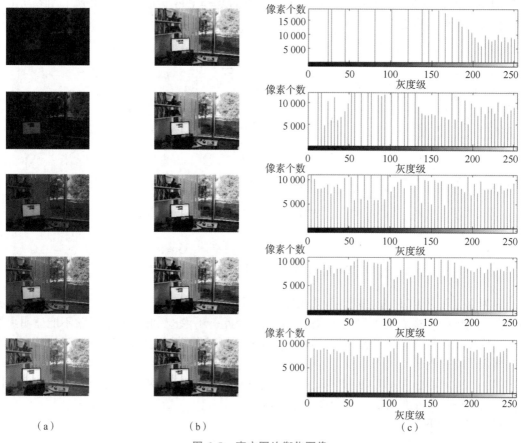

（a）   （b）   （c）

图 6.8　直方图均衡化图像

6.5.2　直方图规定化

直方图均衡化能自动确定变换函数，该函数寻求产生有均匀直方图的输出图像。当需要自动增强时，这是一种好方法，因为由这种技术得到的结果可以预知，并且这种方法实现起来也很简单。但是，对于某些应用，采用均匀直方图的基本增强并不是最好的方法。特别的是，有时希望处理后的图像具有规定的直方图形状可能更有用。这种用于产生处理后有特殊直方图的方法称为直方图规定化或直方图匹配。

对应连续灰度的输入图像和输出（已处理）图像的灰度级 r 和 z，并令 $p_r(r)$ 和 $p_z(z)$ 表示它们所对应的连续概率密度函数。可以由给定的输入图像估计 $p_r(r)$，而 $p_z(z)$ 是希望输出图像所具有的指定概率密度函数。

令 s 为一个有以下特性的随机变量：

$$s = T(r) = (L-1) \int_0^r p_r(w)\, \mathrm{d}w \qquad (6.27)$$

式中，w 为积分假变量。这个表达式也就是直方图均衡化的连续形式。

随后，定义一个有以下特性的随机变量 z：

$$G(z) = (L-1) \int_0^r p_z(t)\, \mathrm{d}t = s \qquad (6.28)$$

式中，t 为积分假变量。

由上述两个等式可得 $G(z) = T(r)$，因此 z 必须满足以下条件：

$$z = G^{-1}[T(r)] = G^{-1}(s) \qquad (6.29)$$

一旦由输入图像估计出 $p_r(r)$，变换函数 $T(r)$ 可由式（6.27）得到。类似地，因为 $p_z(z)$ 已知，变换函数 $G(z)$ 可以由式（6.28）得到。

式（6.27）~式（6.29）表明，按照下面的步骤，可由一幅给定图像，得到一幅灰度级具有指定概率密度函数的图像。

①由输入图像得到 $p_r(r)$，并由式（6.27）求得 s 的值。

②使用式（6.28）中指定的 PDF，求得变换函数 $G(z)$。

③求得逆变换函数 $z = G^{-1}(s)$。因为 z 是由 s 得到的，所以该处理是 s 到 z 的映射，而后者正是期望的值。

④首先用式（6.27）对输入图像进行均衡化得到输出图像；该图像的像素值是 s 值。对均衡后的图像中具有 s 值的每个像素执行反映射 $z = G^{-1}(s)$，得到输出图像中的相应像素。当所有的像素处理完后，输出图像的 PDF 将等于指定的 PDF。

假设采用离散灰度值，首先重写直方图均衡化变换的离散形式：

$$s_k = T(r_k) = (L-1) \sum_{j=0}^{k} p_r(r_j) = \frac{L-1}{MN} \sum_{j=0}^{k} n_j \quad (k = 0,1,2,\cdots,L-1) \qquad (6.30)$$

式中，MN 为图像中像素的总数；n_k 为灰度级为 r_k 的像素个数；L 为图像中可能的灰度级的数量。

类似地，给定一个规定的 s_k 值，定义一个有以下特性的随机变量 z：

$$G(z_q) = (L-1) \sum_{i=0}^{q} p_z(z_i) \qquad (6.31)$$

对一个 q 值，有

$$G(z_q) = s_k \qquad (6.32)$$

式中，$p_z(z_i)$ 为规定的直方图的第 i 个值。

与前面一样，用逆变换找到期望的值 z_q，即

$$z_q = G^{-1}(s_k) \qquad (6.33)$$

该操作对每一个 s 值给出一个 z 值，这样就形成了一个从 s 到 z 的映射。

假设 s_k 是直方图均衡化后的图像的值，那么直方图规定化的步骤如下。

①计算给定图像的直方图 $p_r(r)$，并用它寻找式（6.30）的直方图均衡化变换。把 s_k 四舍五入为范围 $[0,L-1]$ 内的整数。

②用式（6.31）对 $q=0$，1，2，$\cdots$，$L-1$ 计算变换函数 G 的所有值，其中 $p_z(z_i)$ 是规定的直方图的值。把 G 的值四舍五入为范围 $[0,L-1]$ 内的整数，然后将 G 的值存储到一个表中。

③对每一个 s_k，$k=0$，1，2，$\cdots$，$L-1$，使用步骤②存储的 G 值寻找相应的 z_q 值，以使 $G(z_q)$ 最接近 s_k，并存储这些从 s 到 z 的映射。当满足给定 s_k 的 z_q 值有多个时（映射不唯一时），按惯例选择最小值。

④首先对输入图像进行直方图均衡化，然后使用步骤③找到的映射把该图像中的每个均衡后的像素值 s_k 映射为直方图规定化后的图像中的相应 z_q 值，形成直方图规定化后的图像。

【例 6.4】 大小为 64×64 像素图像，直方图显示在图 6.9（a）中。变换该直方图，满足表 6.2 中第二列规定的值。

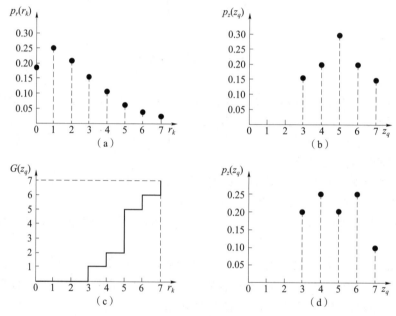

图 6.9 直方图规定化

（a）原图像直方图；（b）规定直方图；（c）变换函数；（d）直方图均衡化

表 6.2 规定直方图和实际直方图

z_q	频次	实际的 $p_z(z_k)$
$z_0=0$	790	0.19
$z_1=1$	1 023	0.25
$z_2=2$	850	0.21
$z_3=3$	656	0.16
$z_4=4$	329	0.08
$z_5=5$	245	0.06
$z_6=6$	122	0.03
$z_7=7$	81	0.02

解：①得到规定的直方图均衡化后的值，即

$$s_0 = 1, s_1 = 3, s_2 = 5, s_3 = 6$$
$$s_4 = 6, s_5 = 7, s_6 = 7, s_7 = 7$$

②计算变换函数 G 的所有值，即

$$G(z_0) = 7 \sum_{j=0}^{0} p_z(z_j) = 0.00 \tag{6.34}$$

类似地，有

$$G(z_1) = 7 \sum_{j=0}^{1} p_z(z_j) = 7[p(z_0) + p(z_1)] = 0.00 \tag{6.35}$$

$$G(z_2) = 0.00, G(z_3) = 1.05, G(z_4) = 2.45, G(z_5) = 4.55, G(z_6) = 5.95, G(z_7) = 7.00$$
$$\tag{6.36}$$

把这些分数值四舍五入转换到有效区间 $[0,7]$ 内的整数，结果为

$$G(z_0) = 0.00 \rightarrow 0$$
$$G(z_1) = 0.00 \rightarrow 0$$
$$G(z_2) = 0.00 \rightarrow 0$$
$$G(z_3) = 1.05 \rightarrow 1$$
$$G(z_4) = 2.45 \rightarrow 2$$
$$G(z_5) = 4.55 \rightarrow 5$$
$$G(z_6) = 5.95 \rightarrow 6$$
$$G(z_7) = 7.00 \rightarrow 7$$

③找到 z_q 的最小值，则值 $G(z_q)$ 最接近 s_k。对每一个 z_q 都同样处理，以产生 s 到 z 的映射。例如 $s_0 = 1$，可以看到 $G(z_3) = 1$，在这种情况下，这是完美的匹配，因此有对应 $s_0 \rightarrow z_3$。也就是说，直方图均衡化后的图像中的每个值为 1 的像素映射为直方图规定化后的图像中（同样的位置上）的值为 3 的像素。继续采用这一方法，得到表 6.3 中的映射。

表 6.3 将所有的 s_k 映射到相应的 z_q 值

s_k	$\rightarrow$	z_q
1	$\rightarrow$	3
3	$\rightarrow$	4
5	$\rightarrow$	5
6	$\rightarrow$	6
7	$\rightarrow$	7

④使用上表的映射，把直方图均衡化后的图像中的每个均衡化后的像素值映射为新创建的直方图规定化后的图像中的相应像素。结果直方图的值列在上表中的第三列，直方图如图 6.9（d）所示。

【例 6.5】 根据目标图像的直方图，对原图像进行直方图规定化处理。

解： 程序如下。

```
orgImg = imread('pout. tif');
destImg1 = imread('coins. png');
destImg2 = imread('circuit. tif');
% 计算要匹配直方图的图像的直方图.
[hisGram1, x1] = imhist(destImg1);
[hisGram2, x2] = imhist(destImg2);
% 使用 histeq 函数对图像规定化.
specImg1 = histeq(orgImg, hisGram1);
specImg2 = histeq(orgImg, hisGram2);
pos1 = [0.05, 0.8, 0.4, 0.15];
pos2 = [0.50, 0.8, 0.4, 0.15];
subplot(5,2,1,'Position',pos1),imshow(orgImg);title('org Image');
subplot(5,2,2,'Position',pos2),imhist(orgImg);
pos1 = [0.05, 0.62, 0.4, 0.15];
pos2 = [0.50, 0.62, 0.4, 0.15];
subplot(5,2,3,'Position',pos1),imshow(destImg1);title('Dest Img1');
subplot(5,2,4,'Position',pos2),imhist(destImg1);
pos1 = [0.05, 0.44, 0.4, 0.15];
pos2 = [0.50, 0.44, 0.4, 0.15];
subplot(5,2,5,'Position',pos1),imshow(destImg2);title('Dest Img2');
subplot(5,2,6,'Position',pos2),imhist(destImg2);
pos1 = [0.05, 0.26, 0.4, 0.15];
pos2 = [0.50, 0.26, 0.4, 0.15];
subplot(5,2,7,'Position',pos1),imshow(specImg1);title('Spec Img1');
subplot(5,2,8,'Position',pos2),imhist(specImg1);
pos1 = [0.05, 0.08, 0.4, 0.15];
pos2 = [0.50, 0.08, 0.4, 0.15];
subplot(5,2,9,'Position',pos1),imshow(specImg2);title('Spec Img1');
subplot(5,2,10,'Position',pos2),imhist(specImg2);
```

直方图规定化图像，如图 6.10 所示。图 6.10（a）为需要增强的原图像，图 6.10（b）、（c）为要匹配直方图的目标图像，图 6.10（d）、（e）为原图像分别针对图 6.10（b）、（c）进行直方图规定化后的结果。从直方图可以看出，图 6.10（d）和图 6.10（b）的直方图形状比较接近。同样地，图 6.10（e）和图 6.10（c）的直方图比较接近。因此，直方图规定化是一个拟合过程，变换后的直方图不会与目标图像的直方图完全一致。

6.5.3 局部直方图处理

前面讨论的均为对整张图像进行的直方图处理，而直方图处理对于局部同样适用。直方

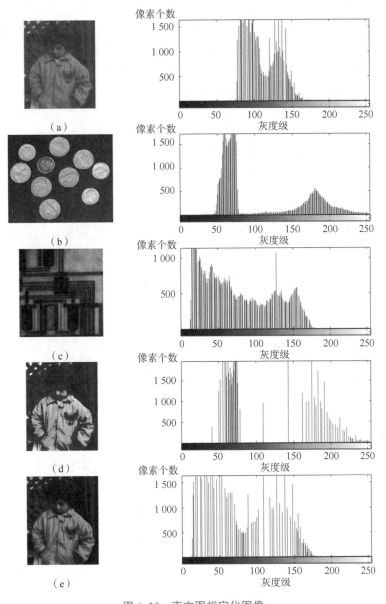

图 6.10　直方图规定化图像

(a) 需要增强的原图像；(b), (c) 要匹配直方图的目标图像；(d), (e) 原图像
分别针对图 (b) 和图 (c) 进行直方图规定化后的结果

图处理技术可以用于局部增强。处理过程是定义一个邻域，并把该区域的中心从一个像素移至另一个像素。在每个位置，计算邻域中点的直方图，并且得到的不是直方图均衡化就是直方图规定化的变换函数，这个函数最终用于映射邻域中心像素的灰度。然后，邻域的中心被移至一个相邻像素位置，重复该过程。当邻域进行逐像素平移时，只有邻域中的一行或一列改变，以新数据更新前一个位置而得到直方图。

具体步骤如下。

①求第一个邻域内的直方图。设这个邻域的大小是 3×3。

②根据直方图均衡化将该邻域中心点的像素更新。

③将中心点移向下一个邻域。例如，此时中心点为（1，1）（第一个数为行，第二个数为列），先向下移动一个像素，中心点变为（1，2）；由于邻域的大小为3×3，则此时得到的邻域与前一个邻域相比只有一列像素不同，即（0，0）（1，0）（2，0），与（0，3）（1，3）（2，3）可能不同，此时比较第0列和第3列相对应的元素是否相同来更新直方图。如果直方图有变化，则更新当前中心点的像素值。

④对所有的像素点执行第③步。

【例 6.6】　通过 MATLAB 提供的直方图均衡化函数 histeq，根据上节的步骤，对图像进行局部直方图处理，并和全局的直方图均衡化图像进行对比。

解：程序如下。

```
orgImg=imread('test. png');
orgImg=rgb2gray(orgImg);
pos1 = [0. 05, 0. 7, 0. 4, 0. 25];
pos2 = [0. 50, 0. 7, 0. 4, 0. 25];
subplot(3,2,1,'Position' ,pos1),imshow(orgImg);title('org Image');
subplot(3,2,2,'Position' ,pos2),imhist(orgImg);
teqImg = histeq(orgImg);
pos1 = [0. 05, 0. 40, 0. 4, 0. 25];
pos2 = [0. 50, 0. 40, 0. 4, 0. 25];
subplot(3,2,3,'Position' ,pos1),imshow(teqImg);title('Histeq Img');
subplot(3,2,4,'Position' ,pos2),imhist(teqImg);
%建立模板
n=3;
template(1:n,1:n)=1;
extImg=double(wextend('2D' ,'sym' ,orgImg,n));
%扩展后的图像大小
[M,N]=size(extImg);
jubu_image=extImg;
for i=n+1:M. n
    for j=n+1:N. n
        m=extImg(i:i+(n. 1),j:j+(n. 1)). *template (1:n,1:n);
        %对局部进行直方图均衡化
        k=histeq(uint8(m));
        %将均衡化后中心点的像素值赋给原图对应点的元素
        jubu_image(i,j)=k(1,1);
    end
end
%%均衡化后,取原图像大小
localImg=jubu_image(n+1:M. n,n+1:N. n);
localImg=uint8(localImg);
pos1 = [0. 05, 0. 10, 0. 4, 0. 25];
pos2 = [0. 50, 0. 10, 0. 4, 0. 25];
```

```
subplot(3,2,5,'Position',pos1),imshow(localImg);title('Local Histeq Img');
subplot(3,2,6,'Position',pos2),imhist(localImg);
```

局部直方图处理效果，如图 6.11 所示。图 6.11（b）与图 6.11（c）的对比可以看出，局部直方图处理对细节部分的增强很明显，可以通过调整模板来得到不同的效果。

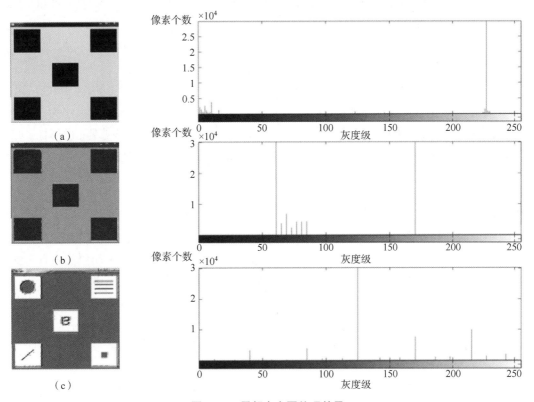

图 6.11　局部直方图处理效果

（a）原图像；（b）直方图均衡化效果；（c）局部直方图均衡化效果

6.5.4　在图像增强中使用直方图统计

直接从直方图得到的统计参数可用于图像增强。令 r 表示在区间 $[0,L-1]$ 上代表灰度值的一个离散随机变量，并令 $p(r_i)$ 表示对应于 r_i 值的归一化直方图分量。可以把 $p(r_i)$ 看成是得到直方图的那幅图像的灰度 r_i 出现的概率的估计。r 关于其均值的 n 阶矩定义为

$$\mu_n(r) = \sum_{i=0}^{L-1} (r_i - m)^n p(r_i) \tag{6.37}$$

式中，m 为 r 的均值（即图像中像素的平均灰度），且

$$m = \sum_{i=0}^{L-1} r_i p(r_i) \tag{6.38}$$

图像的二阶矩，也就是灰度方差通常用 σ^2 表示，即

$$\sigma^2(r) = \sum_{i=0}^{L-1} (r_i - m)^2 p(r_i) \tag{6.39}$$

由上可知，均值是平均灰度的度量，方差是图像对比度的度量。

全局均值和方差是在整幅图像上计算的，这对于全面灰度和对比度的总体调整是有用的。另外，这些参数的一种更强有力的应用是局部增强。局部均值和方差是根据图像中每一个像素的邻域内的图像特征进行改变的基础。

令 (x,y) 表示给定图像中任意像素的坐标，S_{xy} 表示规定大小的以 (x,y) 为中心的邻域，则该邻域中像素的均值为

$$m_{S_{xy}} = \sum_{i=0}^{L-1} r_i p_{S_{xy}}(r_i) \tag{6.40}$$

其中，$p_{S_{xy}}$ 是区域 S_{xy} 中像素的直方图。该直方图有 L 个分量，对应于输入图像中 L 个可能的灰度值。然而，许多分量是 0，具体取决于 S_{xy} 的大小。例如，如果邻域大小为 3×3，且 $L=256$，那么该邻域直方图的 256 个分量中仅有 1~9 个分量非零。这些非零值将对应 S_{xy} 中的不同灰度（在 3×3 区域中可能的不同灰度的最大数是 9，最小数是 1）。

类似地，邻域中像素的方差由下式给出：

$$\sigma_{S_{xy}}^2 = \sum_{i=0}^{L-1} (r_i - m_{S_{xy}})^2 p_{S_{xy}}(r_i) \tag{6.41}$$

其中，局部均值是邻域 S_{xy} 中平均灰度的度量，而局部方差是邻域中灰度对比度的度量。使用局部均值和方差进行图像处理的一个重要优点是灵活性。它们提供了简单而强有力的基于统计度量的增强技术，而统计度量与图像的外观有紧密的、可预测的关系。

实现直方图统计的局部增强过程如下。

①判断一个区域是暗还是亮的方法。把图像一个区域的局部平均灰度 $m_{S_{xy}}$ 和图像的全局均值 m（图像的平均图像灰度）进行比较：如果 $m_{S_{xy}} \leqslant k_0 m$，其中 k_0 是一个小于 1.0 的正常数，则把点 (x,y) 的像素考虑为处理的候选点。

②由于目标是增强低对比度的区域，所以还需要一种度量方法来确定一个区域的对比度是不是可以作为增强的候选点。把图像一个区域的局部方差 $\sigma_{S_{xy}}^2$ 和图像的全局灰度方差 σ^2 进行比较：如果 $\sigma_{S_{xy}}^2 \leqslant k_2 \sigma^2$，则点 (x,y) 的像素是增强的候选点。其中，k_2 为正常数 1.0。若感兴趣是增强亮区域，则该常数大于 1.0。对于暗区域，则该常数小于 1.0。

很明显，σ^2 不能无限小。因此，需要限制能够接受最低对比度的值，否则上面的过程会试图去增强标准差为 0 的恒定区域。通过下列式子进行限制：

$$\sigma_{S_{xy}}^2 \geqslant k_1 \sigma^2 \quad (k_1 < k_2) \tag{6.42}$$

通过上式可以对局部标准差设置一个较低的限制值。找到候选点后，按下面的操作对局部区域进行增强。

满足局部增强所有条件的一个位于点 (x,y) 的像素，可以简单地通过将像素值乘以一个指定常数 E 来处理，以便相对于图像的其他部分增大（或减小）其灰度值。不满足增强条件的像素则保持不变。用一个公式来表示这个过程的话，可以表示为以下形式：

$$g(x,y) = \begin{cases} Ef(x,y) & (m_{S_{xy}} \leqslant k_0 m, k_1 \sigma^2 \leqslant \sigma_{S_{xy}}^2 \leqslant k_2 \sigma^2) \\ f(x,y) & (\text{其他}) \end{cases} \tag{6.43}$$

式中，$f(x,y)$ 为在图像任意坐标 (x,y) 处的像素值；$g(x,y)$ 为这些坐标处相应的增强的像素值；$E=4.0$；$k_0=0.4$；$k_1=0.02$；$k_2=0.4$。

【例6.7】 基于直方图统计的局部图像增强。

解：程序如下。

```
orgImg=imread('SEM. png');
% orgImg=rgb2gray(orgImg);
[M,N]=size(orgImg);
pos1 = [0.05, 0.7, 0.4, 0.25];
pos2 = [0.50, 0.7, 0.4, 0.25];
subplot(3,2,1,'Position' ,pos1),imshow(orgImg);title('org Image');
subplot(3,2,2,'Position' ,pos2),imhist(orgImg);
teqImg = histeq(orgImg);
pos1 = [0.05, 0.40, 0.4, 0.25];
pos2 = [0.50, 0.40, 0.4, 0.25];
subplot(3,2,3,'Position' ,pos1),imshow(teqImg);title('Histeq Img');
subplot(3,2,4,'Position' ,pos2),imhist(teqImg);
% img=im2double(orgImg);
% orgImg=orgImg;
BlockSize=3;
% 求原图像的均值和标准差
img_mean=mean2(orgImg);
img_std=std2(orgImg);
localStatImg=orgImg;
% 扩展区域的行列数
len=floor(BlockSize/2);
% 对原图像进行扩展,此处采用了镜像扩展,目的是解决边缘计算的问题
img_pad=padarray(orgImg,[len,len],'symmetric');
[m,n]=size(img_pad);
% k_0是一个小于1.0正常数,k_1<k_2
k_0=0;
k_1=0.4;
k_2=0;
k_3=0.3;
E=4.0;
for i=1+len:m. 2*len
    for j=1+len:n. 2*len
        % 从扩展图像中,取出局部图像
        Block=img_pad(i. len:i+len,j. len:j+len);
        % 计算局部图像的均值和标准差
        Block_mean=mean2(Block);
        Block_std=std2(Block);
        % 测试局部图像的均值和标准差是否满足要求
        if Block_mean<=k_1*img_mean && Block_mean>=k_0*img_mean
            if Block_std>=k_2*img_std && Block_std<=k_3*img_std
                localStatImg(i,j)=E*orgImg(i,j);
```

```
        end
      end
    end
end
pos1 = [0. 05, 0. 10, 0. 4, 0. 25];
pos2 = [0. 50, 0. 10, 0. 4, 0. 25];
subplot(3,2,5,'Position' ,pos1),imshow(localStatImg);title('Local Hisstat Img');
subplot(3,2,6,'Position' ,pos2),imhist(localStatImg);
```

直方图统计进行局部图像增强效果，如图 6.12 所示。图 6.12（a）显示了一根绕在支架上的钨丝的 SEM（扫描电子显微镜）图像，图像中央的钨丝及其支架很清楚并容易分析，但右侧图像即图像的暗侧，有另一根钨丝，几乎不能察觉到，其大小和特征显然不容易分析。通过对比度操作进行局部增强是解决这类图像中包含部分隐含特征问题的理想方法。

在这种情况下，目前的问题是要增强暗色区域，同时尽可能使明亮区域不变，因为明亮区域并不需要增强。从全局直方图均衡化的效果［图 6.12（b）］中可以看出，暗色区域有了一点点改善，但是也不是很容易分辨，同时明亮区域也发生了一些变化。从局部直方图统计增强的效果［图 6.12（c）］中可以看到，暗色区域显示效果比之前好了很多，同时明亮区域被保留下来。

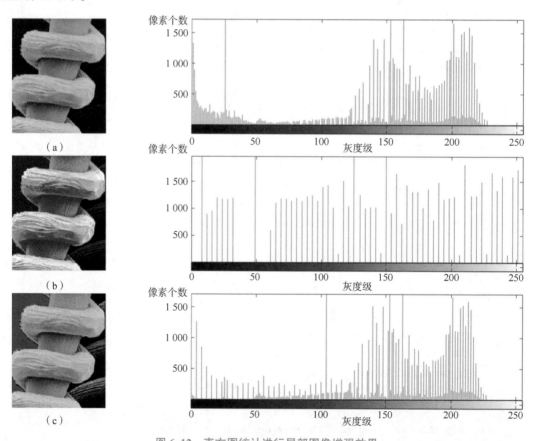

图 6.12　直方图统计进行局部图像增强效果

（a）原图像；（b）全局直方图均衡化的效果；（c）局部直方图统计增强的效果

6.6　图像平滑

图像平滑滤波用于模糊处理和降低噪声。模糊处理应用于图像预处理，去除图像中的一些细节信息。通过线性滤波或者非线性滤波模糊处理，可以降低噪声。

6.6.1　平滑分析

在图像产生、传输和复制过程中，图像常常会因为多方面情况而被噪声干扰或丢失数据，从而降低图像的质量（某一像素，如果它与周围像素点相比有明显的不同，则该点被噪声所干扰）。这就需要对图像进行一定的增强处理，以降低这些缺陷带来的影响。

图像平滑是一种邻域增强的算法，能减弱或消除图像中的高频率分量，但不影响低频率分量。这是因为高频率分量主要对应图像中的区域边缘等灰度值变化较大、较快的部分。平滑滤波将这些分量滤除可减少局部灰度起伏，使图像变得比较平滑。在实际应用中，平滑滤波还可用于消除噪声，或者在提取较大目标前，去除过小的细节或将目标内的小间断连接起来。它的主要目的是消除图像采集过程中的图像噪声。在空间域中，主要平滑算法有邻域平均法、中值滤波、多图像平均法、自适应滤波等。

6.6.2　邻域平均法

最简单的平滑滤波是将原图像中一个像素的灰度值和它周围邻近 8 个像素的灰度值相加，然后将求得的平均值（除以 9）作为新图像中该像素的灰度值。它采用模板计算的思想，模板操作实现了一种邻域运算，即某个像素的结果不仅与本像素灰度有关，而且与其邻域的像素值有关。邻域平均法的数学公式如下：

$$g(x,y) = \frac{1}{L} \sum_{(x,y) \in A} f(x,y) \tag{6.44}$$

式中，$f(x,y)$ 为给定的含有噪声的图像；$g(x,y)$ 为经过邻域平均处理后的图像；A 为所取邻域中各邻近像素的坐标；L 为邻域中包含的邻近像素的数目。

邻域平均法平滑时，邻域的选取通常有两种方式：以单位距离为半径；以单位距离的 $\sqrt{2}$ 倍为半径。以 3×3 窗口为例，当以单位距离为半径时，其邻域为

$$A_4 = \left| (x,y-1),(x-1,y),(x,y+1),(x+1,y) \right| \tag{6.45}$$

当以单位距离的 $\sqrt{2}$ 倍为半径时，其邻域为

$$A_8 = \left| (x-1,y-1)(x,y-1),(x+1,y-1),(x-1,y),(x+1,y),(x-1,y+1),(x,y+1),(x+1,y+1) \right|$$
$$\tag{6.46}$$

前者称为四点邻域，$L=4$；后者称为八点邻域，$L=8$（图 6.13）。

在实际应用中，也可以根据不同的需要选择使用不同的模板尺寸，如 3×3、5×5、7×7、9×9 等。邻域平均法是以图像模糊为代价来减小噪声的，且模板尺寸越大，噪声减小的效果越显著。如果 $f(x,y)$ 是噪声点，其邻近像素灰度与之相差很大，采用邻域平均法就是用邻

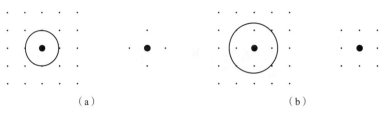

（a）　　　　　　　　　　　　　　（b）

图 6.13　邻域平均法的两种邻域
（a）四点邻域；（b）八点邻域

近像素的平均值来代替它，这样能明显减弱噪声点，使邻域中灰度接近均匀，起到平滑灰度的作用。因此，邻域平均法具有良好的噪声平滑效果，是最简单的一种平滑方法。

【例 6.8】　设原图像为 $f = \begin{bmatrix} 2 & 3 & 1 & 2 & 4 \\ 1 & 2 & 2 & 1 & 2 \\ 1 & 1 & 1 & 1 & 2 \\ 4 & 3 & 5 & 2 & 3 \\ 4 & 3 & 5 & 2 & 3 \end{bmatrix}$，对该图像进行均值滤波。

解：采用像素坐标系，对其进行基于 3×3 邻域的均值滤波处理。

以点（1,1）为例，对图中模板所覆盖像素进行运算，即图像 f 的左上角的 9 个元素，得

$$g(1,1) = \frac{1}{9}(2+3+1+1+2+2+1+1+1) = 2$$

对每一点进行同样的运算之后，计算结果按四舍五入调整，得最终结果为

$$g = \begin{bmatrix} 2 & 3 & 1 & 2 & 4 \\ 1 & 2 & 2 & 2 & 2 \\ 1 & 2 & 2 & 2 & 2 \\ 4 & 3 & 3 & 3 & 3 \\ 4 & 3 & 5 & 2 & 3 \end{bmatrix}$$

在运算中，对于边界像素（即周围不存在 3×3 邻域的像素点）未进行处理，保留了原值；也可以先在这些像素周围构建邻域，如重复边界像素，然后再进行处理。

【例 6.9】　对添加了椒盐噪声的图像进行 3×3 模板的八点邻域均值滤波。

解：程序如下。

```
orgImg = imread('LENA256. BMP');
orgImg = im2double(orgImg);
subplot(1,3,1),imshow(orgImg),title('org Image');
[M,N] = size(orgImg);
% 加入椒盐噪声并显示
noiseImg = imnoise(orgImg,'salt & pepper',0. 1);
subplot(1,3,2),imshow(noiseImg),title('Noise Img');
% 邻域平均法去噪
template = [1 1 1;1 1 1;1 1 1];                    % 默认模板
LL = sum(sum(template));
% 舍弃边缘信息
averImg = zeros(M. 2, N. 2);
```

```
for i = 2:M. 2
    for j = 2:N. 2
        subImg = orgImg(i. 1:i+1, j. 1:j+1);
        SUM = sum(sum(subImg. *template));
        ave = SUM/LL;
        averImg(i. 1, j. 1) = ave;
    end
end
subplot(1,3,3),imshow(averImg),title('NeighAver Img');
```

上述程序运行的结果，如图 6.14 所示。

图 6.14　邻域平均法图像平滑效果

（a）原图像；（b）椒盐噪声图像；（c）邻域平均法图像

6.6.3　中值滤波

中值滤波除了 5.6 节用于图像复原外，也是一种常用的去除噪声的非线性平滑滤波处理方法。其基本思想是用图像像素点的邻域灰度值的中值来代替该像素点的灰度值。

中值滤波主要功能是让周围像素灰度值的差比较大的像素改取与周围的像素值接近的值，从而可以消除孤立的噪声点。因此，中值滤波对于滤除图像的椒盐噪声非常有效。中值滤波可以做到既去除噪声，又能保护图像的边缘，从而获得较满意的复原效果，而且在实际运算过程中不需要图像的统计特性，这也带来不少方便。但是对一些细节多，特别是点线、尖顶细节较多的图像不宜采用中值滤波的方法。

如果希望强调中间点或距中间点最近的几个点的作用，则可采用加权中值滤波。其基本原理是改变窗口中变量的个数，可以使一个以上的变量等于同一点的值，然后对扩张后的数字求中值。这种方法比简单中值滤波能更好地从受噪声污染的图像中恢复阶跃边缘以及其他细节。

【例 6.10】　设原图像为 $f = \begin{bmatrix} 2 & 3 & 1 & 2 & 4 \\ 1 & 2 & 2 & 1 & 2 \\ 1 & 1 & 1 & 1 & 2 \\ 4 & 3 & 5 & 2 & 3 \\ 4 & 3 & 5 & 2 & 3 \end{bmatrix}$，对该图像进行中值滤波。

解：采用像素坐标系，对其进行基于 3×3 邻域的中值滤波处理。

以点（1，1）为例，对图中模板所覆盖像素进行运算，即对图像 f 的左上角的 9 个元素按值的大小顺序排列，取中间值，得

$$g = (1,1) = \text{med}\{2,3,1,1,2,2,1,1,1\} = 2$$

对每一点进行同样的运算之后，得到最终结果为

$$g = \begin{bmatrix} 2 & 3 & 1 & 2 & 4 \\ 1 & 2 & 1 & 2 & 2 \\ 1 & 2 & 2 & 2 & 2 \\ 4 & 3 & 2 & 2 & 3 \\ 4 & 3 & 5 & 2 & 3 \end{bmatrix}$$

【例 6.11】 使用 MATLAB 自带的中值滤波函数 medfilt2，对添加了椒盐噪声的图像进行平滑。

解：程序如下。

```
orgImg = imread('LENA256. BMP');
orgImg = im2double(orgImg);
subplot(1,3,1),imshow(orgImg),title('org Image');
% 加入椒盐噪声并显示
noiseImg = imnoise(orgImg,'salt & pepper',0.1);
subplot(1,3,2),imshow(noiseImg),title('Noise Img');
% 中值滤波去噪
medImg = medfilt2(noiseImg);
subplot(1,3,3),imshow(medImg),title('MediaFilter Img');
```

上述程序运行的结果，如图 6.15 所示。

（a） （b） （c）

图 6.15 中值滤波图像平滑效果

（a）原图像；（b）椒盐噪声图像；（c）中值滤波图像

6.6.4 多图像平均法

一幅含有椒盐噪声的图像，对于每个像素坐标点是没有关联的，其均值为零，可以采用多图像平均法去除图像中存在的噪声。

假设含有噪声的图像 $g(x,y)$，噪声为 $\eta(x,y)$，$f(x,y)$ 为原图像，使用下式表示为

$$g(x,y) = f(x,y) + \eta(x,y) \tag{6.47}$$

将有噪声的图像叠加起来，取其均值是多图像平均法的特点，最终实现图像的平滑。将含有不同种类噪声 M 幅内容相同的图像叠加起来，进行均值运算，使用下式表示为

$$\bar{g}(x,y) = \frac{1}{M}\sum_{j=0}^{M-1} g_j(x,y) \qquad (6.48)$$

由此可得

$$\begin{cases} m\,|\,\bar{g}(x,y)\,| = f(x,y) \\ \sigma_g^2(x,y) = \dfrac{1}{M}\sigma_n^2(x,y) \end{cases} \qquad (6.49)$$

式中，$m\,|\,\bar{g}(x,y)\,|$ 为 $\bar{g}(x,y)$ 的数学期望；$\sigma_g^2(x,y)$ 和 $\sigma_n^2(x,y)$ 为 $\bar{g}$ 和 n 在 (x,y) 坐标上的方差。

在平均图像中，任一点的均方差可由下式得到：

$$\sigma_g(x,y) = \frac{1}{\sqrt{M}}\sigma_n(x,y) \qquad (6.50)$$

从上式可以看出，随着像素值的增加，方差就会变小，通过平均计算结果使由噪声产生的灰度值偏差减小。如果噪声图像数目增多，那么在进行均值处理时就会很接近原图像。采用多图像平均法进行图像处理时，最大的难点是如何把多幅图像配准，使像素能正确对应排列。

对摄像机的视频图像进行处理时，常常采用多图像平均法，可以削减 CCD 器件或电视摄像机光电摄像管产生的噪声。对一个场景可以进行多幅图片的拍摄，接着对图像进行数字化处理，然后进行多幅图像的均值计算，一般选取 8 幅图像运算。多图像平均法在进行图像处理时有它特有的优势。

6.6.5　自适应中值滤波

单纯的平滑滤波可以去除噪声，但是会丢失很多图像的细节。最明显的就是让图像变得模糊，而自适应中值滤波可以达到在去除噪声的同时，又增加细节，使图像的增强效果达到最佳。

中值滤波是一种常用的图像增强滤波方法。常规中值滤波在噪声密度不是很大的情况下（根据经验，噪声出现的概率小于 0.2）效果不错，但是当噪声出现的概率较大时，常规的中值滤波的效果就不是很好了。有一个选择就是增大滤波器窗口的大小，这在一定程度上虽然能解决上述问题，但是会使图像更加模糊。

常规中值滤波的窗口尺寸是固定大小不变的，因而不能同时兼顾去噪和保护图像的细节，这时就要寻求一种改变，根据预先设定好的条件，在滤波的过程中，动态地改变滤波器的窗口尺寸大小，这就是自适应中值滤波。在滤波的过程中，自适应中值滤波会根据预先设定好的条件，改变滤波窗口的尺寸大小，同时还会根据一定的条件判断当前像素是不是噪声。如果是，则用邻域中值替换当前像素；如果不是，则不做改变。

自适应中值滤波有 3 个目的：

①滤除椒盐噪声；

②平滑其他非椒盐噪声；

③尽可能保护图像中细节信息，避免图像边缘的细化或者粗化。

自适应中值滤波不但能够滤除概率较大的椒盐噪声，而且能够更好地保护图像的细节，这是常规中值滤波做不到的。自适应中值滤波也需要一个矩形的窗口 S_{xy}，与常规中值滤波不同的是这个窗口的大小会在滤波处理的过程中进行改变（增大）。需要注意的是，滤波器输出的是一个像素值，该值用来替换点 (x,y) 处的像素值，而点 (x,y) 是滤波窗口的中心位置。

在描述自适应中值滤波时需要用到以下符号：

Z_{min} 为 S_{xy} 中的最小灰度值；

Z_{max} 为 S_{xy} 中的最大灰度值；

Z_{med} 为 S_{xy} 中的灰度值中值；

Z_{xy} 为坐标 (x,y) 处的灰度值；

S_{max} 为 S_{xy} 允许的最大窗口尺寸。

自适应中值滤波有两个处理过程，分别记为 A 和 B。

①过程 A。

计算：

$$A_1 = Z_{med} - Z_{min}$$
$$A_2 = Z_{med} - Z_{max}$$

如果 $A_1 > 0$ 且 $A_2 < 0$，跳转到过程 B，否则增大窗口的尺寸；如果增大后窗口的尺寸 $\leqslant S_{max}$，则重复过程 A，否则输出 Z_{med}。

②过程 B。

计算：

$$B_1 = Z_{xy} - Z_{min}$$
$$B_2 = Z_{xy} - Z_{max}$$

如果 $B_1 > 0$ 且 $B_2 < 0$，输出 Z_{xy}，否则输出 Z_{med}。

过程 A 的目的是确定当前窗口内得到的中值 Z_{med} 是否是噪声。如果 $Z_{min} < Z_{med} < Z_{max}$，则中值 Z_{med} 不是噪声，这时转到过程 B，测试当前窗口中心位置的像素 Z_{xy} 是否是一个噪声点。如果 $Z_{min} < Z_{xy} < Z_{max}$，则 Z_{xy} 不是一个噪声，此时滤波器输出 Z_{xy}；如果不满足上述条件，则可判定 Z_{xy} 是噪声，输出中值 Z_{med}（在 A 中已经判断出 Z_{med} 不是噪声）。

如果在过程 A 中，得到的 Z_{med} 不符合条件 $Z_{min} < Z_{med} < Z_{max}$，则可判断得到的中值 Z_{med} 是一个噪声。在这种情况下，需要增大滤波器的窗口尺寸，在一个更大的范围内寻找一个非噪声点的中值，直到找到一个非噪声的中值，跳转到 B；或者，窗口的尺寸达到了最大值，这时返回找到的中值，退出。

从上面分析可知，噪声出现的概率较小，自适应中值滤波可以较快地得出结果，不需要去增加窗口的尺寸。反之，噪声的概率较大，则需要增大滤波窗口尺寸。这也符合中值滤波的特点：噪声点比较多时，需要更大的滤波窗口尺寸。

【例 6.12】 使用自适应中值滤波算法，对添加了较大椒盐噪声的图像进行平滑，并和普通的中值滤波算法进行比较。

解：程序如下。

```
orgImg = imread('LENA256. BMP');
orgImg = im2double(orgImg);
subplot(2,2,1),imshow(orgImg),title('org Image');
% 加入椒盐噪声并显示
```

```
noiseImg=imnoise(orgImg,'salt & pepper',0.3);
subplot(2,2,2),imshow(noiseImg),title('Noise Img');
% 中值滤波去噪
medImg = medfilt2(noiseImg);
subplot(2,2,3),imshow(medImg),title('MediaFilter Img');
% 自适应中值滤波去噪
adapImg =noiseImg;
adapImg(:) = 0;
alreadyProcessed = false(size(noiseImg));        % 生成逻辑非的矩阵
Smax=7;
for k = 3:2:Smax
    zmin = ordfilt2(noiseImg, 1, ones(k, k), 'symmetric');
    zmax = ordfilt2(noiseImg,k*k,ones(k,k), 'symmetric');
    zmed = medfilt2(noiseImg, [k k], 'symmetric');
    processUsingLevelB = (zmed > zmin) & (zmax > zmed) & ...
        ~ alreadyProcessed;
    zB =(noiseImg >zmin) & (zmax> noiseImg);
    outputZxy = processUsingLevelB & zB;
    outputZmed = processUsingLevelB & ~ zB;
    adapImg(outputZxy) = noiseImg(outputZxy);
    adapImg(outputZmed) = zmed(outputZmed);
    alreadyProcessed= alreadyProcessed | processUsingLevelB;
    if all(alreadyProcessed(:))
        break;
    end
end
adapImg(~ alreadyProcessed) = zmed(~ alreadyProcessed);
subplot(2,2,4),imshow(adapImg),title('Adaptive Img');
```

上述程序运行结果，如图 6.16 所示。当椒盐噪声比较严重时，普通的中值滤波并不能完全去除［图 6.16（c）］，但是自适应中值滤波算法可以较好地达到去除噪声的效果。

（a）　　　　　　　　　　（b）

图 6.16　自适应中值滤波图像平滑效果

（a）原图像；（b）噪声图像

（c）　　　　　　　　　　（d）

图 6.16　自适应中值滤波图像平滑效果（续）

（c）中值滤波图像；（c）自适应中值滤波图像

6.7　图像锐化

图像锐化的目的是突出灰度的过渡部分，使模糊的图像变得更加清晰。图像锐化应用广泛，包括电子印刷、医学成像、工业检测以及军事系统的制导等。

图像锐化有很多方法。例如，针对平均或积分运算使图像模糊，可逆其道而采取微分运算；使用高通滤波器优化高频分量，抑制低频分量，提高图像边界清晰度等。

6.7.1　梯度法

梯度法是图像处理中最常用的一阶微分方法。在 4.3.3 节中，对梯度法有详细的定义。

普通梯度算子是沿水平轴和垂直轴两个方向的微分和，如图 6.17（a）所示。而 Roberts 算子是取选择 45°两个方向的微分和，如图 6.17（b）所示。

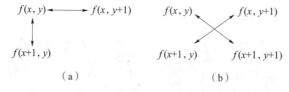

（a）　　　　　　　　　　（b）

图 6.17　梯度算子的两种差分算法

（a）普通算子；（b）Roberts 算子

知道了梯度 $G[f(x,y)]$ 后，有下面几种方法确定锐化的输出 $g(x,y)$。

①直接以梯度值代替。

$$g(x,y)=G[f(x,y)] \tag{6.51}$$

这种方法简单，但在 $f(x,y)$ 均匀的区域，其梯度值 $G[f(x,y)]$ 很小（极端情况下甚至为 0），会表现暗特性，在有些场合不适宜。

②辅以门限判断。

$$g(x,y) = \begin{cases} G[f(x,y)] & (G[f(x,y)] \geq T) \\ f(x,y) & (\text{其他}) \end{cases} \qquad (6.52)$$

这种方法基本上不破坏图像的背景，又可以增强边缘。

③给边缘规定一个特定的灰度级。

$$g(x,y) = \begin{cases} L_G & (G[f(x,y)] \geq T) \\ f(x,y) & (\text{其他}) \end{cases} \qquad (6.53)$$

其中，L_G 是根据需要指定的一个灰度级，它将明显边缘用一个固定的灰度级 L_G 来实现。

④给背景规定特定的灰度级。

$$g(x,y) = \begin{cases} G[f(x,y)] & (G[f(x,y)] \geq T) \\ L_G & (\text{其他}) \end{cases} \qquad (6.54)$$

该方法将背景用一个固定的灰度级 L_G 来实现，便于研究边缘灰度的变化。

⑤二值图像。

$$g(x,y) = \begin{cases} L_G & (G[f(x,y)] \geq T) \\ L_B & (\text{其他}) \end{cases} \qquad (6.55)$$

该方法将背景和边缘用二值图像表示，便于研究边缘所在位置。

【例 6.13】 使用梯度法计算图像的梯度，并将大于或等于 7 的梯度认为是边缘。

解：程序如下。

```
orgImg = imread('LENA256. BMP');
[M,N] = size(orgImg);
subplot(1,2,1),imshow(orgImg),title('org Image');
% 计算梯度
[Gx,Gy] = gradient(double(orgImg));
G = sqrt(Gx. * Gx+Gy. * Gy);              % 水平垂直差分
J = zeros(M* N,1);
K = find(G>=7);
J(K) = 255;
gradImg = reshape(J,M,N);
subplot(1,2,2),imshow(gradImg),title('Gradient Img');
```

上述程序运行的结果，如图 6.18 所示。

（a）　　　　　　　　（b）

图 6.18　梯度法图像锐化效果

（a）原图像；（b）梯度法图像

6.7.2 拉普拉斯算子

拉普拉斯（Laplacian）算子是线性二次微分算子，与梯度算子一样具有旋转不变性，从而满足了不同方向的图像边缘锐化要求，其获得的边界比较细，包括较多的细节信息，但边界不清晰。

拉普拉斯算子的定义 $\nabla^2 f(x,y)$ 参见 4.3.1 节。

拉普拉斯算子锐化时，其锐化输出为

$$g(x,y)=f(x,y)-\nabla^2 f(x,y) \tag{6.56}$$

离散图像 $f(x,y)$ 经过拉普拉斯算子锐化后，具有以下的一些特性。

①在灰度级均匀区间或灰度级斜坡部分，$\nabla^2 f(x,y)=0$。

②在灰度级斜坡的顶部或底部均不为 0，且底部形成灰度级 "下冲"，顶部形成灰度级 "上冲"。

③灰度级界线的低灰度级一侧形成灰度级 "下冲"，而界线的高灰度级一侧形成灰度级 "上冲"。

④正是这些 "下冲" 与 "上冲" 过程增加了灰度级坡度的陡度，勾画出图像区域的外部轮廓。

【例 6.14】 设有数字图像 $f(i,j)=1\times n$，其各点的灰度级如下列所示：…，0，0，0，1，2，3，4，5，5，5，5，5，5，6，6，6，6，6，6，3，3，3，3，3，…。计算 $\nabla^2 f$ 及锐化后的各点灰度级 g（设 $k=1$）。

解：①计算各点的 $\nabla^2 f$。

例如第 3 点：$\nabla^2 f=-3\left[0-\dfrac{1}{3}(0+0+1)\right]=1$

$\vdots$

第 8 点：$\nabla^2 f=-3\left[5-\dfrac{1}{3}(4+4+5)\right]=-1$

$\vdots$

各点拉普拉斯算子如下：

…，0，0，1，0，0，0，0，-1，0，0，0，0，1，-1，0，0，0，0，-3，3，0，0，0，…。

②按式（6.56）计算得 $g(x,y)=f(x,y)-\nabla^2 f(x,y)$。

例如第 3 点：$g=f-\nabla^2 f=0-1=-1$

$\vdots$

第 8 点：$g=5-(-1)=6$

$\vdots$

锐化后各点的灰度值如下：

…，0，0，$\underline{-1}$，1，2，3，4，6，5，5，5，5，4，7，6，6，6，6，9，0，3，3，3，…。

③从以上例子可以看出，在灰度级斜坡底部（如第 3 点）和界线的低灰度级侧（如第 13、20 点）形成 "下冲"。在灰度级斜坡顶部（如第 8 点）和界线的高灰度级侧（如第 14、19 点）形成 "上冲"。在灰度级平坦区域（如第 9~12 点，第 15~18 点），运算前后没有变化。

6.7.3　高通滤波

图像的边缘与频率域中的高频分量相对应。高通滤波让高频分量畅通无阻，同时抑制低频分量，从而达到图像锐化的目的。

建立在离散卷积基础上的空间域高通滤波关系式为

$$g(u,v)=\sum_x \sum_y F(x,y)\boldsymbol{H}(u-x+1,v-y+1) \tag{6.57}$$

式中，$g(u,v)$ 为锐化输出；$f(x,y)$ 为输入图像；$\boldsymbol{H}(u-x+1,v-y+1)$ 为冲激响应阵列（卷积阵列）。

常用的 5 种归一化冲激响应阵列为

$$\boldsymbol{H}_1=\begin{bmatrix} 0 & -1 & 0 \\ -1 & 5 & -1 \\ 0 & -1 & 0 \end{bmatrix} \tag{6.58}$$

$$\boldsymbol{H}_2=\begin{bmatrix} -1 & -1 & -1 \\ -1 & 9 & -1 \\ -1 & -1 & -1 \end{bmatrix} \tag{6.59}$$

$$\boldsymbol{H}_3=\begin{bmatrix} 1 & -2 & 1 \\ -2 & 5 & -2 \\ 1 & -2 & 1 \end{bmatrix} \tag{6.60}$$

$$\boldsymbol{H}_4=\frac{1}{7}\begin{bmatrix} -1 & -2 & -1 \\ -2 & 19 & -2 \\ -1 & -2 & -1 \end{bmatrix} \tag{6.61}$$

$$\boldsymbol{H}_5=\frac{1}{2}\begin{bmatrix} -2 & 1 & -2 \\ 1 & 6 & 1 \\ -2 & 1 & -2 \end{bmatrix} \tag{6.62}$$

【例 6.15】　利用上面的 5 种归一化冲激响应阵列，分别计算对应的高斯滤波。

解：程序如下。

```
orgImg = imread('LENA256. BMP');
subplot(2,3,1),imshow(orgImg),title('org Image');
orgImg = double(orgImg);
H1 = [ 0  .1  0; .1 5 .1;  0  .1  0];
H2 = [.1  .1 .1; .1 9 .1;  .1  .1 .1];
H3 = [1  .2  1; .2 5 .2;  1  .2  1];
H4 = 1/7. * [.1 .2 .1; .2 19 .2; .1 .2 .1];
H5 = 1/2. * [.2  1 .2;  1  6  1; .2  1 .2];
H  = cat(3, H1, H2, H3, H4, H5);
for i = 1:5
   gaussImg = conv2(orgImg, H(:,:,i),'same');
   subplot(2,3,i+1),imshow(gaussImg),title(['Gauss(H', num2str(i), ') Img']);
end
```

上述程序运行结果，如图 6.19 所示。

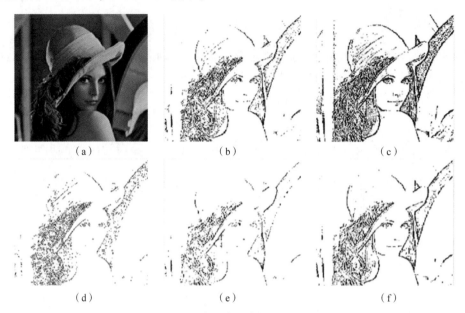

图 6.19　高斯滤波图像锐化效果

（a）原图像；（b）高斯滤波（H_1）图像；（c）高斯滤波（H_2）图像；（d）高斯滤波（H_3）图像；

（e）高斯滤波（H_4）图像；（f）高斯滤波（H_5）图像

6.7.4　掩模匹配法

掩模匹配法就是事先准备好 8 个方向、大小为 3×3 的掩模，锐化时顺序作用于同一个图像窗口，如图 6.20 所示。对每一个掩模，将窗口内各像素灰度值分别乘以该掩模相应的矩阵元素，对积求累加和并以 $NUM_i(i=0,1,2,\cdots,7)$ 表示。将 NUM_i 排序，最大 NUM_i 即是窗口中心像素的锐化输出，NUM_i 所对应的模板的方向就是此窗口中心像素的方向。

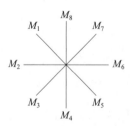

图 6.20　掩模方向定义

典型空间域边缘检测模板有 3 种，即 Robison 掩模（图 6.21）、Prewitt 掩模（图 6.22）和 Kirsch 掩模（图 6.23）。同一图像，3 种掩模锐化的结果并不完全一样。使用中可以通过人机交互方式予以选择比较，择优采用，即选择匹配最佳的掩模作为当前掩模。

与梯度和拉普拉斯算子相比较，掩模匹配除了能增强图像边缘外，还具有平滑图像噪声的优点，因此从总体上要优于梯度和拉普拉斯算子；但不足的是计算量要大于前二者。

$$M_0 \qquad\qquad M_1 \qquad\qquad M_2 \qquad\qquad M_3$$

M_0			M_1			M_2			M_3		
1	2	1	2	1	0	1	0	−1	0	−1	−2
0	0	0	1	0	−1	2	0	−2	1	0	−1
−1	−2	−1	1	−1	−2	1	0	−1	2	1	0

M_4			M_5			M_6			M_7		
−1	−2	−1	−2	−1	0	−1	0	1	0	1	2
0	0	0	−1	0	1	−2	0	2	−1	0	1
1	2	1	0	1	2	−1	0	1	−2	−1	0

图 6.21　Robison 掩模

M_0			M_1			M_2			M_3		
1	1	1	1	1	1	1	1	−1	1	−1	−1
1	−2	1	1	−2	−1	1	−2	−1	1	−2	−1
−1	−1	−1	1	−1	−1	1	1	−1	1	1	1

M_4			M_5			M_6			M_7		
−1	−1	−1	−1	−1	1	−1	1	1	1	1	1
1	−2	1	−1	−2	1	−1	−2	1	−1	−2	1
1	1	1	0	1	1	−1	1	1	−1	−1	1

图 6.22　Prewitt 掩模

M_0			M_1			M_2			M_3		
5	5	5	5	5	−3	5	−3	−3	−3	−3	−3
−3	0	−3	5	0	−3	5	0	−3	5	0	−3
−3	−3	−3	−3	−3	−3	5	−3	−3	5	5	−3

M_4			M_5			M_6			M_7		
−3	−3	−3	−3	−3	−3	−3	−3	5	−3	5	5
−3	0	−3	−3	0	5	−3	0	5	−3	0	5
5	5	5	−3	5	5	−3	−3	5	−3	−3	−3

图 6.23　Kirsch 掩模

【例 6.16】　写出频率域拉普拉斯算子的传递函数，并说明掩膜矩阵 $\boldsymbol{M} = \begin{bmatrix} 0 & -1 & 0 \\ -1 & 5 & -1 \\ 0 & -1 & 0 \end{bmatrix}$ 对

图像 $f(x,y)$ 的卷积与拉普拉斯算子对图像 $f(x,y)$ 运算结果之间的关系。

解：①
$$g(x,y) = \nabla^2 f(x,y)$$
$$G(u,v) = F(g(x,y)) = F(\nabla^2 f(x,y))$$
$$= F\left\{\frac{\partial^2 f}{\partial x^2} + \frac{\partial^2 f}{\partial y^2}\right\} = F\left\{\frac{\partial^2 f}{\partial x^2}\right\} + F\left\{\frac{\partial^2 f}{\partial y^2}\right\}$$
$$= (\text{j}2\pi u)^2 F(u,v) + (\text{j}2\pi v)^2 F(u,v)$$
$$= -(2\pi)^2 (u^2 + v^2) F(u,v)$$

因此，频率域拉普拉斯算子的传递函数 $H = -(2\pi)^2 (u^2 + v^2)$。

②掩膜矩阵 $\boldsymbol{M}$ 相当于原图像与拉普拉斯算子运算之差，因为
$$\nabla^2 f(x,y) = f(i-1,j) + f(i+1,j) + f(i,j-1) + f(i,j+1) - 4f(i,j)$$
拉普拉斯算子为

$$\begin{bmatrix} 0 & 1 & 0 \\ 1 & -4 & 1 \\ 0 & 1 & 0 \end{bmatrix}$$

所以

$$\boldsymbol{M} = \begin{bmatrix} 0 & -1 & 0 \\ -1 & 5 & -1 \\ 0 & -1 & 0 \end{bmatrix} = \begin{bmatrix} 0 & 0 & 0 \\ 0 & 1 & 0 \\ 0 & 0 & 0 \end{bmatrix} - \begin{bmatrix} 0 & 1 & 0 \\ 1 & -4 & 1 \\ 0 & 1 & 0 \end{bmatrix}$$

【例 6.17】 分别在 Robison 掩模、Prewitt 掩模、Kirsch 掩模中计算图像锐化的效果。

解： 程序如下。

```
orgImg = imread('focus. png');
subplot(2,2,1), imshow(orgImg), title('org Image');
orgImg = double(orgImg);
tempName = ['Robison' , 'Prewitt' , 'Kirsch'];
M1 = [ 1  2  1; 0  0  0; . 1 . 2 . 1];
M2 = [ 1  1  1; . 1 . 2  1; . 1 . 1 . 1];
M3 = [ 5  5  5; . 3  0 . 3; . 3 . 3 . 3];
matchImg = conv2(orgImg, M1, 'same');
subplot(2,2,2), imshow(matchImg), title([' Robison Img']);
matchImg = conv2(orgImg, M2, 'same');
subplot(2,2,3), imshow(matchImg), title(['Prewitt Img']);
matchImg = conv2(orgImg, M3, 'same');
subplot(2,2,4), imshow(matchImg), title(['Kirsch Img']);
```

上述程序运行的结果，如图 6.24 所示。

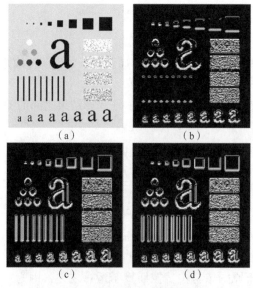

（a） （b）

（c） （d）

图 6.24 模板匹配图像锐化效果

（a）原图像；（b）Robison 掩模图像；（c）Prewitt 掩模图像；（d）Kirsch 掩模图像

6.7.5 统计差值法

统计差值法是利用图像的局部统计特性（均值和方差）对图像边界进行锐化的方法。其基本思路为：

在离散图像 f 中，令点 (x,y) 处的灰度值为 $f(x,y)$，以 (x,y) 为中心，$(2r+1)(2s+1)$ 区域（图 6.25）内的灰度均值为 $m\{f(x,y)\}$，方差为 σ^2，其中 r、s 是大于零的整数，则有

$$\begin{cases} m\{f(x,y)\} = \dfrac{1}{(2r+1)(2s+1)} \displaystyle\sum_{m=x-r}^{x+r} \sum_{n=y-s}^{y+s} f(m,n) \\ \sigma^2(x,y) = \dfrac{1}{(2r+1)(2s+1)} \displaystyle\sum_{m=x-r}^{x+r} \sum_{n=y-s}^{y+s} [f(m,n) - m\{f(x,y)\}]^2 \end{cases} \tag{6.63}$$

(x,y) 点的锐化输出为

$$g(x,y) = \frac{f(x,y)}{\sigma(x,y)} \tag{6.64}$$

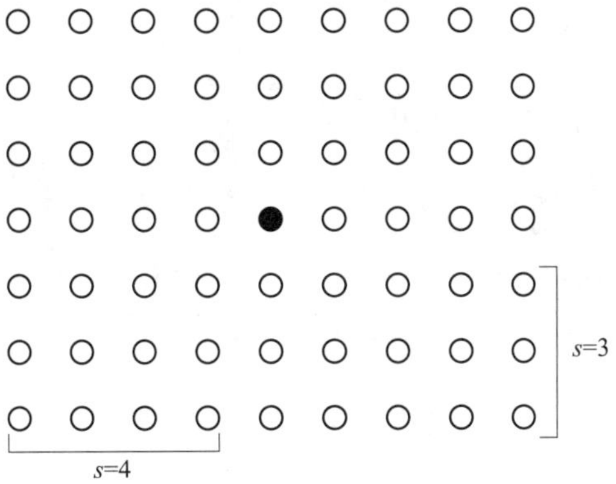

图 6.25 区域示意图

【例 6.18】 通过计算图像的统计差值（均值和方差）特性，对图像边界进行锐化。

解： 程序如下。

```
orgImg = imread('LENA256. BMP');
subplot(1,2,1),imshow(orgImg),title('org Image');
% 基于局部均方差增强图像
% 计算图像的均值和方差
GlobalMean = mean2(orgImg);
GlobalVar = std2(orgImg). ^2;
BlockSize = 3;
len = floor(BlockSize/2);
statPad = padarray(orgImg,[len,len], 'symmetric');
[statPadRow, statPadCol] = size(statPad);
enhancePad = statPad;
for i = len+1:statPadRow. len
    for j = len+1:statPadCol . len
```

```
        block = statPad(i. len:i+len,j. len:j+len);
        blockMean = mean2(block);
        blockVar = std2(block). ^2;
        CG = GlobalVar/blockVar;
        if CG>4
            CG = 4;
        end
        enhancePad(i,j) = uint8( blockMean + CG*(statPad(i,j) . blockMean));
      end
    end
    statImg = enhancePad(len:end. len, len:end. len);
    subplot(1,2,2),imshow(statImg),title(['StatDiff Img' ]);
```

上述程序运行的结果，如图 6.26 所示。

（a） （b）

图 6.26 统计差值法图像锐化效果

（a）原图像；（b）统计差值法图像

习题六

6.1 数字图像中常见的噪声主要有哪几种，分别有什么特点？

6.2 列举常用的图像统计特性，并说明它们的概念和计算方法。

6.3 请描述直方图均衡化的概念及处理的主要步骤。

6.4 请描述直方图规定化的概念及处理的主要步骤。

6.5 对数字图像直方图均衡化处理，为什么一般情况下无法得到完全平坦的直方图？

6.6 请描述图像平滑和图像锐化的概念，并论述它们之间有何区别与联系？

6.7 图像平滑的主要用途是什么？该操作对图像质量会有什么负面影响？

6.8 若对一幅数字图像进行直方图均衡化处理，第二次直方图均衡化的结果与第一次直方图均衡化的处理结果是否相同？请分析原因。

习题六答案

6.9 给出对矩阵 $f = \begin{bmatrix} 1 & 1 & 8 & 1 & 1 \\ 1 & 1 & 8 & 1 & 1 \\ 8 & 8 & 8 & 8 & 8 \\ 1 & 1 & 8 & 1 & 1 \\ 1 & 1 & 8 & 1 & 1 \end{bmatrix}$ 采用 3×3 窗口进行中值滤波的滤波结果（注：采

用复制最上一行、最下一行、最左一列、最右一列的方法补齐四周像素）。

6.10 给定一幅 64×64 的 8 级灰度图像，其灰度级分布如表 6.4 所示，对其进行直方图均衡化。

表 6.4 题 6.10 表

r_k	0	1/7	2/7	3/7	4/7	5/7	6/7	1
n_k	790	1 023	850	656	329	245	122	81
$p_r(r_k)$	0.19	0.25	0.21	0.16	0.08	0.06	0.03	0.02

6.11 编写程序，对一幅灰度图像添加高斯噪声，然后分别利用 3×3 模板的八点邻域平均法、5×5 模板的四点邻域平均法对噪声图像进行图像平滑处理。

6.12 编写程序，读取一幅灰度图像，使用 Robison 掩模的 8 种模板对图像进行边缘检测，并分析不同模板边缘检测的效果。

第 7 章

彩色图像处理

在实际应用中，经常将一幅 RGB（红绿蓝）图像中的颜色表示为 R、G、B 值，或间接将一幅索引图像中的彩色表示为 R、G、B 值（彩色映射以 RGB 格式存储）。然而，某些彩色空间（也称为彩色模型）在有些应用中可能比 RGB 模型更方便。这些模型是 RGB 模型的变换，如 YCbCr、HSV、CMY、CMYK、HSI 彩色空间。

本章主要介绍计算机的颜色模型、伪彩色图像处理、全彩色图像处理等内容。

7.1 计算机的颜色模型

计算机的颜色模型就是用一组数值来描述颜色的数学模型。例如编码时最常见的 RGB 模型，就是用 R、G、B 3 个数值来描述颜色。在彩色图像处理中，选择合适的颜色模型是很重要的。从应用的角度来看，颜色模型分为两类，即面向硬件的颜色模型和面向视觉感知的颜色模型。

7.1.1 面向硬件的颜色模型

以最常见的 RGB 模型为例引入面向硬件的颜色模型，一组确定的 R、G、B 数值，在一个液晶屏上显示，最终会作用到三色 LED 上。这样一组值在不同设备上解释时，得到的颜色可能并不相同。再比如，CMYK 模型也需要依赖设备解释。常见的设备相关模型有 RGB、CMY、CMYK、YUV、YCbCr 等。这类颜色模型主要用于设备显示、数据传输等。

1. RGB 模型

最典型、最常用的面向硬件的颜色模型是三原色模型，即 RGB 模型。电视、摄像机、显示器和彩色扫描仪都是根据 RGB 模型工作的。显示器系统（如彩色阴极射线管、彩色光栅图形的显示器）都使用 R、G、B 数值来驱动红、绿、蓝电子枪发射电子，并分别激发荧光屏上的红、绿、蓝 3 种颜色的荧光粉，使其发出不同亮度的光线，并通过相加混合产生各种颜色。扫描仪也是通过吸收原稿经反射或透射而发来的光线中的红、绿、蓝成分，并用它来表示原稿的颜色。RGB 颜色空间称为与设备相关的颜色空间，因为不同的扫描仪扫描同一幅图像，会得到不同的颜色图像数据；不同型号的显示器显示同一幅图像，也会有不同的颜色显示结果。

RGB 模型建立在笛卡尔坐标系统里，其中 3 个坐标轴分别代表 R、G、B，如图 7.1 所示。RGB 模型是一个立方体，原点对应黑色，离原点最远的顶点对应白色。RGB 是相加色，是基于光的叠加的，红光加绿光加蓝光等于白光。从理论上来讲，任何一种颜色都可用三原色按不同的比例混合得到。它们的比例不同，看到的颜色也就不同。

RGB 模型表示的图像由 3 个分量图像组成，每种原色对应一幅分量图像。当送入 RGB 监视器时，这 3 幅图像在屏幕上混合生成一幅合成的彩色图像。考虑一幅 RGB 图像，其中每一幅 RGB 图像都是一幅 8 比特图像。在这种情况下，可以说每个 RGB 彩色像素有 24 比特的深度。在 24 比特 RGB 图像中，颜色总数是 $(2^8)^3 = 16\ 777\ 216$。RGB 空间图和 RGB 彩色空间图，如图 7.1 所示。

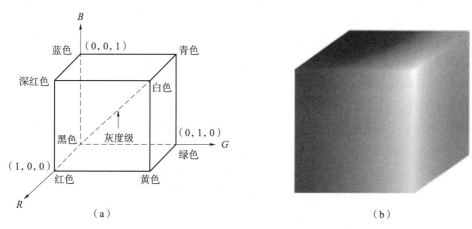

图 7.1　RGB 模型（附彩插）

(a) RGB 空间图；(b) RGB 彩色空间图

RGB 颜色空间的主要缺点是不直观，从 R、G、B 的值中很难知道该值所代表颜色的认知属性，因此 RGB 颜色空间不符合人对颜色的感知心理。另外，RGB 颜色空间是最不均匀的颜色空间之一，两种颜色之间的视觉差异不能采用该颜色空间中两个颜色点之间的距离来表示。

2. CMY/CMYK 模型

用彩色墨水或颜料进行混合，得到的颜色称为相减色。从理论上来说，任何一种颜色都可以用 3 种基本颜料按一定比例混合得到。这 3 种颜色是青色（Cyan）、品红（Magenta）和黄色（Yellow），通常写成 CMY，称为 CMY 模型。用这种方法产生的颜色之所以称为相减色，是因为它减少了为视觉系统识别颜色所需要的反射光。RGB 和 CMY 模型的示意图，如图 7.2 所示。

大多数在纸上沉积彩色颜料的设备，如彩色打印机和复印机采用的就是这种原理。CMY 模型和 RGB 模型可以进行相互转换，假设图像颜色都已经归一化到范围 [0, 1]，则有

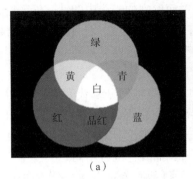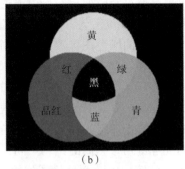

图 7.2　RGB 和 CMY 模型的示意图（附彩插）

(a) RGB 模型；(b) CMY 模型

$$\begin{bmatrix} C \\ M \\ Y \end{bmatrix} = \begin{bmatrix} 1 \\ 1 \\ 1 \end{bmatrix} - \begin{bmatrix} R \\ G \\ B \end{bmatrix} \Rightarrow \begin{bmatrix} R \\ G \\ B \end{bmatrix} = \begin{bmatrix} 1 \\ 1 \\ 1 \end{bmatrix} - \begin{bmatrix} C \\ M \\ Y \end{bmatrix} \tag{7.1}$$

上式表明，涂有青色颜料的表面所反射的光中不包含红色（C．1．R）。类似地，纯深红色不反射绿色，纯黄色不反射蓝色。其实，R、G、B 值可以很容易通过 1 减去 C、M、Y 值得到。在实际图像处理中，这种彩色模型主要用于产生硬拷贝输出，依次从 CMY 到 RGB 的反向操作通常没有实际意义。

在实际应用中，由于彩色墨水和颜料的化学特性，用等量的三原色得到的黑色不是真正的黑色，因此在印刷术中常加一种真正的黑色（Black Ink），于是变成了 CMYK 颜色模型。出版商提到的"四色打印"实际上是指 CMY 颜色模型的 3 种原色再加上黑色。因为黑白打印较多，直接使用黑色原料不仅成本少，而且颜色比较纯。

CMY/CMYK 颜色空间是和设备或印刷过程相关的，不同的工艺方法、油墨、纸张等，都会有不同的印刷结果。因此，CMY/CMYK 颜色空间称为与设备有关的表色空间。同时，CMYK 具有多值性，也就是说，对同一种具有相同绝对色度的颜色，在相同的印刷过程前提下，可以用 CMYK 数字组合表现和印刷。这种特性给颜色管理带来很多麻烦，同样也给控制带来很多的灵活性。在印刷过程中，必然要经过一个分色的过程。分色就是将计算机中使用的 RGB 颜色转换成印刷使用的 CMYK 颜色。在转换过程中存在着两个复杂的问题：一是这两个颜色空间在表现颜色的范围上不完全一样，RGB 色域较大，而 CMYK 色域较小，因此就要进行色域压缩；二是这两个颜色都是和具体的设备相关的，颜色本身没有绝对性，因此就需要通过一个与设备无关的颜色空间来进行转换，即可以通过 XYZ 或 Lab 模型来进行转换。

3. YUV 模型

YUV 模型是欧洲电视系统采用的一种颜色编码方法。采用 YUV 颜色空间的重要性在于它的亮度信号 Y 和色度信号 U、V 是分离的。如果只有 Y 信号分量而没有 U、V 信号分量，那么这样表示的图像就是黑白灰度图像。彩色电视采用 YUV 颜色空间正是为了用亮度信号 Y 解决彩色电视与黑白电视的兼容问题，使黑白电视也能接收彩色电视信号。其中，Y 表示亮度（Luminance 或 Luma），也就是灰阶值；U 和 V 表示色度（Chrominance 或 Chroma），作用是描述影像色调及饱和度，用于指定像素的颜色。亮度是通过 RGB 输入信号建立的，方法是将 RGB 信号的特定部分叠加到一起。色度则定义了颜色的两个方面——色调与饱和度，分别用 C_r 和 C_b 表示。其中，C_r 反映的是 RGB 输入信号红色部分与 RGB 信号亮度值之间的差异；C_b 反映的是 RGB 输入信号蓝色部分与 RGB 信号亮度值之间的差异。YUV 和 RGB 互相转换公式如式（7.2）和式（7.3）所示：

$$\begin{cases} Y= 0.299R+0.587G+0.114B \\ U=-0.147R-0.289G+0.436B \\ V= 0.615R-0.515G-0.110B \end{cases} \tag{7.2}$$

$$\begin{cases} R=Y+1.14V \\ G=Y-0.39U-0.58V \\ B=Y+2.03U \end{cases} \tag{7.3}$$

7.1.2　面向视觉感知的颜色模型

面向视觉感知的颜色模型是基于人眼对色彩感知的度量建立的数学模型，如 HSV/HSB、HSI/HSL、XYZ、Lab 模型等。这些颜色模型主要用于计算和测量。

1. HSV 模型

RGB 系统与人眼强烈感知红、绿、蓝三原色的事实能很好地匹配，但 RGB 模型和 CMY/CMYK 模型不能很好地适应实际颜色。

HSV（Hue，Saturation，Value）表示色调（也称色相）、饱和度和亮度，又称 HSB（其中的 B 即 Brightness）。HSV 模型被人们用来从调色板或颜色板中挑选颜色（如颜料、墨水等）。HSV 模型可以用一个倒立的圆锥体来描述，如图 7.3 所示。

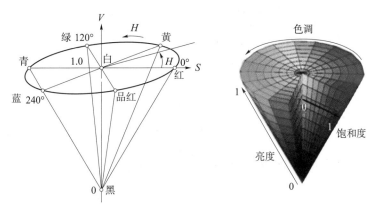

图 7.3　HSV 模型（附彩插）

顶面是一个圆形，H 方向表示色调的变化，从 0°～360°是可见光的全部色谱。从红色开始按逆时针方向计算，红色为 0°，绿色为 120°，蓝色为 240°。它们的补色是黄色为 60°，青色为 180°，品红为 300°。6 种颜色之间相隔 60°。

由中心向圆边界方向（S 方向）表示颜色的饱和度变化，取 0.100% 的数值。越接近边缘，颜色饱和度越高，处于圆边界上的颜色是饱和度最高的颜色，即 $S=1$；处于圆心的颜色饱和度为 0，即 $S=0$。

圆锥体的高（中心轴）用 V 表示。它从下到上表示一条由黑到白的灰度，V 的底端是黑色，$V=0$；V 的顶端是白色，$V=1$。

圆锥的顶点处，$V=0$，H 和 S 无定义，代表黑色。圆锥的顶面中心处 $V=\max$，$S=0$，H 无定义，代表白色。

假设 max 为 R、G、B 中的最大值，min 为最小值，RGB 向 HSV 转换的公式如下：

$$
\begin{cases}
H = \begin{cases}
0° & (\max = \min) \\
60° \times \dfrac{G-B}{\max-\min} & (\max = R \ 且 \ G \geqslant B) \\
60° \times \dfrac{G-B}{\max-\min} + 360° & (\max = R \ 且 \ G < B) \\
60° \times \dfrac{B-R}{\max-\min} + 120° & (\max = G) \\
60° \times \dfrac{B-R}{\max-\min} + 240° & (\max = B)
\end{cases} \\[2ex]
S = \begin{cases}
0 & (\max = 0) \\
\dfrac{\max-\min}{\max} & (其他)
\end{cases} \\[2ex]
V = \max
\end{cases}
\tag{7.4}
$$

而 HSV 向 RGB 转换的公式如下：

$$
\begin{cases}
h_i \equiv \left(\dfrac{H}{60} \right) (\bmod 6) \\
f = \dfrac{H}{60} - h_i \\
p = V \times (1-S) \\
q = V \times (1 - f \times S) \\
t = V \times [1 - (1-f) \times S] \\
(R,G,B) = \begin{cases}
(V,t,p) & (h_i = 0) \\
(q,V,p) & (h_i = 1) \\
(p,V,t) & (h_i = 2) \\
(p,q,V) & (h_i = 3) \\
(t,p,V) & (h_i = 4) \\
(V,p,q) & (h_i = 5)
\end{cases}
\end{cases}
\tag{7.5}
$$

2. HSI 模型

HSI（Hue，Saturation，Intensity）表示色调、饱和度和强度，又称 HSL（其中的 L 即亮度 Lightness/Luminance）。HSI 模型是美国色彩学家孟塞尔（H. A. Munseu）于 1915 年提出的。它反映了人的视觉系统感知彩色的方式，以色调、饱和度和强度 3 种基本特征量来感知颜色。

HSI 模型类似于 HSV 模型。HSI 模型更好地反映了"饱和度"和"强度"作为两个独立参数的直觉观念。但是有另外的观点认为，它的饱和度定义是错误的，因为非常柔和的几乎白色的颜色在 HSI 模型中可以被定义为是完全饱和的。在 HSI 模型中，饱和度分量总是从完全饱和色变化到等价的灰色（在 HSV 模型中，当 V 为极大值时，饱和度从全饱和色变化到白色）。HSI 模型可从彩色图像中携带的彩色信息（色调和饱和度）中消去强度分量的影响。HSI 模型的建立基于两个重要的事实：一是 I 分量与图像的彩色信息无关；二是 H 和 S 分量与人感受颜色的方式是紧密相连的。这些特点使 HSI 模型非常适合彩色特性检测与分析。

HSI 模型和 HSV 模型如图 7.4 所示。

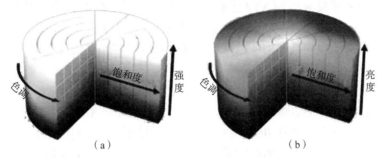

（a）　　　　　　　　　　　　　（b）

图 7.4　HSI 模型和 HSV 模型（附彩插）

（a）HSI 模型；（b）HSV 模型

RGB 向 HSI 转换的公式如下：

$$\begin{cases} \theta = \arccos \dfrac{[(R-G)+(R-B)]/2}{\sqrt{(R-G)^2+(R-B)(G-B)}} \\ \begin{cases} I = \dfrac{R+G+B}{3} \\ S = 1 - \dfrac{3}{R+G+B}[\min(R,G,B)] \\ H = \begin{cases} \theta & (G \geqslant B) \\ 360-\theta & (G < B) \end{cases} \end{cases} \end{cases} \tag{7.6}$$

当 $S=0$ 时，HSI 模型对应无色的亮度轴，此时无意义，约定 $H=0$；当 $I=0$ 时，S 无意义，约定 $S=0$ 和 $H=0$。

HSI 向 RGB 转换的公式如下：

当 $0° \leqslant H < 120°$ 时，

$$\begin{cases} B = I(1-S) \\ R = I\left[1 + \dfrac{S\cos H}{\cos(60°-H)}\right] \\ G = 3I - (B+R) \end{cases} \tag{7.7}$$

当 $120° \leqslant H < 240°$ 时，

$$\begin{cases} R = I(1-S) \\ G = I\left[1 + \dfrac{S\cos(H-120°)}{\cos(180°-H)}\right] \\ B = 3I - (R+G) \end{cases} \tag{7.8}$$

当 $240° \leqslant H < 360°$ 时：

$$\begin{cases} G = I(1-S) \\ B = I\left[1 + \dfrac{H\cos(H-240°)}{\cos(360°-H)}\right] \\ R = 3I - (G+B) \end{cases} \tag{7.9}$$

3. Lab 模型

同 RGB 颜色空间相比，Lab 颜色空间（Lab color space）是颜色-对立空间，它是 L 表示亮度，a 和 b 表示颜色对立维度，且基于非线性压缩的 CIE（Commission Internationale de l'Eclairage，国际照明委员会）的 XYZ 色彩空间。Lab 模型是在 1931 年制定的颜色度量国际标准的基础上建立的。1976 年，经修改后被正式命名为 CIE Lab。它是一种与设备无关的颜色系统，也是一种基于生理特征的颜色系统。这也就意味着，它用数字化的方法来描述人的视觉感应。

Lab 颜色被设计为接近人类视觉的颜色。它致力于感知均匀性，它的 L 分量密切匹配人类亮度感知。因此，可以通过修改 a 和 b 分量的输出色阶来做精确的颜色平衡，或使用 L 分量来调整亮度对比。这些变换在 RGB 或 CMYK 模型中是困难的或不可能的，因为它们建模于物理设备的输出，而不是人类的视觉感知。因为 Lab 空间比电脑屏幕、印刷机，甚至比人类视觉的色域都要大，所以表示为 Lab 的位图比 RGB 或 CMYK 位图获得同样的精度要求更多的像素数据。

Lab 颜色空间中的 L 分量用于表示像素的亮度，取值范围是 $[0, 100]$，表示从纯黑到纯白；a 表示从红色到绿色，取值范围是 $[127, -128]$；b 表示从黄色到蓝色，取值范围是 $[127, -128]$。Lab 模型如图 7.5 所示。

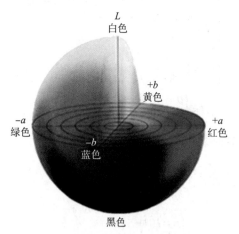

图 7.5　Lab 模型（附彩插）

RGB 颜色空间不能直接转换为 Lab 颜色空间，而需要借助 XYZ 颜色空间，把 RGB 颜色空间转换到 XYZ 颜色空间，之后再把 XYZ 颜色空间转换到 Lab 颜色空间，即 RGB→XYZ→Lab。

在进行转换之前，一般用伽马函数 $f(t)$ 对图像进行非线性色调编辑，目的是提高图像对比度。

RGB 与 XYZ 颜色空间有以下关系：

$$\begin{bmatrix} X \\ Y \\ Z \end{bmatrix} = \begin{bmatrix} 0.412\,453 & 0.357\,580 & 0.180\,423 \\ 0.212\,671 & 0.715\,160 & 0.072\,169 \\ 0.019\,334 & 0.119\,193 & 0.950\,227 \end{bmatrix} \begin{bmatrix} R \\ G \\ B \end{bmatrix}$$

$$\begin{bmatrix} R \\ G \\ B \end{bmatrix} = \begin{bmatrix} 3.240\,479 & -1.537\,150 & -0.498\,535 \\ -0.969\,256 & 1.875\,992 & 0.041\,556 \\ 0.055\,648 & -0.204\,043 & 1.057\,311 \end{bmatrix} \begin{bmatrix} X \\ Y \\ Z \end{bmatrix}$$

(7.10)

仔细观察式（7.10），其中 $X = 0.412\,453 \times R + 0.357\,580 \times G + 0.180\,423 \times B$；各系数相加之和为 0.950\,456，非常接近于 1，而 R、G、B 的取值范围为 $[0, 255]$。如果系数和等于 1，则 X 的取值范围也必然为 $[0, 255]$，因此可以考虑等比修改各系数，使其和等于 1。这样就做到了 XYZ 和 RGB 在同等范围内的映射。这也就是为什么代码里 X、Y、Z 要分别除以 $X_n = 0.950\,456$，$Y_n = 1.0$，$Z_n = 1.088\,754$。

XYZ 向 Lab 转换的公式如下：

$$\begin{cases} L^* = 116f(Y/Y_n) - 16 \\ a^* = 500[f(X/X_n) - f(Y/Y_n)] \\ b^* = 200[f(Y/Y_n) - f(Z/Z_n)] \end{cases}$$

(7.11)

$$f(t) = \begin{cases} t^{1/3} & \left[t > \left(\dfrac{6}{29} \right)^3 \right] \\ \dfrac{1}{3} \left(\dfrac{29}{6} \right)^2 t + \dfrac{4}{29} & （其他） \end{cases}$$

(7.12)

Lab 向 XYZ 转换的公式如下：

$$\begin{cases} Y = Y_n f^{-1} \left[\dfrac{1}{116}(L^* + 16) \right] \\ X = X_n f^{-1} \left[\dfrac{1}{116}(L^* + 16) + \dfrac{1}{500}a^* \right] \\ Z = Z_n f^{-1} \left[\dfrac{1}{116}(L^* + 16) - \dfrac{1}{200}b^* \right] \end{cases}$$

(7.13)

$$f^{-1}(t) = \begin{cases} t^3 & \left(t > \dfrac{6}{29} \right) \\ 3\left(\dfrac{6}{29} \right)^2 \left(t - \dfrac{4}{29} \right) & （其他） \end{cases}$$

(7.14)

【例 7.1】 设计程序，实现 RGB 和 HSI 的转换。

解：程序如下。

```
function hsi = rgb2hsi(rgb)
rgb = im2double(rgb);
R = rgb(:, :, 1);
G = rgb(:, :, 2);
B = rgb(:, :, 3);
S = 1.3* min(min(R,G),B). /(R+G+B+eps);
H = (acos(0. 5*((R. G)+(R. B)). /sqrt((R. G). *(R. G)+(R. B). *(G. B)+eps)));
```

```matlab
H(B>G)=2*pi. H(B>G);
H=H/(2*pi);
H(S==0)=0;
I=(R+G+B+eps)/3;
hsi = cat(3, H,S, I);
function rgb = hsi2rgb(hsi)
hsi=double(hsi);
[M, N, O]=size(hsi);
H=hsi(:, :,1)*2*pi;
S=hsi(:, :,2);

I =hsi(:, :,3);
R=zeros(M, N);
G=zeros(M, N);
B=zeros(M,N);
% RG sector (0 度 <= H < 120 度).
index = find( 0 <= H &H<2*pi/3);
B(index) = I(index). * (1 . S(index));
R(index) = I(index). * (1 + S(index). *cos(H(index)). /cos(pi/3. H(index)));
G(index) = 3* I(index) . (R(index) + B(index));
% BG sector (120 度 <= H < 240 度).
index = find( 2* pi/3<=H & H<4* pi/3 );
H(index) = H(index). 2*pi/3;
R(index) = I(index). *(1 . S(index));
G(index) = I(index). *(1 + S(index). * cos(H(index)). /cos(pi/3. H(index)));
B(index) = 3*I(index) . (R(index) + G(index));
% BR sector.
index = find(4*pi/3<=H & H<=2*pi);
H(index) = H(index). 4*pi/3;
G(index) = I(index). *(1 . S(index));
B(index) = I(index). *(1 + S(index). *cos(H(index)). /cos(pi/3. H(index)));
R(index) = 3*I(index) . (G(index) + B(index));
rgb = cat(3, R, G, B);
rgb = max(min(rgb, 1), 0);
orgImg=imread('coloredChips. png');
figure();
subplot(1,3,1),imshow(orgImg),title('org Image);
hsiImg = rgb2hsi(orgImg);
subplot(1,3,2),imshow(hsiImg),title('RGB. >HSI');
rgbImg = hsi2rgb(hsiImg);
subplot(1,3,3),imshow(rgbImg),title('HSI. >RGB');
```

上述程序运行的结果，如图 7.6 所示。

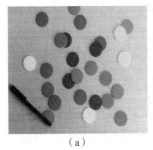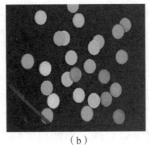

（a）　　　　　　　　　　（b）　　　　　　　　　　（c）

图 7.6　**RGB 和 HSI 转换**（附彩插）

（a）原图像；（b）RGB 向 HSI 转换；（c）HSI 向 RGB 转换

7.2　伪彩色图像处理

人眼只能区分二十余种不同等级的灰度，但却可辨别几千种不同色度与不同亮度的彩色。因此，若在显示或记录时把黑白图像变换成彩色图像，无疑可提高图像的可鉴别度。伪彩色增强就是原来灰度图中不同灰度值的区域赋予不同的颜色，以更明显地区分它们。这种映射也是输入与输出像素间一对一的运算，即不涉及像素空间位置的变动。伪彩色图像处理不仅适用于航空摄影和遥感图像，也可以用于 X 光片和云图的判读等。

7.2.1　密度分割法

密度分割法是伪彩色图像处理中最简单的方法之一。假设把一幅图像看成是一个二维的强度函数，这个方法可以解释为：作一个平面，使其平行于图像的坐标平面，那么每一个平面在相交的区域上把函数进行分层。$f(x,y)=l_i$ 处的平面将函数分成两个灰度级，如图 7.7 所示。

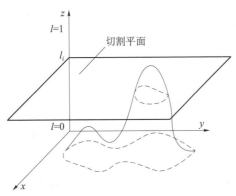

图 7.7　密度分割法几何意义

显然，假如把图 7.7 平面的每一面规定不同的颜色，那么灰度级在平面上的任何像素可以用一种彩色进行编码，而灰度在该平面下的任何像素用另一种彩色进行编码。灰度级正好在平面上的像素可以规定为两种彩色中的任意一种。这种方案的结果是产生一幅二色图像，其外貌可以利用分层平面在灰度级轴上的移动来控制。

对于一幅灰度图像 $f(x,y)$，在灰度级 l_1，l_2，$\cdots$，l_{M-1} 处定义了 $M-1$ 个平面。令 l_0 代表黑 $[f(x,y)=0]$ 和 l_{M-1} 代表白 $[f(x,y)=L]$，将图像切割成 M 个灰度级不同的区域，根据下式来规定彩色：

$$f(x,y)=c_k \quad (f(x,y)\in R_k) \tag{7.15}$$

式中，c_k 为被分层平面所定义的与第 R_k 区域有关的彩色。

对每个区域赋以一种颜色，从而将灰度图像变为有 M 种颜色的伪彩色图像。密度分割伪彩色图像简单易行，仅用硬件就可以实现，但所得的伪彩色图像颜色生硬，且量化噪声大（分割误差）。为了减少量化噪声，就必须增加分割级数。这样不仅使设备复杂，而且彩色漂移现象严重。

【例 7.2】 利用密度分割法处理伪彩色图像。

解： 程序如下。

```
orgImg = imread('focus. png');
subplot(1,2,1),imshow(orgImg),title('org Image');
I = double(orgImg);
c = zeros(size(I));
d = ones(size(I))*255;
pos = find(((I>=32)&(I<63))|((I>=96)&(I<127))|((I>=154)&(I<191))|((I>=234)&(I<=255)));
c(pos)=d(pos);
denImg(:,:,3)=c;
c = zeros(size(I));
d = ones(size(I))*255;
pos = find(((I>=64)&(I<95))|((I>=96)&(I<127))|((I>=192)&(I<233))|((I>=234)&(I<=255)));
c(pos)=d(pos);
denImg(:,:,2)=c;
c = zeros(size(I));
d = ones(size(I))*255;
pos = find(((I>=128)&(I<154))|((I>=154)&(I<191))|((I>=192)&(I<233))|((I>=234)&(I<=255)));
c(pos)=d(pos);
denImg(:,:,1)=c;
denImg = uint8(denImg);
subplot(1,2,2),imshow(denImg),title('DensitySegm Img');
```

上述程序运行的结果，如图 7.8 所示。

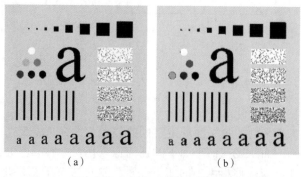

（a） （b）

图 7.8 密度分割法构造的伪彩色图像（附彩插）

（a）原图像；（b）密度分割法图像

7.2.2　彩色变换法

根据色度学原理，任何一种彩色可以由红、绿、蓝三原色按适当比例合成。彩色变换法是将来自传感器的灰度图像送入 3 个不同特征的红、绿、蓝变换器，最终合成一幅彩色图像，其一般意义上的表达式如下：

$$\begin{cases} R(x,y) = T_R\{f(x,y)\} \\ G(x,y) = T_G\{f(x,y)\} \\ B(x,y) = T_B\{f(x,y)\} \end{cases} \tag{7.16}$$

式中，$R(x,y)$、$G(x,y)$、$B(x,y)$ 分别为伪彩色图像红、绿、蓝 3 种分量的数值；$f(x,y)$ 为原始图像的灰度值；$T_R(\cdot)$、$T_G(\cdot)$、$T_B(\cdot)$ 分别为三原色值与灰度值之间的映射关系。

彩色变换法可以使用光滑的、非线性的变换函数，比密度分割法更加灵活。实际上，变换函数常用取绝对值的正弦函数，其特点是在峰值处比较平滑而在低谷处比较尖锐。通过变换每个正弦波的相位和频率就可以改变相应灰度值所对应的颜色（颜色就是不同频率的光），这样不同灰度值范围的像素就得到了不同的伪彩色增强效果。

下式为一组典型的彩色变换映射关系：

$$\begin{cases} R(x,y) = \begin{cases} 0 & (0 \leqslant f \leqslant 63) \\ 0 & (64 \leqslant f \leqslant 127) \\ 4f(x,y)-510 & (128 \leqslant f \leqslant 191) \\ 255 & (192 \leqslant f \leqslant 255) \end{cases} \\ G(x,y) = \begin{cases} 254-4f(x,y) & (0 \leqslant f \leqslant 63) \\ 4f(x,y)-254 & (64 \leqslant f \leqslant 127) \\ 255 & (128 \leqslant f \leqslant 191) \\ 1\,022-4f(x,y) & (192 \leqslant f \leqslant 255) \end{cases} \\ B(x,y) = \begin{cases} 255 & (0 \leqslant f \leqslant 63) \\ 510-4f(x,y) & (64 \leqslant f \leqslant 127) \\ 0 & (128 \leqslant f \leqslant 191) \\ 0 & (192 \leqslant f \leqslant 255) \end{cases} \end{cases} \tag{7.17}$$

【例 7.3】　利用彩色变换公式，将灰度图像的各个像素，赋予不同的颜色。

解：程序如下。

```
orgImg = imread('focus. png');
subplot(1,2,1),imshow(orgImg),title('org Image');
I = double(orgImg);
[M,N] = size(I);
L = 256;
for i=1:M
  for j=1:N
    if I(i,j)<=L/4;
      R(i,j)=0;
      G(i,j)=4*I(i,j);
```

```
        B(i,j)=L;
    else
       if I(i,j)<=L/2;
       R(i,j)=0;
       G(i,j)=L;
       B(i,j)=4*I(i,j)+2*L;
    else
       if I(i,j)<=3*L/4
          R(i,j)=4*I(i,j). 2*L;
          G(i,j)=L;
          B(i,j)=0;
       else
          R(i,j)=L;
          G(i,j)=. 4*I(i,j)+4*L;
          B(i,j)=0;
       end
     end
    end
   end
end
for i=1:M
  for j=1:N
    clrImg(i,j,1)=R(i,j);
    clrImg(i,j,2)=G(i,j);
    clrImg(i,j,3)=B(i,j);
  end
end
clrImg=uint8(clrImg);
subplot(1,2,2),imshow(clrImg),title('ColorConver Img');
```

上述程序运行的结果，如图 7.9 所示。

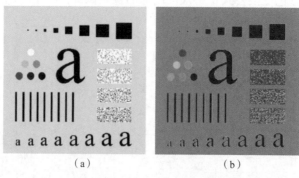

（a）　　　　　　　　　　（b）

图 7.9　彩色变换法构造的伪彩色图像（附彩插）

（a）原图像；（b）彩色变换法图像

7.3 全彩色图像处理

7.3.1 全彩色图像处理技术分类

通常，全彩色图像处理技术可以分为以下两大类。

1. 对分量图像单独处理

首先对全彩色图像的 3 个平面分量单独处理，然后将分别处理后的 3 个分量合成彩色图像。对每个分量的处理技术可以直接应用灰度图像处理的技术。

该处理方法的前提条件：首先该操作既可用于向量，也可用于标量；当用于向量时，各分量的处理结果互不相关。

但是，这种分量式的独立处理技术因为忽略了分量间的相互影响，割裂了全彩色图像各个分量的联系，所以势必会对图像本身信息结构造成影响，往往不能很好地保护色彩信息，导致图像的失真。

2. 直接对彩色像素进行处理

因为全彩色图像有 3 个以上分量，所以同一个位置的多个彩色像素实际上是一个向量。直接处理就是同时对所有分量进行无差别的处理，这时全彩色图像的 3 个分量用向量形式表示，即对全彩色图像上任一点的像素 $c(x,y)$，有

$$c(x,y) = [R(x,y); G(x,y); B(x,y)] \tag{7.18}$$

那么对像素点 (x,y) 处理的操作实际上是同时对 R、G、B 3 个分量操作。

面对各种各样的图像处理任务，处理的一般方法为将同样的操作应用到彩色图像的 R、G、B 分量上，或者其他颜色模型的分量上，即通常大多数图像处理技术都是指对每个分量的单独操作。

7.3.2 全彩色图像处理技术应用

全彩色图像处理技术应用主要有 3 个方面：直方图增强、去噪、频率域处理。

1. 直方图增强

全彩色图像的直方图增强，最直接的方法就是直接将全彩色图像的 R、G、B 分量做直方图均衡化，然后再将 3 个分量合并起来。

可以看到，虽然的确使原图中的阴暗部分变得明亮，但是颜色的失真也是比较严重的，而且均衡化后的图像有很多噪声。假设直接将其作用在各个通道上，将引起图像色调的变化，图像会变的不是其原来的颜色，导致重新合成的图像和原图像的颜色有色差，因此直方图增强的总体效果一般。

尝试在其他的颜色模型下进行直方图增强全彩色图像。将直方图均衡化用到 HSI 颜色空间的 I 分量上，直方图对亮度分量进行均化，在饱和度和色调上保持不变。算法原理是利用 HSI 颜色空间的特点，I 分量代表图像亮度，图像处理后不会改变图像色调。

算法步骤如下：

①从 RGB 转换到 HSI；

②分离 HSI 颜色空间，I 分量形成一个单独的灰度图像 f_i；

③对 f_i 进行直方图均衡化；

④用均衡化后的数据取代原 I 分量数据；

⑤HSI 转换回 RGB。

【例 7.4】 利用全彩色图像的直方图，增强图像效果。

解：程序如下。

```
orgImg = imread('LENA512. bmp');
subplot(2,2,1),imshow(orgImg),title('org Image');
hsiImg = rgb2hsi(orgImg);
subplot(2,2,2),imshow(hsiImg(:,:,3)),title('IComp Img');
resIComp = histeq(hsiImg(:,:,3));
subplot(2,2,3),imshow(resIComp),title('resIComp Equal Img');
nhsiImg = cat(3, hsiImg(:,:,1), hsiImg(:,:,2), resIComp);
clrEqualImg = hsi2rgb(nhsiImg);
subplot(2,2,4),imshow(clrEqualImg),title('color Equal Img');
```

上述程序运行的结果，如图 7.10 所示。

图 7.10 直方图增强效果（附彩插）

(a) 原图像；(b) 灰度图像；(c) 直方图均衡化图像；(d) 直方图增强图像

2. 去噪

光照、摄影设备以及图像传输等原因，导致得到的彩色图像中不可避免地会存在噪声。为了得到较高质量的彩色图像，要对这些图像进行去噪处理。灰度图像的去噪处理比较简单，处理的对象是标量，计算时采用相应的低通空间滤波算子就可以。彩色图像的去噪处理就比较复杂，除处理的对象是向量外，还要注意图像所使用的颜色模型。因为使用的颜色模型不同，所以处理的向量表示含义也不同。下面以 5×5 的滤波模板对彩色图像去噪为例，分别介绍使用 RGB 模型和 HSI 模型进行去噪处理的方法。

1）基于 RGB 模型的去噪

对于采用 RGB 模型的全彩色图像，设位于点 (x,y) 处的颜色向量为 $f(x,y)$，则由灰度图像去噪公式可以得到全彩色图像的平滑去噪公式，即

$$\bar{f}(x,y) = \frac{1}{N} \sum_{(x,y) \in S_{xy}} f(x,y) \tag{7.19}$$

式中，S_{xy} 为以像素点 (x,y) 为中心的相邻像素点的集合；N 为集合中的像素点的个数；$\bar{f}(x,y)$ 为去噪结果。

由于图像分别由 R、G、B 3 个分量构成，该去噪公式还可以写成

$$\bar{f}(x,y) = \frac{1}{N} \begin{vmatrix} \sum_{(x,y) \in S_{xy}} f_R(x,y) \\ \sum_{(x,y) \in S_{xy}} f_G(x,y) \\ \sum_{(x,y) \in S_{xy}} f_B(x,y) \end{vmatrix} \tag{7.20}$$

由上式可知，对 RGB 图像进行去噪处理，就是对图像的 3 个分量分别进行去噪处理，再把去噪结果合成一幅全彩色图像。

2）基于 HSI 模型的去噪

对于采用 HSI 模型的全彩色图像，图像的 3 个分量 H、S、I 分别表示图像的色调、饱和度和亮度信息。如果像处理 RGB 图像那样对图像进行平滑去噪，那么得到的图像颜色将会因为颜色分量的混合而发生变化。对于采用 HSI 模型的全彩色图像，仅对图像的亮度信息进行混合更有意义。

此外，也有研究者对 HSI 的不同分量采用不同的去噪方法。例如，首先对 I 分量采用贝叶斯多阈值方法，对 H 和 S 分量采用中值滤波法，然后将结果图像逆变换为 RGB 图像。有兴趣的同学可以去尝试一下。

【例 7.5】 对添加高斯噪声的全彩色图像，对于图像的 R、G、B 分量，分别进行中值滤波，然后再合成全彩色图像。

解：程序如下。

```
orgImg = imread('LENA512. bmp');
figure();
subplot(1,3,1),imshow(orgImg),title('org Image');
noiseImg = imnoise(orgImg,'gaussian',0.02);
subplot(1,3,2),imshow(noiseImg),title('noise Img');
R = medfilt2(noiseImg(:, :, 1));
G = medfilt2(noiseImg(:, :, 2));
B = medfilt2(noiseImg(:, :, 3));
fltImg = cat(3,R,G,B);
subplot(1,3,3),imshow(fltImg),title('RGB denoise');
```

上述程序运行的结果，如图 7.11 所示。

（a）　　　　　　　　　　（b）　　　　　　　　　　（c）

图 7.11　基于 RGB 模型的去噪效果（附彩插）

（a）原图像；（b）高斯噪声图像；（c）基于 RGB 模型的去噪图像

【例 7.6】　对添加高斯噪声的全彩色图像，先转换到 HSI 模型空间，分别进行中值滤波，然后再合成全彩色图像。

解：程序如下。

```
orgImg＝imread('LENA512. bmp');
figure();
subplot(1,3,1),imshow(orgImg),title('org Image');
noiseImg＝imnoise(orgImg,'gaussian' ,0. 02);
subplot(1,3,2),imshow(noiseImg),title('noise Img');
hsiImg ＝ rgb2hsi(noiseImg);
H ＝ hsiImg(:, :,1);
S ＝ hsiImg(:, :, 2);
I ＝ hsiImg(:, :,3);
newI ＝ medfilt2(I);
nhsiImg ＝ cat(3, H, S, newI);
fltImg ＝ hsi2rgb(nhsiImg);
subplot(1,3,3),imshow(fltImg), title('HSI denoise');
```

上述程序运行的结果，如图 7.12 所示。

（a）　　　　　　　　　　（b）　　　　　　　　　　（c）

图 7.12　基于 HSI 模型的去噪效果（附彩插）

（a）原图像；（b）高斯噪声图像；（c）基于 HSI 模型的去噪图像

3. 频率域处理

一般的频率域滤波器都是针对灰度图像的。对于全彩色图像的频率域处理，其是建立在图像傅里叶变换基础上的，将图像空间中的各个分量图像以某种形式转换到其他空间中，然后利用该空间的特有性质进行图像处理，再转换到原来的分量图像空间，最后合成全彩色图像。

类似地，以频率域去噪为例，介绍两种不同的处理方法：基于模型的频率域处理和基于 HSI 模型的频率域处理，并在最后对处理效果进行比较。

1）基于 RGB 模型的频率域处理

对于采用 RGB 模型的全彩色图像，分别将 R、G、B 3 个分量当作 3 幅不同的灰度图像，分别进行傅里叶变换；然后在频率域里进行低通滤波处理，去除图像中的噪声；将去噪后的 3 个分量图像进行傅里叶逆变换后，重新合成一幅全彩色图像。

2）基于 HSI 模型的频率域处理

基于 HSI 模型的全彩色图像频率域去噪方法，首先将 RGB 模型的图像转换为 HSI 模型的 3 个分量，然后仅针对亮度分量 I 图像进行傅里叶变换；在频率域里对亮度分量 I 图像进行低通滤波处理，去除 I 分量图像中的噪声；然后将去噪 I 分量结果图像进行傅里叶逆变换，以及没有变化的 H 分量、S 分量一起，转换为 RGB 模型的全彩色图像。

【例 7.7】 对添加高斯噪声的全彩色图像，对于图像的 R、G、B 分量，分别进行傅里叶变换、高斯低通滤波、傅里叶逆变换，然后再合成全彩色图像。

解：程序如下。

```
function glpfImg=GLPFFreq(img,d0);
   [M N]=size(img);
   m_mid=fix(M/2);
   n_mid=fix(N/2);
   glpfImg=zeros(M,N);
   img_f=fftshift(fft2(img));
   U=0:M;
   V=0:N;
   center_u = ceil(M/2);
   center_v = ceil(N/2);
   for i=1:M
     for j=1:N
       dist = sqrt((U(i). center_u)^2 + (V(j) . center_v)^2);
       h(i,j)=exp(. dist^2/(2*d0^2));
       glpfImg_f(i,j)=h(i,j)*img_f(i,j);
     end
   end
   lwimg=ifftshift(glpfImg_f);
   glpfImg=uint8(real(ifft2(lwimg)));
end
```

```
orgImg=imread('LENA512. bmp');
[M,N,O] = size(orgImg);
figure();
subplot(2,3,1),imshow(orgImg),title('org Image');
noiseImg=imnoise(orgImg,'gaussian',0. 02);
subplot(2,3,2),imshow(noiseImg),title('noise Img');
noiseImg = double(noiseImg);
D0 = 60;
R = uint8(GLPFFreq(noiseImg(:,:,1), D0));
G = uint8(GLPFFreq(noiseImg(:,:,2), D0));
B = uint8(GLPFFreq(noiseImg(:,:,3), D0));
fltImg = cat(3, R,G,B);
subplot(2,3,3),imshow(fltImg),title('RGBLP Img');
subplot(2,3,4),imshow(R),title('R Comp');
subplot(2,3,5),imshow(G),title('G Comp');
subplot(2,3,6),imshow(B),title('B Comp');
```

上述程序运行的结果，如图 7.13 所示。

图 7.13　基于 **RGB** 模型的去噪效果（附彩插）

（a）原图像；（b）高斯噪声图像；（c）基于 RGB 模型的高斯低通滤波结果图像；（d）R 分量的高斯低通滤波
结果图像；（e）G 分量的高斯低通滤波结果图像；（f）B 分量的高斯低通滤波结果图像

【例 7.8】　使用与前面 RGB 模型相同的原图像、高斯噪声图像，转换到 HSI 模型下，对 I 分量进行傅里叶变换、高斯低通滤波、傅里叶逆变换，得到新的 I 分量图像，再和原先的 H、S 分量转换回 RGB 图像。

解：程序如下。

```
orgImg=imread('LENA512. bmp');

[M,N,O] = size(orgImg);

noiseImg=imnoise(orgImg,'gaussian',0. 02);

figure();

subplot(2,3,1),imshow(noiseImg),title('noise Img');

noiseImg = double(noiseImg);

hsiImg = rgb2hsi(noiseImg);

subplot(2,3,2),imshow(hsiImg),title('noise HSI Img');

H = hsiImg(:,:,1);

S = hsiImg(:,:,2);

I = hsiImg(:,:,3)/255;

subplot(2,3,3),imshow((I)),title('noise I Img');

D0 = 60;

newI = GLPFFreq(I,D0);

subplot(2,3,4),imshow((newI)),title('denoise I Img');

nhsiImg = cat(3,H,S,newI);

subplot(2,3,5),imshow(nhsiImg),title('denoise HSI Img');

fltImg = hsi2rgb(nhsiImg);

subplot(2,3,6),imshow(fltImg),title('denoise RGB Img');
```

上述程序运行的结果, 如图7. 14所示。

图 7.14 基于 HSI 模型的去噪效果 (附彩插)

(a) 高斯噪声图像; (b) 有噪声的 HSI 模型图像; (c) 有噪声的 I 分量图像; (d) 去噪的 I
分量图像; (e) 去噪的 HSI 模型图像; (f) 去噪的 RGB 图像

习题七

习题七答案

7.1　什么是 RGB 颜色模型？什么是 CMYK 颜色模型？二者是什么关系？

7.2　为什么彩色电视会采用 YUV 颜色模型？

7.3　HSI 模型以哪 3 个特征量表征颜色，且这 3 个特征量分别表示什么含义？

7.4　RGB 模型中一个像素的颜色为（200，100，60），分别计算其 HSI 模型的转换结果。

7.5　彩色图像去噪基本原理是什么？

7.6　彩色图像在频率域的处理方法有哪些？简述它们的优缺点？

7.7　分别将彩色图像 RGB 的一个分量置黑（0），观察结果，并在一个窗口显示各结果。

7.8　编程将 RGB 彩色图像转换为 HSI 图像，再将 HSI 图像转换为 RGB 图像。

7.9　使用彩色变换法，读取一幅灰度图像，将其转换为伪彩色图像并显示。

7.10　编程对 RGB 图像的 R、G、B 分量图像分别进行直方图增强，然后将 3 个分量合并为彩色图像。

7.11　编程将 RGB 图像进行 HSI 转换，并显示 H、S、I 分量图像。

7.12　编程实现添加高斯噪声的彩色图像去噪。

第8章

图像压缩编码

图像压缩解决的是减少描述数字图像所需数据量的问题。压缩是通过去除 1 个或 3 个基本的数据冗余来实现的：一是编码冗余，即当所用的码字少于最佳编码长度（即最小长度）时出现编码冗余；二是空间冗余和时间冗余，即图像像素间或图像序列中相邻图像的像素间的相关性造成的冗余；三是无关信息，即被人类视觉系统忽略的数据所导致的冗余（即视觉上不重要的信息）。本章将介绍数字图像基本的压缩方法。这些压缩方法既适用于静止图像，也适用于视频处理。

8.1　基础理论知识

图像数据中存在着大量的冗余，原因在于原图像数据是高度相关的。去除那些冗余数据可以节约文件所占的码字，从而极大地降低原图像数据量，解决图像数据量巨大的问题，达到数据压缩的目的。

图像数据压缩技术就是研究如何利用图像数据的冗余性来减少图像数据量的方法。因此，进行图像压缩研究的起点是研究图像数据的冗余性。下面对图像数据的冗余性进行介绍。

①编码冗余。编码是用于表示信息实体或事件集合的符号系统（如字母、数字、比特和类似的符号等）。每个信息或事件被赋予一个编码符号的序列，称为码字。每个码字中的符号数量就是该码字的长度。在多数二维灰度阵列中，用于表示灰度的 8 比特编码所包含的比特数要比表示该灰度所需要的比特数多。

②空间冗余和时间冗余。因为多数二维灰度阵列的像素是空间相关的（每一个像素类似于或取决于相邻像素），所以在相关像素的表示中，信息被没有必要地重复了。在视频序列中，时间相关的像素（类似于或取决于相邻帧中的那些像素）也是重复的信息。

③无关信息。多数二维灰度阵列中包含一些被人类视觉系统忽略或与用途无关的信息。从没有被利用的意义上来看，它是冗余的。

④结构冗余。在有些图像的纹理区，图像的像素值存在着明显的分布模式（如方格状的

地板图案等)，称为结构冗余。如果已知分布模式，那么就可以通过某一过程生成图像。

⑤知识冗余。对于图像中重复出现的部分，我们可以构造基本模型，并创建对应各种特征的图像库，进而使图像的存储只需要保存一些特征参数，从而可以大大减少数据量。知识冗余是模型编码主要利用的特性。

⑥视觉冗余。事实表明，人的视觉系统对图像的敏感性是非均匀性和非线性的。当记录原始的图像数据时，对人眼看不见或不能分辨的部分进行记录显然是不必要的。因此，可利用人视觉的非均匀性和非线性，降低视觉冗余。

⑦图像区域的相同性冗余。这是指在图像中的两个或多个区域所对应的所有像素值相同或相近，从而产生的数据重复性存储。在这种情况下，当记录了一个区域中各像素的颜色值时，与其相同或相近的其他区域就不需要记录其中各像素的值。采用向量量化方法就是针对这种冗余性的图像压缩编码方法。

下面简要介绍图像压缩编码术语。

①压缩比。压缩比是衡量数据压缩程度的指标之一。目前常用的压缩比定义式为

$$r = \frac{n}{L_{\mathrm{avg}}} \tag{8.1}$$

式中，r 为压缩比；n 为压缩前每像素所占的平均比特数；L_{avg} 为压缩后每像素所占的平均比特数。一般情况下，压缩比 $r \geqslant 1$。r 越大，则说明压缩程度越高。

②编码效率。编码效率常用下式表示为

$$\eta = \frac{H}{L_{\mathrm{avg}}} \times 100\% \tag{8.2}$$

式中，H 为图像的熵。

若 L_{avg} 与 H 相等，则编码效果最佳；L_{avg} 接近 H，则编码效果为佳；L_{avg} 远大于 H，则编码效果差。

8.1.1　编码冗余

在图像的灰度值为随机量的假设基础上，前文探讨了通过直方图处理进行图像增强的技术。本节将利用类似的表示方法介绍最佳信息编码。

假设在区间 $[0, L-1]$ 内的一个离散随机变量 r_k 用来表示一幅 $M \times N$ 的图像的灰度，并且每个发生的概率为 $p_r(r_k)$，则

$$p_r(r_k) = \frac{n_k}{MN} \quad (k = 0, 1, 2, \cdots, L-1) \tag{8.3}$$

式中，L 为灰度级数；n_k 为第 k 级灰度在图像中出现的次数。

如果用于表示每个 r_k 值的比特数为 $l(r_k)$，则表示每个像素所需的平均比特数为

$$L_{\mathrm{avg}} = \sum_{k=0}^{L-1} l(r_k) p_r(r_k) \tag{8.4}$$

也就是说，给各个灰度级分配的码字的平均长度，可通过对用于表示每个灰度的比特数与该灰度出现的概率的乘积求和来得到。表示大小为 $M \times N$ 的图像所需的总比特数为 MNL_{avg}。如果用 m 比特固定长度的码表示灰度，那么式（8.4）的右侧变为 m 比特。也就是说，当用 m 代替 $l(r_k)$ 时，$L_{\mathrm{avg}} = m$。这是因为常数 m 可以提到和式之外，则式（8.4）右侧只剩下

$p_r(r_k)$ 在区间 $[0, L-1]$ 内的和，而该和为 1。

【例 8.1】　变长编码的简单说明。

解：如果使用 8 比特自然二进制编码（由表 8.1 中的编码 1 表示）来表示 4 种可能的灰度，则编码 1 的平均比特数 L_{avg} 为 8 比特，这是因为对所有 r_k 都有 $l_1(r_k)=8$ 比特。另外，如果使用表 8.1 中的编码 2 设计的方案，则根据式（8.4），编码像素的平均长度为

$$L_{avg} = 0.25 \times 2 + 0.47 \times 1 + 0.25 \times 3 + 0.03 \times 3 = 1.81\,(\text{比特/像素})$$

表示整幅图像所需要的总比特数是 $MNL_{avg} = 256 \times 256 \times 1.81 \approx 118\,621$，得到的压缩比和相应的冗余度分别为

$$r = \frac{256 \times 256 \times 8}{118\,621} = \frac{8}{1.81} = 4.42$$

$$\xi = 1 - \frac{1}{4.42} = 0.774$$

因此，原始的 8 比特二维灰度阵列中，数据的 77.4% 是冗余的。

表 8.1　变长编码的例子

r_k	$p_r(r_k)$	编码 1	$l_1(r_k)$	编码 2	$l_2(r_k)$
$r_{87} = 87$	0.25	01010111	8	01	2
$r_{128} = 128$	0.47	10000000	8	1	1
$r_{186} = 186$	0.25	11000100	8	000	3
$r_{255} = 255$	0.03	11111111	8	001	3
r_k （$k \neq 87,\ 128,\ 186,\ 255$）	0	..	8	..	0

当用自然二进制编码表示一幅图像的灰度时，编码冗余几乎总是存在的。其原因是大多数图像都是由规则的、在某种程度上具有可预测形态（形状）与反差的物体组成的，描述的物体远大于图像元素。对大多数图像来说，自然的结果是某些灰度与其他灰度相比更可能出现（多数图像的直方图是不均匀的）。自然二进制编码对最大和最小可能值分配相同的比特数。因此，无法使式（8.4）最小，从而产生编码冗余。

8.1.2　空间冗余

通过 MATLAB 程序实现对两幅图像的灰度直方图绘制，这些直方图有 3 个形态，这表明存在灰度级的 3 个主要范围。因为图像的灰度级不是等概率的，所以可用变长编码来减少由像素的自然二进制编码导致的编码冗余，如图 8.1 所示。

这两幅图像的熵大致相同（1.661 4 比特/像素和 1.566 比特/像素）。任何一幅图像中的像素值都可以由它们的邻点预测出来，所以独立的像素所携带的信息相对较少。单个像素对一幅图像的视觉贡献大部分是冗余的，它们能基于相邻像素的值猜测出来。这些相关性是像素间冗余的潜在基础。

为减少像素间的冗余，通常必须把由人观察和解释的二维像素数组转换为一种更有效的格式（但通常是"非视觉的"），例如邻近像素间的差可用于表示一幅图像。这种类型的变

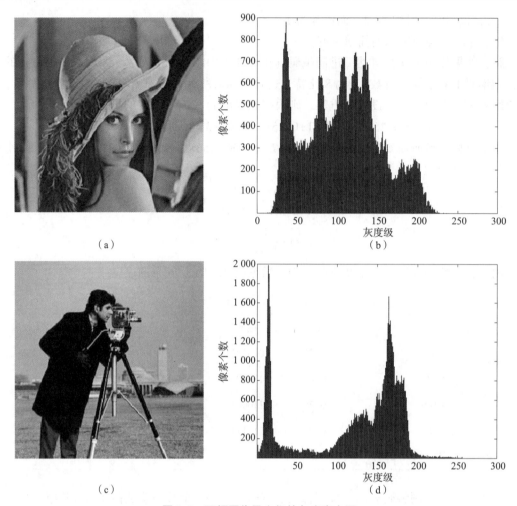

图 8.1　两幅图像及它们的灰度直方图

(a) 原图像1；(b) 灰度直方图1；(c) 原图像2；(d) 灰度直方图2

换（删除像素间冗余的变换）称为映射。若原图像元素可由变换后的数据集重建，则这种类型的变换称为可逆映射。

8.1.3　无关信息

　　与编码和像素间冗余不同，心理视觉冗余是与真实的或可量化的视觉信息相关联的。消除这种冗余是值得的，因为对通常的视觉处理来说，信息本身并不是本质的。因为由心理视觉冗余数据的消除所引起的信息损失很小，所以把它称为量化。这一术语的用法与该词的普通用法一致，意味着把宽范围的输入值映射为有限数量的输出值。由于它是一个不可逆的操作（视觉信息有损失），因此量化会导致数据的有损压缩。

　　【例 8.2】　量化压缩。

　　图 8.2（a）显示了一幅有 256 级灰度的单色图像，图 8.2（b）是均匀量化为 4 比特或 16 级灰度的同一幅图像，结果压缩比是 2∶1。注意：伪轮廓出现在原图像先前平滑的区域。这是一个更为粗糙地表示图像灰度级的自然视觉效果。

图 8.2（c）说明了利用人类视觉系统的特性来量化所得到的明显改进。虽然第二种量化结果的压缩比仍是 2∶1，但在少量附加开销的情况下，伪轮廓减少了很多，又有不那么明显的粒状物。注意：无论哪一种情况，解压缩都是不必要且不可能的（即量化是一个不可逆的操作）。

用于产生图 8.2（c）的方法称为改进的灰度级（IGS）量化。该方法认为眼睛对边缘有固有的敏感性，且对每个像素添加一个伪随机数可消除它。伪随机数在量化之前由相邻像素的低阶比特产生。因为低阶比特是相当随机的，所以这相当于给伪轮廓相关边缘加一个随机的灰度级（它依赖于图像局域特征）。MATLAB 利用 quantize 函数执行 IGS 量化和传统的低阶比特截尾。注意，由于 IGS 的实现是矢量化的，所以一次只处理输入 x 的一列。为产生图 8.2（c）中的一列 4 比特结果，可根据 x 的一列的和与原有（先前产生的）4 个最低有效位的和，形成一列总和 s（最初全部设为 0）。如果任何 x 值的 4 个最高有效位是 1111_2，那么加上 0000_2 来替代。然后，得到的和的 4 个最高有效位将用作正被处理的列的编码像素值。

图 8.2　量化压缩

（a）原图像；（b）均匀量化为 16 级灰度的图像；（c）IGS 量化为 16 级灰度的图像

8.1.4　度量图像信息

前面介绍了减少表示图像所需数据量的方法。然而，出现了下列问题：表示一幅图像中的信息实际上需要多少比特？是否存在不丢失信息而充分描述一幅图像的最小数据量？信息论为回答这个问题和相关问题提供了数学框架。信息论的基本前提是，信息的产生可建模为一个可以直观度量的概率过程，即

$$I(E) = \log \frac{1}{P(E)} = -\log P(E) \tag{8.5}$$

若 $P(E) = 1$（事件总是出现），则 $I(E) = 0$，此时无信息。因为没有不确定性与该事件关联，所以通过告知事件已经发生而不传输任何信息。如果选择 2 为底数，那么信息的单位是比特。注意，若 $P(E) = 0.5$，则 $I(E) = -\log_2(1/2) = 1$ 比特，即当两个等可能的事件之一发生时，传达的信息量是 1 比特。

已知统计独立随机事件的一个信源，它来自可能的离散事件集合 $\{a_1, a_2, \cdots, a_J\}$，与该集合关联的概率为 $\{P(a_1), P(a_2), \cdots, P(a_J)\}$，那么每个信源输出的平均信息（称为信源的熵）为

$$H = -\sum_{j=1}^{J} P(a_j) \log P(a_j) \tag{8.6}$$

式中，a_j 为信源符号。因为它们是统计独立的，所以信源本身称为零记忆信源。

如果一幅图像被认为是一个虚构的零记忆"灰度信源"的输出，那么使用被观察图像的直方图来估计该信源的符号概率。这时，灰度信源的熵变为

$$\tilde{H} = -\sum_{k=1}^{L-1} P_r(r_k) \log_2 P_r(r_k) \tag{8.7}$$

由于使用了以 2 为底的对数，所以式（8.7）是虚构灰度信源的每个灰度输出的平均信息，单位为比特。以少于 $\tilde{H}$ 比特/像素的熵来对虚构信源（和取样图像）的灰度值编码是不可能的。

【例 8.3】 估计图像的熵

图 8.1（a）所示图像的熵，可参考表 8.1 中的灰度概率代入式（8.7）来估计，即

$$\tilde{H} = -[0.25\log_2 0.25 + 0.47\log_2 0.47 + 0.25\log_2 0.25 + 0.03\log_2 0.03]$$
$$= -[0.25 \times (-2) + 0.47 \times (-1.09) + 0.25 \times (-2) + 0.03 \times (-5.06)]$$
$$\approx 1.6614(比特/像素)$$

采用类似的方法，可以证明图 8.1（c）所示图像的熵为 1.566 比特/像素。

下面介绍香农第一定理。

香农第一定理也称无噪声编码定理。图 8.1（a）中的图像可用不大于 1.6614 比特/像素的熵表示。香农使用单个码字（而不是每个信源符号一个码字）研究了 n 个连续信源符号的代表组合，即

$$\lim_{n \to \infty} \frac{L_{avg,n}}{n} \tag{8.8}$$

式中，$L_{avg,n}$ 为所有 n 个信源符号组所需的编码符号的平均数量。

在证明中，将零记忆信源的第 n 个扩展定义为一个假设的信源，这个假设的信源使用原信源的符号产生 n 个符号块（分组）。通过应用式（8.4）表示 n 个符号块 2 的码字来计算 $L_{avg,n}$。式（8.8）表明，通过对单符号信源的无限扩展进行编码，可使 $L_{avg,n}/n$ 任意地接近 H。用每个信源符号 H 个信息单位的平均来表示零记忆信源的输出是可能的。

如果现在回到图像是产生它的灰度信源的一个"取样"的概念，那么 n 个信源符号块就对应 n 个邻近像素组。要为 n 个像素块构建变长编码，就必须计算这些块的相对频数。然而，具有 256 个灰度值的假设灰度信源的第 n 次扩展却有 256^n 个可能的 n 个像素块。甚至在 $n=2$ 的简单情况下，也要产生 65 536 个元素直方图和多达 65 536 个变长码字；$n=3$ 时，需要多达 16 777 216 个码字。因此，即便是对较小的 n 值，实际工作的计算复杂性也限制了扩展编码方法的使用价值。

最后注意到，在对统计独立的像素直接编码时，尽管式（8.7）提供了可以达到的压缩下限，但当一幅图像中的像素相关时，压缩就会出现问题。与公式预测法相比，相关像素块可用更小的平均比特数/像素来编码。因此，通常不使用信源扩展来编码，而选择不太相关的描述符（如灰度行程）无扩展地对像素进行编码。这是在空间冗余一节中用于压缩图 8.2（b）的方法。当信源的输出取决于此前有限数量的输出时，这一信源就称为马尔可夫信源或有限记忆信源。

8.1.5　保真度准则

前面提到，删除"无关视觉"信息会损失真实或定量的图像信息。由于出现了信息损失，因此需要一种方法来量化信息的损失。这种评价采用的标准有两个：一是客观保真度准则；二是主观保真度准则。

当信息损失能够表示为压缩处理的输入和输出的数学函数时，则称它是以客观保真度准则为基础的。以两幅图像之间的均方根误差为例说明。设 $f(x,y)$ 是输入图像，$\hat{f}(x,y)$ 是 $f(x,y)$ 的近似，它是对输入图像进行压缩并随后解压缩得到的。对 x,y 的所有值，$f(x,y)$ 和 $\hat{f}(x,y)$ 之间的误差 $e(x,y)$ 为

$$e(x,y) = \hat{f}(x,y) - f(x,y) \tag{8.9}$$

因此，两幅图像之间的总误差为

$$\sum_{x=0}^{M-1} \sum_{y=0}^{N-1} [\hat{f}(x,y) - f(x,y)]$$

其中，两幅图像的大小都为 $M \times N$。于是，$f(x,y)$ 和 $\hat{f}(x,y)$ 之间的均方根误差 e_{rms} 就是整个 $M \times N$ 阵列的均方误差的平方根，或写成

$$e_{\text{rms}} = \left[\frac{1}{MN} \sum_{x=0}^{M-1} \sum_{y=0}^{N-1} [\hat{f}(x,y) - f(x,y)]^2 \right]^{1/2} \tag{8.10}$$

如果［简单地排列式（8.9）中的各项后］认为 $\hat{f}(x,y)$ 是原图像 $f(x,y)$ 和一个误差或噪声信号 $e(x,y)$ 的和，那么根据输出图像的均方信噪比（表示为 SNR_{ms}）定义，可得

$$\text{SNR}_{\text{ms}} = \frac{\displaystyle\sum_{x=0}^{M-1} \sum_{y=0}^{N-1} \hat{f}(x,y)^2}{\displaystyle\sum_{x=0}^{M-1} \sum_{y=0}^{N-1} [\hat{f}(x,y) - f(x,y)]^2} \tag{8.11}$$

信噪比的均方根值 SNR_{ms} 可以通过式（8.11）得到。

尽管客观保真度准则能够简单且方便地评价信息损失，但解压缩图像最终还得由人来观察。因此，根据人的主观评价来度量图像的质量通常更为合适。这样做的方法是，将解压缩图像呈现给一组观察者，让他们给出评价，然后取这些评价的平均。评价时可以使用绝对量表（评分标准），也可并排比较 $f(x,y)$ 和 $\hat{f}(x,y)$。使用评分标准 {-3, -2, -1, 0, 1, 2, 3} 表示主观评价 {非常差，差，较差，一般，较好，好，非常好}，可实现并排比较。不管采用哪种方式，这些评价都是基于主观保真度准则的。表 8.2 为分配研究组织的评级量表（Frendendall and Behrend）。

表 8.2　分配研究组织的评级量表（Frendendall and Behrend）

值	评价	描述
1	优秀	图像质量极好，和你希望的一样好
2	良好	图像质量良好，能提供让人赏心悦目的观看效果，干扰不令人反感
3	较好	图像质量可令人接受，干扰不令人反感
4	一般	图像质量一般，你希望它能得到改进，干扰令人反感

续表

值	评价	描述
5	较差	图像质量较差，但还可以观看，干扰令人非常反感
6	很差	图像质量差到无法观看

比较打分法：通过视觉比较原始输入图像与压缩后又解压缩输出的图像，给出一个定性的评价，如很差、较差、稍差、相同、稍好、较好、很好。

8.1.6　图像压缩模型

1. 传输环境中图像压缩模型
传输环境中图像压缩模型，如图 8.3 所示。

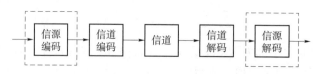

图 8.3　传输环境中图像压缩模型

①信源编码：完成原数据的压缩。
②信道编码：为了抗干扰，增加一些容错、校验位、版权保护，实际上是增加冗余。
③信道：如互联网、广播、通信、可移动介质。

2. 信源编码与解码模型
信源编码模型，如图 8.4 所示。

图 8.4　信源编码模型

①映射器：对输入数据进行映射，改变数据的描述形式，减少或消除像素间的冗余（可逆）。
②量化器：量化器根据给定的保真度准则降低映射器输出的精度，以进一步减少心理视觉冗余（不可逆），仅用于有损压缩。
③符号编码器：减少编码冗余，如使用哈夫曼编码。
信源解码模型，如图 8.5 所示。

图 8.5　信源解码模型

8.1.7　图像压缩的国际标准

信息技术的特点是互操作性和全球联网。随着全球范围内的信息传输和交换越来越重要，统一的压缩标准成为实现全球范围信息传输交换的关键。

图像压缩的国际标准有 H.261、JPEG、MPEG.1、MPEG.2 和 H.263 等。图像压缩涉及二值图像传真、静态图像传输、可视电话、会议电视、DVD、高清晰度电视、多媒体电视通信、多媒体视频点播与传输等广泛应用领域。

1. 二进制图像压缩标准

二进制图像压缩标准主要有 G3/G4 和 JBIG 两种。G3 和 G4 这两种二进制图像压缩标准最初是由国际电报电话咨询委员会（Consultative Committee of International Telegraph and Telephone，CCITT）的两个小组为图像传真应用而设计的，现在也应用于其他方面。G3 标准主要采用一维行程编码技术或二维行程编码技术；G4 仅采用二维行程编码技术，它是 G3 的一个简化。G3 对文字或少量图像的压缩比约为 15∶1，G4 比 G3 的压缩比提高近一倍。JBIG 主要是针对 G3 和 G4 压缩中出现的半调灰度图像的扩展问题而制定的，采用自适应技术解决图像扩散问题，因而提高了 G3 和 G4 标准的编码效率，尤其是对于半调灰度图像，压缩比能够提高 2~30 倍。

2. 静止图像压缩标准

JPEG 是国际标准化组织（International Organization for Standardization，ISO）和 CCITT 于 1986 年成立的联合图片专家组（Joint Photographic Expert Group）的英文缩写，也是于 1991 年 3 月提出的多灰度静止图像的数字压缩编码，1992 年，其作为静止图像压缩方法的国际标准被正式推出。它适用于各种不同类型、不同分辨率要求的彩色和黑白静止图像，有多种编码模式和数据格式，主要应用于彩色传真、静止图像、可视通信、印刷出版、新闻图片、医学和卫星图像的传输、检索和存储。

基本 JPEG 算法的操作可分成 3 个步骤：首先通过 DCT（离散余弦变换）去除数据冗余，然后使用量化表对 DCT 系数进行量化，最后对量化后的 DCT 系数进行编码，使其熵达到最小，熵编码采用哈夫曼变长编码。

目前 JPEG 专家组正在研究 JPEG 2000 这一新的国际标准——采用小波变换的编码技术，并且将添加诸如提高压缩质量、码流随机存储、结构开放、向下兼容等功能。

3. 运动图像压缩标准

运动图像的国际压缩标准主要有 H.261、MPEG.1、MPEG.2、MPEG.4、MPEG.7 和 H.263。

1）H.261

H.261 建议是 CCITT 于 1990 年 12 月通过的有关图像（视频）压缩编码的第一个国际标准化建议。其中文名称为 "$P \times 64$ kbit/s 声像服务用的视频编解码器"，主要对象是 $P \times 64$ kbit/s 和 $P \times 384$ kbit/s 两类码率，当时主要用于可视电话和会议电视，图像质量的要求不是很高，能在 ISDN 的 $P \times 64$ kbit/s（$1 \leqslant P \leqslant 30$）信道上进行可视电话、会议电视等声像服务。其技术方案的基本框架和主要内容成为后来许多视频图像国际标准的基础，采用了预测、变换、熵编码，集中了它们各自优势，同时充分利用视觉特性。

2）MPEG.1

MPEG 是活动图像专家组 Moving Picture Expert Group 的简称。MPEG.1 的编号是 ISO/

IEC 11172，其中文名称为"码率约为 1. 5 Mbit/s 用于数字存储媒体的运动图像和相关音频编码"。MPEG. 1 包括系统（Part1：System11172. 1）、视频（Part2：Video 11172. 2）、音频（Part3：Audio 11172. 3）以及测试和软件实现等。它主要面向数字存储媒体，应用于多媒体计算机、教育与训练、演示与咨询服务、创作与娱乐、电子出版物、数字视听系统、交互式电话等领域。

3）MPEG. 2

MPEG. 2 的编号是 ISO/IEC 13818，其中文名称为"活动图像及其伴音信息的通用编码（标准）"，主要包括系统、视频、音频、测试等几部分内容。

4）MPEG. 4、MPEG. 7

MPEG. 4 的标准是交互式的多媒体应用，其主要特点有基于内容的交互性、高效的压缩算法、自然与合成的图像编码及其混合编码、通用的可接入性。

MPEG. 7 的全称为"多媒体信息内容的描述接口"。其对所有不同类型的多媒体信息做标准的描述。该标准采用基于对象的编码方法，其主要应用包括数字化图书馆（图像库、音乐字典等）、多媒体目录服务、广播式媒体选择、多媒体编辑。

5）H. 263

H. 263 的中文名称是"用于低码率的视频编码"。由于低码率下实现多媒体通信，在技术上更为困难和复杂，因此，H. 263 采用了多种先进技术以降低码率，提供各种业务服务。

8.2　数字图像基本的压缩方法

图像压缩可分为两大类：第一类压缩过程是可逆的。也就是说，从压缩后的图像能够完全恢复出原来的图像，信息没有任何丢失，称为无损压缩。第二类压缩过程是不可逆的，无法完全恢复出原图像，信息有一定的丢失，称为有损压缩。选择哪一类压缩方法，需要通盘考虑。尽管希望能够无损压缩，但是通常有损压缩的压缩比（原图像占的字节数与压缩后图像占的字节数之比，压缩比越大，说明压缩效率越高）比无损压缩的高。

8. 2. 1　哈夫曼编码

哈夫曼编码是根据最佳变长编码定理，应用哈夫曼算法而产生的一种编码方法。

1. 最佳变长编码定理

对于每个符号，如经过量化后的图像数据，如果对它们每个值都是以相同长度的二进制码表示的，则称为等长编码或均匀编码。采用等长编码的优点是编码过程和解码过程简单，但由于这种编码方法没有考虑各个符号出现的概率，实际上就是将它们当作等概率事件来处理的，因而它的编码效率较低。

和等长编码不同的另一种方法是变长编码。在这种编码方法中，表示符号的码字的长度不是固定不变的，而是随符号出现的概率而变化，即出现概率高的符号分配较短的码字，而出现概率低的码字分配较长的码字。可以证明，在非均匀符号概率分布的情况下，变长编码总的编码效率要高于等长编码。在图像通信中常用的变长编码方法有哈夫曼编码、香农编码、算术编码等。这里先介绍哈夫曼编码。需要注意的是，变长编码是一种信息保持型编码（熵编码），即编解码的过程并不引起信息量的损失，因为它的符号和码字之间是唯一对应的。

哈夫曼编码是一种最常用的变长编码方法。设被编码的信源有 K 种符号，如 K 种灰度级，即信源符号的集合为 $\{a_i | i = 1, 2, \cdots, K\}$，且它们出现的概率为 $\{P(a_i) | i = 1, 2, \cdots, K\}$，那么不考虑信源符号的相关性，对每个符号单独编码时，其平均码长为 L 比特，即

$$L = \sum_{i=1}^{K} P(a_i) \cdot l_i \tag{8.12}$$

式中，l_i 为信源符号 a_i 的码字的长度。

可以证明，若编码时，对概率大的符号用短码，对概率小的符号用长码，则 L 会比等长编码时所需的码字少。或者说，在哈夫曼编码中，如果码字的长度严格按照所对应符号出现概率大小逆序排列，则平均码长一定小于其他任何顺序的排列方法。

变长编、译码过程都比较复杂。首先，编码前要知道各符号的概率 $P(a_i)$ 为具有实用性，还要求码字具有唯一可译性，并能实时进行译码。

2. 哈夫曼编码方法

哈夫曼于 1952 年提出了一种编码方法，即完全依据信源符号出现的概率大小来构造码字，这种编码方法形成的平均码长最短。

哈夫曼编码具体算法步骤如下。

①进行概率统计（如对一幅图像或 m 幅同种类图像做灰度信号统计），得到 n 个不同概率的信源符号。

②将 n 个信源符号的 n 个概率按照从大到小的顺序排序。

③将 n 个概率中最后两个小概率相加，这时概率个数减少为 $n-1$ 个。

④将 $n-1$ 个概率按照从大到小的顺序重新排序。

⑤重复步骤③，将新排序后的最后两个小概率再次相加，相加之和再与其余概率一起再次排序。如此重复下去，直到概率和为 1。

⑥给每次相加的两个概率值以二进制码元 0 或 1 赋值，大的赋 0，小的赋 1（或相反，整个过程保持一致）。

⑦从最后一次概率相加到第一次参与相加，依次读取所赋二进制码元，构造哈夫曼码字，编码结束。

下面举例说明哈夫曼编码过程。

【例 8.4】 给出一幅 8×8 的图像 $f=$

$$\begin{bmatrix} 7 & 2 & 5 & 1 & 4 & 7 & 5 & 0 \\ 5 & 7 & 7 & 7 & 7 & 6 & 7 & 7 \\ 2 & 7 & 7 & 5 & 7 & 7 & 5 & 4 \\ 5 & 2 & 4 & 7 & 3 & 2 & 7 & 5 \\ 1 & 7 & 6 & 5 & 7 & 6 & 7 & 2 \\ 3 & 3 & 7 & 3 & 5 & 7 & 4 & 1 \\ 7 & 2 & 1 & 7 & 3 & 3 & 7 & 5 \\ 0 & 3 & 7 & 5 & 7 & 2 & 7 & 4 \end{bmatrix}, \quad 求：$$

①对其进行哈夫曼编码；

②计算编码效率、压缩比及冗余度。

解：由题意可知，图像共有 8 个灰度级：0，1，2，3，4，5，6，7。

①对图像中的灰度级进行概率统计，有

$$p_0 = \frac{2}{64}, \ p_1 = \frac{4}{64}, \ p_2 = \frac{7}{64}, \ p_3 = \frac{7}{64}, \ p_4 = \frac{5}{64}, \ p_5 = \frac{11}{64}, \ p_6 = \frac{3}{64}, \ p_7 = \frac{25}{64}$$

根据上述哈夫曼编码步骤，则其哈夫曼编码过程为

编码结果如下。

符号	0	1	2	3	4	5	6	7
码字	00011	0101	011	0000	0100	001	00010	1
码长	5	4	3	4	4	3	5	1

②平均码长为

$$L_{\text{avg}} = \sum_{i=0}^{7} L_i p_i = \frac{25}{64} \times 1 + \frac{11}{64} \times 3 + \frac{7}{64} \times 3 + \frac{7}{64} \times 4 + \frac{5}{64} \times 4 +$$

$$\frac{4}{64} \times 4 + \frac{3}{64} \times 5 + \frac{2}{64} \times 5 = 2.625(比特/像素)$$

信源熵为

$$H = -\sum_{k=0}^{7} p_k \log_2 p_k = -\left(\frac{25}{64}\log_2\frac{25}{64} + \frac{11}{64}\log_2\frac{11}{64} + 2\times\frac{7}{64}\log_2\frac{7}{64} + \frac{5}{64}\log_2\frac{5}{64} + \frac{4}{64}\log_2\frac{4}{64} + \frac{3}{64}\log_2\frac{3}{64} + \frac{2}{64}\log_2\frac{2}{64} \right)$$

$$= 0.529 + 0.437 + 0.698 + 0.287 + 0.25 + 0.207 + 0.156 = 2.564（比特/像素）$$

编码效率为

$$\eta = \frac{H}{L_{avg}} \times 100\% = \frac{2.564}{2.625} \times 100\% \approx 97.68\%$$

由于图像共 8 个灰度级，压缩前量化需 3 比特/像素，压缩后的平均码长为 2.625 比特/像素，因此压缩比为

$$r = 3/2.625 \approx 1.14$$

冗余度为

$$\xi = (1-\eta) \times 100\% = (1-0.976\ 8) \times 100\% = 2.32\%$$

3. 准变长编码

哈夫曼编码虽然效果较好，但在实践中，往往会遇到一些具体问题，如码字集合过于庞大或硬件实现比较复杂等。因此，在实际编码中经常采用一种性能稍差，但实现方便的方法，即准变长编码。在最简单的准变长编码方法中只有两种长度的码字，即对概率大的符号用长码，反之用短码。同时，在短码字集中留出一个作为长码字的字头（例 8.5 中为 111），保证整个码字集的非续长性。表 8.3 是一个 3/6 比特双字长编码的例子。

【例 8.5】　3/6 比特双字长编码。

表 8.3　3/6 比特双字长编码

符号	编码	符号	编码
0	000	8	111000
1	001	9	111001
2	010	10	111010
3	011	11	111011
4	100	12	111100
5	101	13	111101
6	110	14	111110
7	111111		
出现概率：0.9	3 比特长码字	出现概率：0.1	6 比特长码字

从表中可以看出，它可表达 15 种符号，相当于 4 比特/符号的等长编码的表达能力，而其平均字长实际上是 3.3 比特。由此可知，当符号集中各符号出现概率可以明显分为高、低两类时，这种编码方法可得到较好的结果。这种方法在现行的图像系统中应用很广泛。例如，在 H.261 建议的变长编码的码表中，就是将常见的（大概率）的码型按哈夫曼编码的方式处理，而对于其他极少出现的码型，则给它分配一个前缀，后面就是此码字本身。这种方法虽然和上面介绍的准变长编码略有不同，但实质上仍然是一种准变长编码。

【例 8.6】　基于 MATLAB 编程实现图像的哈夫曼编码。

解：程序如下。

```
clc; clear;
% load image
Image=[7 2 5 1 4 7 5 0; 5 7 7 7 7 6 7 7; 2 7 7 5 7 7 7 5 4; 5 2 4 7 3 2 7 5;
    1 7 6 5 7 6 7 2; 3 3 7 3 5 5 7 4 1; 7 2 1 7 3 3 7 5; 0 3 7 5 7 2 7 4];
[h w]=size(Image);totalpixelnum=h*w;
len=max(Image(:))+1;
for graynum=1:len
    gray(graynum,1)=graynum. 1;              % 将图像的灰度级统计在数组 gray 第一列
end
% 将各个灰度出现的频数统计在数组 histgram 中
for graynum=1:len
    histgram(graynum)=0;        gray(graynum,2)=0;
    for i=1:w
        for j=1:h
            if gray(graynum,1)==Image(j,i)
                histgram(graynum)=histgram(graynum)+1;
            end
        end
    end
    histgram(graynum)=histgram(graynum)/totalpixelnum;
end
histbackup=histgram;
% 找到概率序列中最小的两个,相加,依次增加数组 hist 的维数,存放每一次的概率和,同时将原概率
屏蔽(置为 1. 1);
% 最小概率的序号存放在 tree 第一列中,次小的放在第二列
sum=0;
treeindex=1;
while(1)
    if sum>=1. 0
        break;
    else
        [sum1,p1]=min(histgram(1:len));     histgram(p1)=1. 1;
        [sum2,p2]=min(histgram(1:len));     histgram(p2)=1. 1;
        sum=sum1+sum2;              len=len+1;          histgram(len)=sum;
        tree(treeindex,1)=p1;        tree(treeindex,2)=p2;
        treeindex=treeindex+1;
    end
end
% 数组 gray 第一列表示灰度值,第二列表示编码码值,第三列表示编码的位数
for k=1:treeindex. 1
    i=k;    codevalue=1;
```

```
   if or(tree(k,1)<=graynum,tree(k,2)<=graynum)
      if tree(k,1)<=graynum
         gray(tree(k,1),2)=gray(tree(k,1),2)+codevalue;
         codelength=1;
         while(i<treeindex. 1)
            codevalue=codevalue*2;
            for j=i:treeindex. 1
               if tree(j,1)==i+graynum
                  gray(tree(k,1),2)=gray(tree(k,1),2)+codevalue;
                  codelength=codelength+1;
                  i=j;
            break;
               elseif tree(j,2)==i+graynum
                  codelength=codelength+1;
                  i=j;         break;
               end
            end
         end
      gray(tree(k,1),3)=codelength;
   end
   i=k;
codevalue=1;
   if tree(k,2)<=graynum
      codelength=1;
      while(i<treeindex. 1)
         codevalue=codevalue*2;
         for j=i:treeindex. 1
            if tree(j,1)==i+graynum
               gray(tree(k,2),2)=gray(tree(k,2),2)+codevalue;
               codelength=codelength+1;
               i=j;
      break;
            elseif tree(j,2)==i+graynum
               codelength=codelength+1;
               i=j; break;
            end
         end
      end
      gray(tree(k,2),3)=codelength;
   end
  end
end
% 把 gray 数组的第二、三列,即灰度的编码值及编码位数输出
```

```
for k=1:graynum
    A{k}=dec2bin(gray(k,2),gray(k,3));
end
disp('编码');
disp(A);
运行结果:
编码
'00011'   '0101'   '0000'   '011'   '0100'   '001'   '00010'   '1'
```

应该指出，因为可以给相加的两个概率指定为"0"或"1"，因此由上述过程编出的最佳码并不唯一，但其平均码长是一样的，不影响编码效率和数据压缩性能。

8.2.2　算术编码

从理论上来讲，采用哈夫曼方法对信源数据进行编码可以获得最佳编码效果。但是由于在计算机中存储和处理的最小数据单位是比特，因此在某种情况下，实际的压缩编码效果往往达不到理论的压缩比。例如，信源符号 $\{x,y\}$，其对应的概率为 $\left\{\dfrac{2}{3},\dfrac{1}{3}\right\}$，则根据理论计算，$x$、$y$ 的最佳码长分别为

$$\begin{cases} x: -\log_2(2/3) = 0.588\ \text{比特} \\ y: -\log_2(1/3) = 1.58\ \text{比特} \end{cases} \tag{8.13}$$

要获得最佳效果，x、y 的码字长度应分别是 0.588 比特、1.58 比特，而计算机不可能有非整数位出现，只能按整数位进行，即采用哈夫曼方法对 $\{x,y\}$ 编码，得到 $\{x,y\}$ 的码字分别为 0 和 1，也就是两个符号信息的编码长度都为 1。可见，对于出现概率大的符号 x 并未能赋予较短的码字，这就是实际的编码效果往往不能达到理论编码的原因之一。为了解决计算机中必须以整数位进行编码的问题，提出了算术编码方法。

1. 算术编码的特点

算术编码于 20 世纪 60 年代初由 Elias 提出，Rissanen 和 Pasco 首次介绍了它的实用技术。算术编码是信息保持型编码，它不像哈夫曼编码，无须为一个符号设定一个码字。算术编码有固定方式的编码，也有自适应方式的编码。不同的编码方式，将直接影响编码效率。自适应算术编码的方式，无须先定义概率模型，对无法进行概率统计的信源符号比较合适，在这点上优于哈夫曼编码。同时，在信源符号概率比较接近时，算术编码比哈夫曼编码效率要高，在图像通信中常用它来取代哈夫曼编码。但是，算术编码的算法或硬件实现要比哈夫曼编码复杂。

2. 编码过程

算术编码的方法是将被编码的信源消息表示成实数轴上 0～1 的一个间隔（也称为子区间）。消息越长，编码表示它的间隔越小，表示这一间隔所需的二进制位数越多，码字越长；反之，编码所需的二进制位数就少，码字就短。信源中连续符号根据某一模式生成概率的大小来缩小间隔，可能出现的符号要比不太可能出现的符号缩小的范围少，只增加了较少的比特。

算术编码将待编码的图像数据看作是由多个符号组成的序列，对该序列递归地进行算术

运算后，成为一个二进制分数。在接收端，解码过程也是算术运算，由二进制分数重建图像符号序列。下面从一个算术编码实例来说明其原理，如图 8.6 所示。

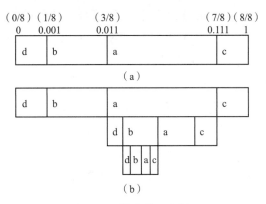

图 8.6　算术编码实例

（a）单位区间上的码点；（b）符号序列"aab…"算术编码的子分过程

设图像信源编码可用 a、b、c、d 这 4 个符号来表示，如果符号 a、b、c、d 出现的概率分别是 1/2、1/4、1/8 和 1/8，则信源编码符号集的所有符号的概率之和组成了一个完整的概率空间，可用单位长度的矩形表示。在此长度为 1 的单位矩形中，各个符号依次排列，所占宽度和它的概率大小成正比。各个符号左边的分界线称为码点，每个码点有其相应的码点值。每个码点值是它前面所出现符号的概率之和。第一个码点值为 0，因为在它之前没有码字；由于 d 出现的概率是 1/8，故第二个码点值为 0.001；由于 b 出现的概率为 1/4，再加上 d 出现的概率为 1/8，所以第三个码点值为两者之和，故为 0.011，依此类推。

算术编码的过程实质上是对此单位区间的子分（Subdivision）过程。可以设想有一个编码"指针"，随着所编码字的进行，指针不停地在对单位区间进行划分。例如，对"aabc"进行算术编码，如图 8.6（b）所示，其过程如下。

①编码前，指针指向码点"0"，指针活动宽度为"1"，即从 0 到 1。

②编码"a"，指针指向新码点：0+1×0.011 = 0.011（前面的码点+前面的宽度×"a"的码点）；指针有效活动宽度为 1×0.1 = 0.1（前面的单位长度×"a"的概率）。

③编码"a"，指针指向新码点：0.011+0.1×0.011 = 0.1001（前面的码点+前面的宽度×"a"的码点）；指针有效活动宽度为 0.1×0.1 = 0.01（前面的单位长度×"a"的概率）。

④编码"b"，指针指向新码点：0.1001+0.01×0.001 = 0.10011（前面的码点+前面的宽度×"b"的码点）；指针有效活动宽度为 0.01×0.01 = 0.0001（前面的单位长度×"b"的概率）。

⑤编码"c"，指针指向新码点：0.10011+0.0001×0.111 = 0.1010011（前面的码点+前面的宽度×"c"的码点）；指针有效活动宽度为：0.0001×0.001 = 0.0000001（前面的单位长度×"c"的概率）。

最后所得码点的值"1010011"（忽视小数点）就是对"aabc"进行算术编码的结果。如果所给的码字数目更多，还可以依此类推地继续做下去。随着所编码字的增加，指针的活动范围越来越小，越来越精确，所编出的二进制码字越来越多。在上述的运算中，尽管含有乘法运算，但它可以用右移来实现，因此在算法中只有加法和移位运算。

【例 8.7】 试对图像信源数据集 ［4 1 3 1 2］ 进行算术编码。其中，各符号出现概率为 $p(1)=0.4$，$p(2)=0.2$，$p(3)=0.2$，$p(4)=0.4$。

解：对符号 1、2、3、4 在 ［0，1） 内分别建立编码区间，依次为
$$［0,0.4）、［0.4,0.6）、［0.6,0.8）、［0.8,1.0）$$

根据算术编码迭代公式，计算新区间。

①对符号 4 进行编码。

前符号区间为 ［0，1），而符号 4 为 ［0.8，1.0），则
$$\text{Start}_N=\text{Start}_B+\text{Left}_C\times L=0+0.8\times1=0.8$$
$$\text{End}_N=\text{Start}_B+\text{Right}_C\times L=0+1.0\times1=1.0$$

因此，符号 4 的新编码区间为 ［0.8，1.0），宽度为 0.2。

②对符号 1 进行编码。

前符号区间为 ［0.8，1.0），而符号 1 为 ［0，0.4），则
$$\text{Start}_N=\text{Start}_B+\text{Left}_C\times L=0.8+0\times0.2=0.8$$
$$\text{End}_N=\text{Start}_B+\text{Right}_C\times L=0.8+0.4\times0.2=0.88$$

因此，符号 1 的新编码区间为 ［0.8，0.88），宽度为 0.08。

③对符号 3 进行编码。

前符号区间为 ［0.8，0.88），而符号 3 为 ［0.6，0.8），则
$$\text{Start}_N=\text{Start}_B+\text{Left}_C\times L=0.8+0.6\times0.08=0.848$$
$$\text{End}_N=\text{Start}_B+\text{Right}_C\times L=0.8+0.8\times0.08=0.864$$

因此，符号 3 的新编码区间为 ［0.848，0.864），宽度为 0.016。

④对符号 1 进行编码。

前符号区间为 ［0.848，0.864），而符号 1 为 ［0，0.4），则
$$\text{Start}_N=\text{Start}_B+\text{Left}_C\times L=0.848+0\times0.016=0.848$$
$$\text{End}_N=\text{Start}_B+\text{Right}_C\times L=0.848+0.4\times0.016=0.854\,4$$

因此，符号 1 的新编码区间为 ［0.848，0.854 4），宽度为 0.006 4。

⑤对符号 2 进行编码。

前符号区间为 ［0.848，0.854 4），而符号 2 为 ［0.4，0.6），则
$$\text{Start}_N=\text{Start}_B+\text{Left}_C\times L=0.848+0.4\times0.006\,4=0.850\,56$$
$$\text{End}_N=\text{Start}_B+\text{Right}_C\times L=0.848+0.6\times0.006\,4=0.851\,84$$

因此，符号 2 的新编码区间为 ［0.850 56，0.851 84），宽度为 0.001 28。

数据集 ［4 1 3 1 2］ 的编码区间为 ［0.850 56，0.851 84），宽度为 0.001 28。或者说，在此区间内任一实数值都唯一对应该数据序列。该十进制实数区间用二进制表示为 ［0.110110011011，0.110110100001］，忽视小数点，不考虑 "0."，取该区间内码长为最短的码字作为最后的实际编码码字输出。

最终对数据集 ［41312］ 进行算术编码的输出码字为 1101101。可以看出，算术编码器对整个信源符号序列只产生一个码字，而这个码字是区间 ［0，1） 中的一个实数。

信源熵为

$$H=-\sum_{k=1}^{8} P_k \log_2 P_k =-(0.4 \log_2 0.4+3\times 0.2 \log_2 0.2)= 1.92(比特/像素)$$

平均码长为

$$L_{avg}=ceil(-\log_2(0.851\ 84-0.850\ 56))/5=10/5=2(比特/像素)$$

编码效率为

$$\eta=\frac{H}{L_{avg}}\times 100\%=\frac{1.92}{2}\times 100\%\approx 96\%$$

【例 8.8】 基于 MATLAB 编程，对例 8.7 中的图像实现算术编码。

解：程序如下。

```
clc;clear;
Image=[4 1 3 1 2];
[h w col]=size(Image); pixelnum=h*w;
graynum=max(Image(:))+1;
for i=1:graynum
    gray(i)=i.1;
end
histgram=zeros(1,graynum);
for i=1:w
    for j=1:h
        pixel=uint8(Image(j,i)+1);
        histgram(pixel)=histgram(pixel)+1;
    end
end
histgram=histgram/pixelnum;                    % 将各个灰度出现频数统计在数组 histgram 中
disp('灰度级');disp(num2str(gray));
disp('概率');disp(num2str(histgram))
disp('每一行字符串及其左右编码:')
for j=1:h
    str=num2str(Image(j,:)); left=0; right=0;
    intervallen=1; len=length(str);
    for i=1:len
        if str(i)==''
            continue;
        end
        m=str2num(str(i))+1; pl=0; pr=0;
        for j=1:m.1
            pl=pl+histgram(j);
        end
        for j=1:m
            pr=pr+histgram(j);
        end
        right=left+intervallen*pr;left=left+intervallen*pl;    % 间隔区间左、右端点
```

```
            intervallen=right. left;                    % 间隔区间宽度
        end
        % 输入图像信息数据
        disp(str);
        % 编码输出间隔区间
        disp(num2str(left));    disp(num2str(right))
        temp=0;    a=1;
        while(1)
            left=2*left;
            right=2*right;
        if floor(left)~=floor(right)
            break;
        end
        temp=temp+floor(left)*2^(. a);
        a=a+1;
        left=left. floor(left);
        right=right. floor(right);
        end
        temp=temp+2^(. a);
        ll=a;
        % 寻找最后区间内的最短二进制小数和所需的比特位数
        disp(num2str(temp));    disp(ll);
        % 算术编码的编码码字输出：
        disp('算术编码的编码码字输出：');
        % yy=DEC2bin(temp,ll);
        % 简单将十进制转化为 N 为 2 的二进制小数
        for ii= 1: ll
            temp1=temp*2;
            yy(ii)=floor(temp1);
            temp=temp1. floor(temp1);
        end
        disp(num2str(yy));
    end
```

程序运行结果如下。

```
灰度级
0  1  2  3  4
概率
0        0. 4        0. 2        0. 2        0. 2
每一行字符串及其左右编码：
4  1  3  1  2
0. 85056
0. 85184
0. 85156
算术编码的编码码字输出：1101101。
```

3. 解码过程

算术解码过程和编码过程相反，它是将算术编码的码字序列的值通过逐次比较而逐步在单位概率空间逐渐"定位"的过程。下面以"0.1010011"的解码过程为例来说明。

①在 0~1 空间里定位，由于 0.011<0.1010011<0.111，解得第一个码字为"a"。

②由码字序列值（0.1010011）减去前码点值（0.011）得 0.1010011 − 0.011 = 0.0100011。这是因为在编码过程中，第二次子分区间的新码点的值是和 0.011 相加的，所以在解码时要减去它。再将得到的 0.0100011 乘以 2，即 0.0100011×2 = 0.100011。这是因为在编码过程中，曾将子分区间宽度乘以"a"的概率（0.1 = 1/2）。由于 0.011<0.100011<0.111，所以解得第二个码字为"a"。

③由码字序列值（0.100011）减去前码点值（0.011）得 0.100011 − 0.011 = 0.001011。这是因为在编码过程中，第三次子分区间的新码点的值是和 0.011 相加的，所以在解码时要减去它。再将得到的 0.001011 乘以 2，即 0.001011×2 = 0.01011。这是因为在编码过程中，曾将子分区间宽度乘以"a"的概率（0.1 = 1/2）。由于 0.001<0.01011<0.011，所以解得第三个码字为"b"。

④由码字序列值（0.01011）减去前码点值（0.001）得 0.01011 − 0.001 = 0.00111。这是因为在编码过程中，第四次子分区间的新码点的值是和 0.001 相加的，所以在解码时要减去它。再将得到的 0.00111 乘以 4，即 0.00111×4 = 0.111。这是因为在编码过程中，曾将子分区间宽度乘以"b"的概率（0.01 = 1/4）。因为 0.111 恰好是"c"的码点，所以解得第四个码字为"c"。

从上述的实例中，可以了解算术编码的大致过程。对"aabc"算术编码的结果为"10 10011"，共 7 比特。如果采用哈夫曼编码，"a"为"0"，"b"为"10"，"c"为"110"，"d"为"111"，则"aabc"编码的结果为"0010110"，共 7 比特。这里两者编码结果相同，是因为算术编码的序列较短。如果序列较长，则可显示更高的效率，算术编码的效率一般说来要比哈夫曼编码高。虽然上面给出的是一个二进制的算术编码的实例，但它可以看作是多进制符号的算术编码的特例，其原理大致上是一样的。在 H.263 视频编码标准中，就是将算术编码作为一个选项来代替哈夫曼编码，以期提高可见光通信（Visible Light Communication，VLC）的效率。

8.2.3　差值脉冲编码调制编码

基于图像的统计特性进行数据压缩的一类基本方法就是预测编码。它是利用图像信号的空间或时间相关性，用已传输的像素对当前的像素进行预测，然后对预测值与真实值的差——预测误差进行编码处理和传输。目前应用较多的是线性预测方法，全称为差值脉冲编码调制（Differential Pulse Code Modulation，DPCM）。

DPCM 编码是图像编码技术中研究最早、应用最广的一种方法，它的一个重要的特点是算法简单，易于硬件实现。编码器的输出不是图像像素的样值 $f_N(x,y)$，而是该样值与预测值 $\hat{f}_N(x,y)$ 之间的差值，即预测误差 $e_N(x,y)$ 的量化值 $e'_N(x,y)$。据图像信号的统计特性的分析，可以得一组恰当的预测系数，使预测误差的分布大部分集中在"0"附近，经非均匀量化，采用较少的量化分层，图像数据得到了压缩。DPCM 编码原理框图，如图 8.7 所示。

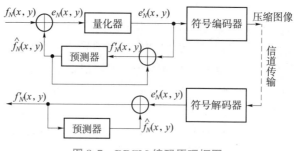

图 8.7　DPCM 编码原理框图

DPCM 编码步骤如下：

①压缩头处理；

②对每一个符号 $f_N(x,y)$，由前面的值，通过预测器，求出预测值 $\hat{f}_N(x,y)$；

③求出预测误差 $e_N(x,y)=f_N(x,y)-\hat{f}_N(x,y)$；

④预测对误差 $e_N(x,y)$ 编码，作为压缩值；

⑤重复②、③、④步骤。

DPCM 解码步骤如下：

①对头解压缩；

②对每一个预测误差的编码解码，得到预测误差 $e_N(x,y)$；

③由前面的值，得到预测值 $\hat{f}_N(x,y)$；

④预测误差 $e_N(x,y)$ 与预测值 $\hat{f}_N(x,y)$ 相加，得到解码 $f_N(x,y)$；

⑤重复②、③、④步骤。

【例 8.9】　设预测值是通过 m 个以前像素的线性组合来生成的，如下面的

$$\hat{f}_N = \mathrm{round}\Big(\sum_{i=1}^{m} a_i f_{n-i}\Big)$$

取 $m=2$，$a_2=a_1=1/2$。若像素集合为

$$f=\{154,159,151,149,139,121,112,109,129\}$$

求其预测值及预测差值。

解：预测值（从第三个数算起）　　　　预测差值

$f_2 = 1/2 \times (154+159) \approx 156$ 　　$e_2 = 151-156 = -5$

$f_3 = 1/2 \times (159+151) = 155$ 　　$e_3 = 149-155 = -6$

$f_4 = 1/2 \times (151+149) = 150$ 　　$e_4 = 139-150 = -11$

$f_5 = 1/2 \times (149+139) = 144$ 　　$e_5 = 121-144 = -23$

$f_6 = 1/2 \times (139+121) = 130$ 　　$e_6 = 112-130 = -18$

$f_7 = 1/2 \times (121+112) \approx 116$ 　　$e_7 = 109-116 = -7$

$f_8 = 1/2 \times (112+109) \approx 110$ 　　$e_8 = 129-110 = 19$

8.2.4　离散余弦变换编码

离散余弦变换（DCT）是一种实数域变换，其变换核为实数余弦函数。对一幅图像进行

DCT 后，图像的重要信息都集中在 DCT 的一小部分系数中。因此，DCT 是有损图像压缩 JPEG 的核心，同时也是所谓"变换域信息隐藏算法"的主要"变换域（DCT 域）"之一。

为了达到压缩数据目的，DCT 系数需做量化，量化表需针对性地设计。DCT 系数量化是一个十分重要的过程，是造成 DCT 编解码信息损失（或失真）的根源。量化过程即经过 DCT 图像的每个系数根据量化表除以各自对应的量化步长，得到量化系数。量化的作用是在一定的主观保真度图像质量的前提下去掉那些对视觉影响不大的信息，以获得较高的压缩比。

量化公式为

$$L(u,v) = [f(u,v)/L(u,v)] \tag{8.14}$$

当 u、v 不断增大时，相应余弦函数的频率也不断增大，得到的系数可认为原始图像信号在频率不断增大的余弦函数上的投影，被称为低频系数、中频系数和高频系数。另外，一个图像的 DCT 低频系数分布在 DCT 系数矩阵的左上角，高频系数分布在右下角，低频系数的绝对值大于高频系数的绝对值。对 DCT 来说，图像的主要能量集中在其 DCT 系数的一小部分。这所谓的"一小部分"就是指的低频部分。

随着 u、v 阶数的不断增大，图像信号在两组正交余弦函数上的投影值出现了大量的正负相抵消的情景，从而导致得到的频率系数在数值（绝对值）上不断减小。中、低频系数所含有的原始信号成分较多，所以由其逆变换重构图像就能得到图像的近似部分。高频系数是在众多正交余弦函数上投影的加权，是这些不同频率的余弦信号一起来刻画原始信号的结果，图像近似的部分在这些函数上被相互抵消，剩下的就是图像的细节部分。

1. 一维 DCT

对于有限长数字序列 $f(x)$ $(x = 0, 1, \cdots, N-1)$，一维 DCT 定义为

$$F(u) = C(u)\sqrt{\frac{2}{N}} \sum_{x=0}^{N-1} f(x) \cos \frac{(2x+1)u\pi}{2N} \quad (u = 0, 1, \cdots, N-1) \tag{8.15}$$

【例 8.10】　一个长为 4 的数字序列，求其 DCT。

$$F(u) = C(u)\sqrt{\frac{2}{4}} \sum_{x=0}^{3} f(x) \cos \frac{(2x+1)u\pi}{8} \quad (u = 0, 1, 2, 3)$$

解：

$$
\begin{cases}
F(0) = \dfrac{1}{\sqrt{2}} \times \dfrac{1}{\sqrt{2}} \sum_{x=0}^{3} f(x) \\[3mm]
F(1) = \dfrac{1}{\sqrt{2}} \sum_{x=0}^{3} f(x) \cos \dfrac{(2x+1)\pi}{8} \\[3mm]
F(2) = \dfrac{1}{\sqrt{2}} \sum_{x=0}^{3} f(x) \cos \dfrac{2(2x+1)\pi}{8} \\[3mm]
F(3) = \dfrac{1}{\sqrt{2}} \sum_{x=0}^{3} f(x) \cos \dfrac{3(2x+1)\pi}{8}
\end{cases}
$$

$$\begin{bmatrix} F(0) \\ F(1) \\ F(2) \\ F(3) \end{bmatrix} = \frac{1}{\sqrt{2}} \begin{bmatrix} \dfrac{1}{\sqrt{2}} & \dfrac{1}{\sqrt{2}} & \dfrac{1}{\sqrt{2}} & \dfrac{1}{\sqrt{2}} \\ \cos\dfrac{\pi}{8} & \cos\dfrac{3\pi}{8} & \cos\dfrac{5\pi}{8} & \cos\dfrac{7\pi}{8} \\ \cos\dfrac{2\pi}{8} & \cos\dfrac{6\pi}{8} & \cos\dfrac{10\pi}{8} & \cos\dfrac{14\pi}{8} \\ \cos\dfrac{3\pi}{8} & \cos\dfrac{9\pi}{8} & \cos\dfrac{15\pi}{8} & \cos\dfrac{21\pi}{8} \end{bmatrix} \begin{bmatrix} f(0) \\ f(1) \\ f(2) \\ f(3) \end{bmatrix}$$

一维 DCT 的矩阵形式表示为

$$F = Af$$

$$A = \sqrt{\frac{2}{N}} \begin{bmatrix} \dfrac{1}{\sqrt{2}} & \dfrac{1}{\sqrt{2}} & \cdots & \dfrac{1}{\sqrt{2}} \\ \cos\left(\dfrac{1}{2N}\pi\right) & \cos\left(\dfrac{3}{2N}\pi\right) & \cdots & \cos\left[\dfrac{(2N-1)}{2N}\pi\right] \\ \vdots & \vdots & \ddots & \vdots \\ \cos\left(\dfrac{N-1}{2N}\pi\right) & \cos\left[\dfrac{3(N-1)}{2N}\pi\right] & \cdots & \cos\left[\dfrac{(2N-1)(N-1)}{2N}\pi\right] \end{bmatrix}$$

2. 二维 DCT

数字图像为二维数据，把一维 DCT 推广到二维，二维 DCT 的和其逆变换定义为

$$\begin{cases} F(u,v) = \dfrac{2}{\sqrt{MN}} C(u) C(v) \displaystyle\sum_{x=0}^{M-1} \sum_{y=0}^{N-1} f(x,y) \cos\dfrac{\pi(2x+1)u}{2M} \cos\dfrac{\pi(2y+1)v}{2N} \\ f(x,y) = \dfrac{2}{\sqrt{MN}} \displaystyle\sum_{u=0}^{M-1} \sum_{v=0}^{N-1} C(u) C(v) F(u,v) \cos\dfrac{\pi(2x+1)u}{2M} \cos\dfrac{\pi(2y+1)v}{2N} \end{cases} \tag{8.16}$$

式中，

$$x, u = 0, 1, 2, \cdots, M-1$$
$$y, v = 0, 1, 2, \cdots, N-1$$

$$C(u), C(v) = \begin{cases} \dfrac{1}{\sqrt{2}} & (u, v = 0) \\ 1 & (u, v = 1, 2, \cdots, N-1) \end{cases}$$

二维 DCT 的矩阵形式表示为

$$F = AfA^{\mathrm{T}} \qquad f = A^{\mathrm{T}}FA$$

$$A = \sqrt{\frac{2}{N}} \begin{pmatrix} \dfrac{1}{\sqrt{2}} & \dfrac{1}{\sqrt{2}} & \cdots & \dfrac{1}{\sqrt{2}} \\ \cos\left(\dfrac{1}{2N}\pi\right) & \cos\left(\dfrac{3}{2N}\pi\right) & \cdots & \cos\left[\dfrac{(2N-1)}{2N}\pi\right] \\ \vdots & \vdots & \ddots & \vdots \\ \cos\left(\dfrac{N-1}{2N}\pi\right) & \cos\left[\dfrac{3(N-1)}{2N}\pi\right] & \cdots & \cos\left[\dfrac{(2N-1)(N-1)}{2N}\pi\right] \end{pmatrix}$$

【例 8.11】 一幅图像 $f(x,y) = \begin{bmatrix} 0 & 0 & 1 & 1 \\ 0 & 0 & 1 & 1 \\ 0 & 0 & 1 & 1 \\ 0 & 0 & 1 & 1 \end{bmatrix}$，用矩阵算法求其 DCT。

解：

$$A = \frac{1}{\sqrt{2}} \begin{bmatrix} \dfrac{1}{\sqrt{2}} & \dfrac{1}{\sqrt{2}} & \dfrac{1}{\sqrt{2}} & \dfrac{1}{\sqrt{2}} \\ \cos\dfrac{\pi}{8} & \cos\dfrac{3\pi}{8} & \cos\dfrac{5\pi}{8} & \cos\dfrac{7\pi}{8} \\ \cos\dfrac{2\pi}{8} & \cos\dfrac{6\pi}{8} & \cos\dfrac{10\pi}{8} & \cos\dfrac{14\pi}{8} \\ \cos\dfrac{3\pi}{8} & \cos\dfrac{9\pi}{8} & \cos\dfrac{15\pi}{8} & \cos\dfrac{21\pi}{8} \end{bmatrix}$$

$$F = \begin{bmatrix} 2 & -1.848 & 0 & 0.764 \\ 0 & 0 & 0 & 0 \\ 0 & 0 & 0 & 0 \\ 0 & 0 & 0 & 0 \end{bmatrix}$$

【例 8.12】 用 MATLAB 编程实现对图像的二维 DCT。

解：程序如下。

```
Image = imread('cameraman. jpg');              % 读取图像
imshow(Image);                                 % 显示原图像
grayI = rgb2gray(Image);                        % 将彩色图像灰度化
figure, imshow(grayI);
DCTI = dct2(grayI);                             % 计算余弦变换并移位
ADCTI = abs(DCTI);
top = max(ADCTI(:));
bottom = min(ADCTI(:));
ADCTI = (ADCTI. bottom)/(top. bottom)*100;
figure,imshow(ADCTI);                           % 显示 DCT 频谱图
imwrite(ADCTI,' cameramandct. jpg');
```

上述程序运行的结果，如图 8.8 所示。

（a） （b） （c）

图 8.8 图像的二维 DCT

（a）原图像；（b）灰度图；（c）DCT 频谱图

195

8.2.5 LZW 编码

本节介绍一种无误差压缩方法，这种方法除能解决图像的编码冗余问题外，还能解决空间冗余问题。该技术称为 Lempel-Ziv. Welch（LZW）编码，它对信源符号的变长序列分配定长码字。由图像信息度量可知，在第一定理的证明中，香农使用的是信源符号编码序列这一思想，而不是各个信源符号。LZW 编码的关键特征是，它不需要被编码符号出现的概率的先验知识。LZW 编码技术已被引入许多主流的图像文件格式中，如 GIF、TIFF 和 PDF 等。

LZW 编码概念上非常简单。在编码过程的开始阶段，首先构建一个包含被编码信源符号的码书或字典。对于 8 比特单色图像，字典中的前 256 字分配给灰度 0，1，2，…，255。当编码器顺序检查图像像素时，不在字典中的灰度序列被放置到算法确定的位置。如果在编码过程中采用了一个 9 比特、512 字的字典，那么最初用于表示这两个像素的（8+8）比特就由一个 9 比特码字代替。字典的大小是一个重要的系统参数。如果字典太小，那么匹配灰度级序列的检测将不太可能成功；如果字典太大，那么码字的大小反过来会影响压缩性能。

【例 8.13】 LZW 编码。

考虑下列大小为 4×4 的 8 比特垂直边缘图像：

39	39	126	126
39	39	126	126
39	39	126	126
39	39	126	126

表 8.4 中给出了 LZW 编码结果。

表 8.4 LZW 编码结果

字典位置	项
0	0
1	1
⋮	⋮
255	255
256	—
⋮	⋮
511	—

位置 256 到 511 开始时未使用。

按照从左到右、从上到下的方式处理图像中的像素，对图像编码。每个连续的灰度值都与表 8.5 中称为"当前识别的序列"的第一列的一个变量连接。变量最初为空或零。在字典中搜索每个连接的序列，如果找到，如表中的第二行第一列所示，那么用新近连接并识别的序列（字典中的序列）代替它，结果如第三行的第一列所示。这既不产生输出代码，也不更改字典。然而，如果在字典中未找到连接的序列，那么把当前识别的序列的地址作为下一个编码输出，并把已连接但未识别的序列添加到字典中，当前识别的序列初始化为当前的像素值。这一过程如表中的第三行所示。

最后两列详细给出了扫描整个 128 比特图像时添加到字典中的灰度序列。编码结束后，字典中含有 256 个码字，LZW 算法成功地识别了几个重复的灰度序列，使用它们把 128 比特的原图像降低到了 90 比特（即 10 个 9 比特码）。从上到下读取第三行即可得到编码输出，压缩率是 1.42：1。

表 8.5　LZW 编码示例

当前可识别的序列	正确被处理的像素	编码后的输出	字典位置	字典词条
	39			
39	39	39	256	39-39
39	126	39	257	39-126
126	126	126	258	126-126
126	39	126	259	126-39
39	39			
39-39	126	256	260	39-39-126
126	126			
126-126	39	258	261	126-126-39
39	39			
39-39	126			
39-39-126	126	260	262	39-39-126-126
126	39			
126-39	39	259	263	126-39-39
39	126			
39-126	126	257	264	39-126-126
126		126		

上述 LZW 编码的一个特点是，编码字典或码书是在对数据进行编码的同时创建的。很明显，在 LZW 解码器对编码后的数据流进行解码的同时，创建了一个同样的解压缩字典。尽管上例中并不需要考虑字典溢出，但大多数实际应用都需要一种处理字典溢出的方法。处理字典溢出的一种简单办法是，当字典已满时，刷新或重新初始化字典，并用一个新初始化的字典继续编码。另一种复杂方法是监控压缩性能，并在性能变得低或不可接受时刷新字典。

8.2.6　方块编码

方块编码（Block Truncation Coding，BTC）是方块截断编码的简称，其原理是把一幅图

像分为大小为 $N \times N$ 的子像块（简称子块），由于子块内各相邻像素间具有亮度互相近似的相关性，于是只选用两个适当的亮度来近似代表子块内各像素原来的亮度，然后指明子块内的各像素分别属于哪个亮度。

1. 基本编码方法

设图像中一个子块的大小为 $m = N \times N$ 个像素，子块中第 i 个像素为 P_i，其亮度为 X_i，子块的两个代表性亮度为 a_0、a_1，称为亮度级分量。用一个二元码 i 指明像素 P_i 编码后属于 a_0 或 a_1，i 称为分辨力分量。设子块内的亮度阈值为 X_T，像素 P_i 编码后的电平值为 Y_i，则基本编码方法可用下式表示：

$$Y_i = \bar{i} \cdot a_0 + i \cdot a_1$$
$$i = \begin{cases} 1 & (X_i \geqslant X_T) \\ 0 & (X_i < X_T) \end{cases}$$

由上式可知，编码后方块的像素亮度 $\{Y_1, Y_2, \cdots, Y_m\}$ 可以用 $\{a_0, a_1\}$ 和 $\{1, 2, \cdots, m\}$ 的组合表示。如果用它们作为传输内容，接收端也能恢复出编码图像。其中，前面两个元素 $\{a_0, a_1\}$ 一般具有与亮度相同的等级，而后面为一个 m 比特的比特面，因此可以降低传输数码率。

设 a_0、a_1 各为 P 比特，则编码后每个像素的平均比特数为

$$B = (m + 2P)/m = 1 + 2P/m \tag{8.17}$$

a_0、a_1 是用来代表亮度层次的，一般需要 6~8 比特，如取 $m = 4 \times 4$，$P = 8$，则经方块编码后可压缩到 2 比特/像素。

由上式可知，m 越大，B 越小，即压缩比越高，但此时图像质量也下降，因为方块尺寸越大，子块内像素的相关性也越小，只用两个灰度作近似，逼真度当然就越差。通常取 $m = 4 \times 4$。

2. 参数的选择

m 一定时，编码参数 a_0、a_1 及 X_T 的选择对恢复图像的质量有很大的影响。下面是两种较为典型的方式。

1）保持一阶矩、二阶矩的参数选择

取阈值 $X_T = \bar{X}$，并记

$$q = \sum_{X_i \geqslant X_T} i \tag{8.18}$$

为编码后亮度为 a_1 的像素的个数。编码的策略是保持子块的一阶矩和二阶矩不变，即

$$\begin{cases} m\bar{X} = (m-q)a_0 + qa_1 \\ m\overline{X^2} = (m-q)a_0^2 + qa_1^2 \end{cases} \tag{8.19}$$

解此方程可得

$$\begin{cases} a_0 = \bar{X} - \sigma\sqrt{q/(m-q)} \\ a_1 = \bar{X} + \sigma\sqrt{(m-q)/q} \end{cases}$$

式中，$\sigma^2 = \overline{X^2} - (\bar{X})^2$ 为子块的均方差。

2）均方误差最小的参数选择（方案 2）

取 $X_T = \bar{X}$，编码策略是使均方误差最小，即

$$\min \varepsilon^2 = \sum_{i=1}^{m} (X_i - Y_i)^2 \tag{8.20}$$

同样，记

$$q = \sum_{X_i \geqslant X_T} i \tag{8.21}$$

则有

$$\varepsilon^2 = \sum_{X_i < X_T} (X_i - a_0)^2 + \sum_{X_i \geqslant X_T} (X_i - a_1)^2 \tag{8.22}$$

令

$$\frac{\varepsilon^2}{a_i} = 0 \quad (i = 0, 1)$$

可以得出

$$\begin{cases} a_0 = \dfrac{1}{m-q} \displaystyle\sum_{X_i < X_T} X_i \\ a_1 = \dfrac{1}{q} \displaystyle\sum_{X_i \geqslant X_T} X_i \end{cases} \tag{8.23}$$

由于 a_0、a_1 分别是小于和大于阈值 X_T 的像素的平均值，因此也可以记作 X_L。上面介绍的是两种比较简单的方案。由于算法中已指定了 $X_T = \bar{X}$，所以实现起来比较方便。在一些场合还可以再增加一个方程，作为 X_T 或 q 的限制条件，这样可以增加一些保持信息，但同时也增加了算法的复杂性。

需要指出的是，方块编码是非保持型编码，它相当于只使用了两个电平的量化器，而且在应用中取整运算也会引入一些附加的误差。

8.2.7 数字水印

1. 数字水印的分类

数字水印技术可以从不同角度进行分类，因此有多种分类方法。

1）按特性划分

按特性，可以将数字水印分为鲁棒数字水印和易损数字水印两类。

2）按所附载的媒体划分

按所附载的媒体，可以将数字水印划分为图像水印、音频水印、视频水印、文本水印，以及用于三维网格模型的网格水印等。

3）按用途划分

按用途，可以将数字水印划分为票证防伪水印、版权保护水印、篡改提示水印和隐蔽标识水印。

4）按隐藏位置划分

按隐藏位置，可以将数字水印划分为时间/空间域数字水印、频率域数字水印、时间/频率域数字水印和时间/尺度域数字水印。时间/空间域数字水印是直接在信号空间上叠加水印

信息，而频率域数字水印、时间/频率域数字水印和时间/尺度域数字水印则分别是在 DCT 域、时间/频率变换域和小波变换域上隐藏水印。随着数字水印技术的发展，各种水印算法层出不穷，水印的隐藏位置也不再局限于上述 4 种。只要构成一种信号变换，就可能在其变换空间上隐藏水印。

2. 数字水印的作用

水印技术适用于那些将在数字媒体和互联网上发布的图像（图片或视频）。这种图像可被他人多次无误差地复制，因此易将所有者置于巨大的风险中。即使加密图像，图像解密后也无法得到保护。阻止非法复制的方法之一是将与图像密不可分的一条或多条信息（称为水印）插入图像。加入水印后的图像作为一个整体，能以不同方式保护所有者的权益。

①版权识别。当所有者的权益受到侵犯时，数字水印能够提供所有者的证明信息。

②用户识别或采集指纹。合法用户的身份可以编码到水印中，用于识别非法复制的来源。

③真实性判定。如果水印被设计成对图像的任何修改都将破坏水印，那么水印可以保证图像不被篡改。

④自动监视。水印可以通过系统来监视，系统可以跟踪图像被使用的时间和地点（如搜索网上图像的一个程序）。对于版税征收和（或）确定非法用户的位置，监视非常有用。

数字图像水印处理是以对图像进行断言的方式把数据插入图像的过程，描述的方法与前几节中介绍的压缩技术并无多少相同之处（但它们都涉及信息编码）。压缩的目的是减少用于表示图像的数据量，而水印处理的目的是将信息和数据（水印）添加到图像中。

水印本身是完全可见的，或是完全不可见的。因此，水印是一幅不透明的或半透明的子图像，或是放在另一幅图像上方的图像（图像经过了水印处理）。

【例 8.14】 用 MATLAB 编程实现给一幅图像加上一个可见水印。

解：程序如下。

```
% 读取原图像
im = imread('cameraman. jpg');
% 显示原图像
figure;
imshow(im);
title('原图像');
% 生成水印
watermark = zeros(size(im,1),size(im,2),3);
watermark(1:50,1:100,:)=insertText(watermark(1:50,1:100,:),[25 25],'ABC' ,'FontSize' ,50);
% 显示水印
figure;
imshow(watermark);
title('水印');
% 将水印加到图像中
im_watermarked = im;
im_watermarked(1:50,1:100,:) = watermark(1:50,1:100,:);
% 显示加过水印的图像
```

```
figure;
imshow(im_watermarked);
title('加过水印的图像');
% 显示原图像和加过水印的图像的差
figure;
imshow(im . im_watermarked);
title('原图像和加过水印的图像差');
```

上述程序运行的结果，如图 8.9 所示。

图 8.9　一个简单的可见水印

（a）水印；（b）加过水印的图像；（c）原图像和加过水印的图像差

8.2.8　JPEG 压缩编码标准

JPEG 是联合图片专家组（Joint Picture Expert Group）的英文缩写，是 ISO 和 CCITT 联合制定的静态图像的压缩编码标准。与相同图像质量的其他常用文件格式（如 GIF、TIFF、PCX）相比，JPEG 是目前静态图像中压缩比最高的。

JPEG 的高压缩比，使它广泛地应用于多媒体和网络程序中，如 HTML 语法中选用的图像格式之一就是 JPEG（另一种是 GIF）。网络带宽非常宝贵，选用一种高压缩比的文件格式是十分必要的。JPEG 有几种模式，其中最常用的是基于 DCT 的顺序型模式，又称为基本系统，下面将针对这种格式进行讨论。

JPEG 基本系统提供建立高效失真编码方式，输入图像的精度为 8 比特/像素，而量化的 DCT 值限制为 11 比特。JPEG 编码器流程，如图 8.10 所示。

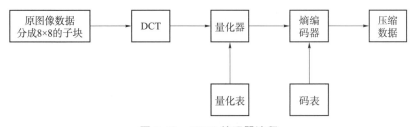

图 8.10　JPEG 编码器流程

JPEG 解码器流程为上述过程的逆过程，如图 8.11 所示。

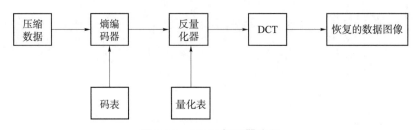

图 8.11　JPEG 解码器流程

8×8 的图像经过 DCT 后，其低频分量都集中在左上角，高频分量分布在右下角（DCT 实际上是空间域的低通滤波器）。由于该低频分量包含了图像的主要信息（如亮度），而高频分量与之相比，就不那么重要了，所以可以忽略高频分量，从而达到压缩的目的。如何将高频分量去掉，这就要用到量化，它是产生信息损失的根源。这里的量化操作，就是将某一个值除以量化表中对应的值。由于量化表左上角的值较小，右上角的值较大，所以起到了保持低频分量，抑制高频分量的作用。JPEG 使用的颜色是 YUV 格式。我们提到过，Y 分量代表亮度信息，U、V 分量代表色度信息。相比而言，Y 分量更重要一些。对 Y 采用细量化，对 U、V 采用粗量化，可进一步提高压缩比。因此，上面所说的量化表通常有两张，一张是针对 Y 的；一张是针对 U、V 的。

经过 DCT 后，低频分量集中在左上角，其中 $F(0,0)$（即第一行第一列元素）代表了直流（DC）系数，即 8×8 子块的平均值，要对它单独编码。由于两个相邻的 8×8 子块的 DC 系数相差很小，所以对它们采用 DPCM 编码，可以提高压缩比，也就是说对相邻的子块 DC 系数的差值进行编码。8×8 的其他 63 个元素是交流（AC）系数，采用行程编码。这里出现一个问题：这 63 个系数应该按照怎么样的顺序排列？为了保证低频分量先出现，高频分量后出现，以增加行程中连续 "0" 的个数，这 63 个元素采用了 "Z" 字形（Zig-Zag）的排列方法，如图 8.12 所示。

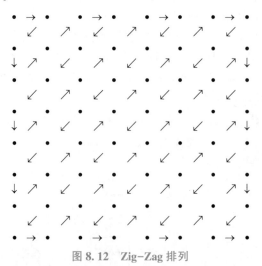

图 8.12　Zig-Zag 排列

这 63 个 AC 系数行程编码的码字用两个字节表示，如图 8.13 所示。

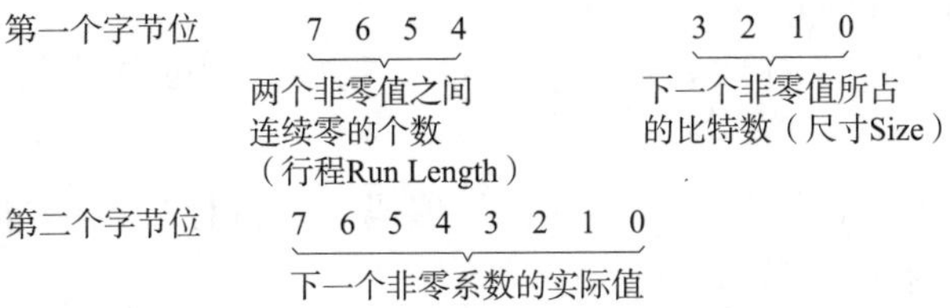

第一个字节位　　　7 6 5 4　　　　　3 2 1 0

两个非零值之间　　　下一个非零值所占
连续零的个数　　　　的比特数（尺寸Size）
（行程Run Length）

第二个字节位　　　7 6 5 4 3 2 1 0

下一个非零系数的实际值

图 8.13　AC 系数行程编码

1. 零偏置转换

在进行 DCT 前，需要对每个 8×8 的子块进行零偏置转换处理。

对于灰度级为 2^n 的 8×8 子块，通过减去 2^{n-1} 对 64 个像素进行灰度级移动。例如，对于灰度级为 2^8 的子块，就是要将 0~255 的值域通过减去 128 转换为值域在 -128~127 的值。这样做的目的是大大减少像素绝对值出现 3 位十进制数的概率，提高计算效率。

2. 正向 DCT

8×8 的正向 DCT 公式定义为

$$F(u,v) = \frac{1}{4}C(u)C(v)\sum_{x=0}^{7}\sum_{y=0}^{7}f(x,y)\cos\frac{\pi(2x+1)u}{16}\cos\frac{\pi(2y+1)v}{16} \tag{8.24}$$

式中，

$$C(u)C(v) = \begin{cases} \dfrac{1}{\sqrt{2}} & (u,v=0) \\ 1 & (u,v=1,2,\cdots,7) \end{cases} \tag{8.25}$$

并且

$$F(0,0) = \frac{1}{8}\sum_{x=0}^{7}\sum_{y=0}^{7}f(x,y) = 8\bar{f}(x,y) \tag{8.26}$$

位于原点的 DCT 系数值和子图像的平均灰度是成正比的。因此，把 $F(0,0)$ 系数称为直流系数，即 DC 系数，代表该子图像的平均亮度；其余 63 个系数称为交流系数，即 AC 系数。

3. 量化

在 JPEG 基本系统中，量化过程是对系数值的量化间距划分后的简单的归整运算，量化步长取决于一个"视觉阈值矩阵"，它随系数的位置而改变，并且也随着亮度和色度分量的不同而不同。之所以用两张量化表，是因为亮度分量比色度分量更重要，因而对亮度采用细量化，对色度采用粗量化。

量化的具体计算公式为

$$Sq(u,v) = \text{round}\left(\frac{F(u,v)}{Q(u,v)}\right) \tag{8.27}$$

式中，$Sq(u,v)$ 为量化后的结果；$F(u,v)$ 为 DCT 系数；$Q(u,v)$ 为量化表中的数值；round 为四舍五入取整函数。为了进一步提高压缩比，需要对其再进行熵编码，这里选用哈夫曼编码。

4. 熵编码的中间格式表示

AC 系数有两个符号。符号 1 为行程和尺寸，即上面的（Run Length，Size）。（0，0）和（15，0）是两个比较特殊的情况。（0，0）表示块结束标志（EOB），（15，0）表示 ZRL。当行程长度超过 15 时，用增加 ZRL 的个数来解决，因此最多有 3 个 ZRL（3×16+15=63）。

符号 2 为幅度值（Amplitude）。

DC 系数也有两个符号。符号 1 为尺寸（Size）；符号 2 为幅度值（Amplitude）。

5. 熵编码

对于 AC 系数，符号 1 和符号 2 分别进行编码。零行程长度超过 15 时，有一个符号（15，0），块结束时只有一个符号（0，0）。

对符号 1 进行哈夫曼编码（亮度、色度的哈夫曼码表不同）。对符号 2 进行变长整数编码。举例来说：尺寸=6 时，幅度的范围是 $-63 \sim -32$，以及 $32 \sim 63$；绝对值相同、符号相反的码字之间为反码关系。因此，AC 系数为 32 的码字为 100000，33 的码字为 100001，-32 的码字为 011111，-33 的码字为 011110。符号 2 的码字紧接于符号 1 的码字之后。

对于 DC 系数，Y 和 U、V 的哈夫曼码表也不同。

下面为 8×8 的亮度（Y）图像子块经过量化后的系数。

$$\begin{bmatrix} 15 & 0 & -1 & 0 & 0 & 0 & 0 & 0 \\ -2 & -1 & 0 & 0 & 0 & 0 & 0 & 0 \\ -1 & -1 & 0 & 0 & 0 & 0 & 0 & 0 \\ 0 & 0 & 0 & 0 & 0 & 0 & 0 & 0 \\ 0 & 0 & 0 & 0 & 0 & 0 & 0 & 0 \\ 0 & 0 & 0 & 0 & 0 & 0 & 0 & 0 \\ 0 & 0 & 0 & 0 & 0 & 0 & 0 & 0 \\ 0 & 0 & 0 & 0 & 0 & 0 & 0 & 0 \end{bmatrix}$$

可见，量化后只有左上角的几个点（低频分量）不为零，这样采用行程编码就很有效。

【例 8.15】　一个 8×8 的亮度分量子块，如图 8.14（a）所示，对其进行 JPEG 基本编码（假设相邻前一个 8×8 的亮度分量子块经处理后的量化 DC 系数为-30）。

解：第一步：首先对该 8×8 的亮度分量子块进行以下计算步骤处理：零偏置转换；正向 DCT；量化 DCT 系数。分步骤计算结果如图 8.14（b）、（c）、（d）所示。

$$\begin{bmatrix} 16 & 11 & 10 & 16 & 24 & 40 & 51 & 61 \\ 12 & 12 & 14 & 19 & 26 & 58 & 60 & 55 \\ 14 & 13 & 16 & 24 & 40 & 57 & 69 & 56 \\ 14 & 17 & 22 & 29 & 51 & 87 & 80 & 62 \\ 18 & 22 & 37 & 56 & 68 & 109 & 102 & 77 \\ 24 & 35 & 35 & 64 & 81 & 104 & 113 & 92 \\ 49 & 64 & 78 & 87 & 103 & 121 & 120 & 101 \\ 72 & 92 & 95 & 98 & 112 & 100 & 103 & 99 \end{bmatrix}$$

（a）

$$\begin{bmatrix} -112 & -117 & -118 & -112 & -104 & -88 & -77 & -67 \\ -116 & -116 & -114 & -109 & -102 & -70 & -68 & -73 \\ -114 & -115 & -112 & -104 & -88 & -71 & -59 & -72 \\ -114 & -111 & -106 & -99 & -77 & -41 & -48 & -66 \\ -110 & -106 & -91 & -72 & -60 & -19 & -25 & -51 \\ -104 & -93 & -93 & -64 & -47 & -24 & -15 & -36 \\ -79 & -64 & -50 & -41 & -25 & -7 & -8 & -27 \\ -55 & -36 & -33 & -30 & -16 & -28 & -25 & -29 \end{bmatrix}$$

（b）

$$\begin{bmatrix} -565 & -170 & -14 & 33 & -28 & 8 & -2 & -6 \\ -192 & 0 & 37 & 2 & 5 & 4 & 8 & -4 \\ 34 & 45 & 10 & -24 & 14 & -10 & -4 & 6 \\ -6 & -31 & 1 & 4 & 1 & 6 & 0 & -7 \\ 4 & 13 & -1 & -2 & 2 & -4 & 4 & 0 \\ 0 & -3 & 2 & 2 & 0 & -2 & 1 & 3 \\ -13 & 4 & 6 & -4 & 11 & -2 & -10 & 4 \\ 11 & 1 & -5 & -3 & 0 & 5 & 2 & 2 \end{bmatrix}$$

（c）

$$\begin{bmatrix} -35 & -15 & -1 & 2 & -1 & 0 & 0 & 0 \\ -16 & 0 & 3 & 0 & 0 & 0 & 0 & 0 \\ 2 & 3 & 1 & -1 & 0 & 0 & 0 & 0 \\ 0 & -2 & 0 & 0 & 0 & 0 & 0 & 0 \\ 0 & 1 & 0 & 0 & 0 & 0 & 0 & 0 \\ 0 & 0 & 0 & 0 & 0 & 0 & 0 & 0 \\ 0 & 0 & 0 & 0 & 0 & 0 & 0 & 0 \\ 0 & 0 & 0 & 0 & 0 & 0 & 0 & 0 \end{bmatrix}$$

（d）

图 8.14　JPEG 基本系统编码算法的分解

（a）8×8 的亮度分量子块；（b）零偏置转换；（c）正向 DCT；（d）量化 DCT 系数

第二步：对图 8.14（d）所示的量化 DCT 系数矩阵，进行熵编码。

①对于 DC 系数，其 DC 差值 $DIFF = -35 - (-30) = -5$，可得：一是前缀码（SSSS）的编码。由 $DIFF = -5$，得 $SSSS = 3$；根据 $SSSS = 3$，得其哈夫曼码字输出为 100。二是尾码的编码：由于 $DIFF = -5$，则其二进制码字输出为 010。因此，DC 系数的编码输出为 100010。

②对于 63 个 AC 系数，将其按照 Zig-Zag 排列方法扫描可得以下一维序列：-15，-16，2，0，-1，2，3，3，0，0，-2，1，0，-1，0，0，-1，0，1，EOB。

一是前缀码（NNNN/SSSS）的编码。根据序列中非零 AC 系数的值，得到相应的 SSSS 值，并且统计一维序列中每个非零 AC 系数前的 "0" 游程长度 NNNN 的值，则得到一系列组合 NNNN/SSSS 的值。根据 NNNN/SSSS 值，得其相应的哈夫曼码字输出如表 8.6 所示。

表 8.6　哈夫曼码字输出

AC 系数 →SSSS	-15 →4	-16 →5	2 →2	-1 →1	2 →2	3 →2	3 →2	-2 →2	1 →1	-1 →1	-1 →1	1 →1
NNNN/ SSSS	0/4	0/5	0/2	1/1	0/2	0/2	0/2	2/2	0/1	1/1	2/1	1/1
码字	1011	11010	01	1100	01	01	01	11111001	00	1100	11100	1100

二是尾码编码，如表 8.7 所示。

表 8.7　尾码编码

AC 系数	-15	-16	2	-1	2	3	3	-2	1	-1	-1	1	EOB
二进制码字	0000	01111	10	0	10	11	11	01	1	0	0	1	1010

有 AC 系数的编码输出为

　　10110000110100111101101100001100111011111111001010011100011100011001 1010

因此，量化 DCT 系数矩阵的总的熵编码输出为

1000101011000011010011110110110000110011101111111100101001110001110001 10011010

可以看出，编码后总的比特数为 78 比特，而编码前总的比特数为 $8 \times 8 \times 8 = 512$ 比特，则得压缩比为

$$r = \frac{512}{78} \approx 6.56$$

通常情况下，JPEG 算法的平均压缩比为 15:1，当压缩比大于 50 倍时，将可能出现方块效应。这一标准适用黑白及彩色照片、传真和印刷图片。

 习题八

8.1　数字图像的信息冗余主要包括哪几方面？

8.2　什么是图像信息的视觉冗余？

8.3　何谓信源编码器？信源编码器的功能是什么？

8.4　如何衡量图像编码压缩方法的性能？

习题八答案

8.5　存储一幅 1 024×768、256 个灰度级的图像需要多少比特？一幅 512×512 的 32 位真彩图像的存储容量为多少比特？

8.6　某视频为每秒 30 帧，每帧大小为 512×512，32 位真彩色。现有 40 GB 的可用硬盘空间，可以存储多少秒的该视频图像？若采用隔行扫描且压缩比为 10 的压缩方法，又能存储多少秒的该视频图像？

8.7　已知信源 $X = \begin{bmatrix} 0 & 1 \\ 1/4 & 13/4 \end{bmatrix}$，试对 1001 和 10111 进行算术编码。

8.8　对下列信源符号进行哈夫曼编码，并计算其压缩比和冗余度。

符号	a_1	a_2	a_3	a_4	a_5	a_6
概率	0.1	0.4	0.06	0.1	0.04	0.3

8.9　设一幅灰度级为 8（分别用 $S_0, S_1, \cdots, S_7$ 表示）的图像中，各灰度级所对应的概率分别为 0.40、0.18、0.10、0.10、0.07、0.06、0.05、0.04，求哈夫曼编码的效率。

8.10　计算图 8.15 所示的灰度图像信源熵。

1	4	7	3	1	0	7	7
0	1	1	4	0	7	2	5
3	0	4	0	2	6	4	1
4	6	0	3	2	0	1	4
3	2	5	0	7	5	2	1
4	5	0	6	0	1	7	5
5	2	2	4	6	0	1
5	7	0	6	5	4	4	2

图 8.15　题 8.10 图

8.11　以离散小波变换为基础，用 MATLAB 设计一个不可见水印处理系统。

8.12　以离散傅里叶变换为基础，用 MATLAB 设计一个不可见水印处理系统。

第 9 章

形态学图像处理

形态学图像处理（简称形态学）是指一系列处理图像形状特征的图像处理技术。形态学的基本思想是利用一种特殊的结构元素来测量或提取输入图像中相应的形状或特征，以便进一步进行图像分析和目标识别。形态学方法的基础是集合论。

本章从形态学及其相关概念展开，用来从图像中提取"内涵"。数字图像的形态学处理是一种基于形态学理论的图像处理方法，通过对原图像进行形态学操作，改变图像的形态和结构，从而达到一定的图像处理目的。

9.1 形态学基础知识

形态学处理的基本运算包括二值化、腐蚀、膨胀、开、闭等运算。其中，二值化是将灰度图像转换成二值图像的过程；腐蚀和膨胀是对二值图像进行形态学运算的基本运算；开和闭则是对腐蚀和膨胀运算的组合。结构元素是一种图像处理中的基本概念，它是一个小的二值图像，用于对原图像进行形态学处理。结构元素可以是线性的、圆形的、矩形的等，而不同的结构元素可以用于不同的形态学处理。

形态学重建是一种基于形态学理论的图像处理方法，它可以用于图像分割、去噪等方面。形态学重建的基本思想是将一个结构元素从图像的某个区域开始扩张，直到与另一个区域相遇。形态学梯度是一种用于检测图像边缘的形态学处理方法，它可以用于图像分割、边缘检测等方面。形态学梯度的基本思想是对原图像进行膨胀和腐蚀运算，然后将两幅图像相减，得到的结果就是形态学梯度。

9.2 基本符号与定义

9.2.1 膨胀

集合 X 用结构元素 S 来膨胀记为 $X \oplus S$，定义为

$$X \oplus S = \{x \mid [(\hat{S})_x \cap X] \neq \varnothing\} \tag{9.1}$$

其含义为：对结构元素 S 做关于原点的映射，所得的映射平移 X，形成新的集合 $(\hat{S})$，与集合 X 相交不为空集时，结构元素 S 的参考点的集合即为 X 被 S 膨胀所得到的集合。

如果 S 对称，则 X 被 S 膨胀可直观上解释为：S 的位移与 X 至少有一个非零元素相交时 S 的中心像素位置的集合。类似于腐蚀运算，对膨胀运算也可描述为：若模板中有一个为 1 的位置对应像素值为 1，则膨胀结果中对应位置像素值为 1，否则对应位置像素不存在。

【例 9.1】 膨胀运算示例 1。

图 9.1（a）中浅灰色"1"部分为目标集合 X，图 9.1（b）中浅灰色"1"部分为结构元素 S。求 $X \oplus S$。

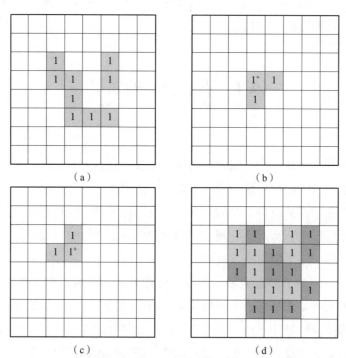

图 9.1 膨胀运算示例 1

（a）目标集合 X；（b）结构元素 S；（c）映射 $\hat{S}$；（d）$X \oplus S$

解：图 9.1（c）将 S 映射为 $\hat{S}$，将 $\hat{S}$ 在 X 上移动，记录交集不为空时结构元素参考点位置，图 9.1（d）所示整个灰色阴影部分为膨胀后结果。可以看出，目标集合经膨胀后，不

仅面积扩大，而且相邻两个孤立成分连接。

【例 9.2】　膨胀运算示例 2。

图 9.2（a）是一幅二值图像，浅灰色"1"部分为目标集合 X。图 9.2（b）中浅灰色 "1"部分为结构元素 S（标有"+"处为原点，即结构元素的参考点）。求 $X \oplus S$。

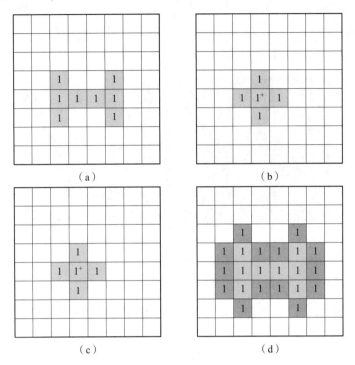

（a）　　　　　　　　　　　　（b）

（c）　　　　　　　　　　　　（d）

图 9.2　膨胀运算示例 2

（a）目标集合 X；（b）结构元素 S；（c）映射 $\hat{S}$；（d）$X \oplus S$

解：图 9.2（c）中浅灰色"1"部分为结构元素 S 的映射 $\hat{S}$。图 9.2（d）中浅灰色 "1"部分表示目标集合 X，深灰色"1"部分表示膨胀（扩大）部分。整个灰色阴影部分就 是集合 $X \oplus S$。

【例 9.3】　基于 MATLAB 编程，打开一幅二值图像并进行膨胀运算。

解：程序如下。

```
Image=imread('lena. bmp');
BW=im2bw(Image);
[h w]=size(BW);
result=zeros(h,w);
for x=2:w. 1
  for y=2:h. 1
    for m=. 1:1
      for n=. 1:1
              if BW(y+n,x+m)
          result(y,x)=1;
        break;
      end
```

```
        end
      end
    end
end
figure,imshow(result);
title('二值图像膨胀');
```

上述程序运行的结果，如图 9.3 所示。

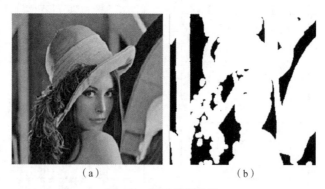

（a）　　　　　　　　　　　　（b）

图 9.3　膨胀运算效果

（a）原图像；（b）膨胀图像

【例 9.4】　基于 MATLAB 编程，打开一幅二值图像并进行膨胀运算。

解：程序如下。

```
% 读取图像
img = imread('cameraman. png');
% 对图像进行灰度化处理
gray_img = rgb2gray(img);
% 使用 Otsu 方法进行二值化处理
threshold = graythresh(gray_img);
binary_img = imbinarize(gray_img, threshold);
% 定义结构元素
se = strel('disk' ,5);
% 对二值图像进行膨胀运算
dilated_img = imdilate(binary_img, se);
% 显示原图像和膨胀图像
figure;
subplot(1,2,1);
imshow(img);
title('原图像');
subplot(1,2,2);
imshow(dilated_img);
title('膨胀图像');
```

上述程序运行的结果，如图 9.4 所示。

（a）　　　　　　　　　　　（b）

图 9.4　膨胀运算效果

（a）原图像；（b）膨胀图像

9.2.2　腐蚀

集合 X 用结构元素 S 来腐蚀记为 $X\Theta S$，定义为

$$X\Theta S = \{X \mid (S)_X \subseteq X\} \tag{9.2}$$

其含义为：若结构元素 S 平移 X 后完全包括在集合 X 中，记录 S 的参考点位置，所得集合为 S 腐蚀 X 的结果。

X 被结构元素 S 腐蚀的结果为：S 的映像通过平移时，其包含于 X 时所有中心元素构成的集合。在实际操作中，结构元素可用矩阵定义，属于结构元素的部分用 1 表示，不属于结构元素的部分用 0 表示。由于二值图像中的像素灰度只有 0 或 1 两种情况，在腐蚀过程中，只要对图像的每个位置都以此矩阵为模板进行检验，若结构元素中所有元素为 1 的位置对应像素存在值为 0 的情况，则当前结构元素所在位置的像素值为 0，否则为 1。

【例 9.5】　腐蚀运算示例 1。

图 9.5（a）中浅灰色部分为目标集合 X，图 9.5（b）为结构元素 S，标有"+"代表参考点。腐蚀的结果如图 9.5（c）所示，其中黑色为腐蚀后留下的部分。将结果与 X 相比发现，X 的区域范围被缩小。可见，不能容纳结构元素的部分都被腐蚀了。

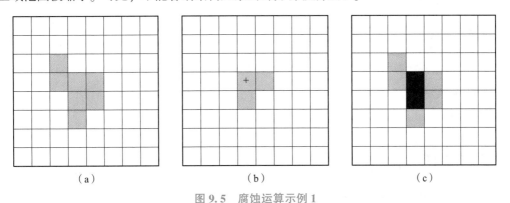

（a）　　　　　　　　　　（b）　　　　　　　　　　（c）

图 9.5　腐蚀运算示例 1

像膨胀运算一样，腐蚀运算也可以通过向量运算或位移运算来实现。腐蚀的向量运算为

$$X\Theta S = \{X \mid (S)_X \subseteq X\} \tag{9.3}$$

【例 9.6】 腐蚀运算示例 2。

图 9.6（a）中浅灰色"1"部分为目标集合 X，图 9.6（b）中浅灰色"1"部分为结构元素 S。求 $X \ominus S$。

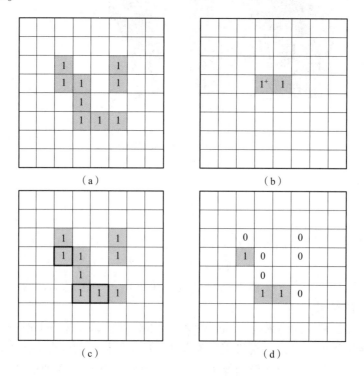

（a）
（b）
（c）
（d）

图 9.6 腐蚀运算示例 2

（a）目标集合 X；（b）结构元素 S；（c）$X \ominus S$

解：当 S 参考点位于图 9.6（c）中粗线框"1"部分时，$(S)_X \subseteq X$，则 $X \ominus S$ 为图 9.6（d）中浅灰色"1"部分。白色"0"部分为腐蚀消失部分。

【例 9.7】 基于 MATLAB 编程，打开一幅二值图像并进行腐蚀运算。

解：程序如下。

```
Image = imread('lena. bmp');
BW = im2bw(Image);
[h w] = size(BW);
result = ones(h,w);
for x = 2:w. 1
  for y = 2:h. 1
    for m = . 1:1
      for n = . 1:1
        if BW(y+n,x+m) = =0
          result(y,x) = 0;
          break;
```

```
            end
          end
        end
      end
    end
figure,imshow(result);title('二值图像腐蚀');
```

上述程序运行的结果，如图 9.7 所示。

（a）　　　　　　　　　　　　　（b）

图 9.7　腐蚀运算效果

（a）原图像；（b）腐蚀图像

【例 9.8】　基于 MATLAB 编程，打开一幅二值图像进行腐蚀运算。

解：程序如下。

```
% 读取图像
img = imread('cameraman. png');
% 定义结构元素
se = strel('square' ,3);
% 对图像进行腐蚀运算
eroded_img = imerode(img,se);
% 显示原图像和腐蚀图像
subplot(1,2,1);
imshow(img);
title('原图像');
subplot(1,2,2);
imshow(eroded_img);
title('腐蚀图像');
```

上述程序运行的结果，如图 9.8 所示。

在此示例中，首先，读取了一张名为"cameraman. png"的图像；其次，定义了一个
3×3 的正方形结构元素；再次，使用 imerode 函数对图像进行腐蚀运算；最后，使用 subplot
和 imshow 函数将原图像和腐蚀图像显示在同一张图上。

（a）　　　　　　　　　　　　（b）

图 9.8　腐蚀运算效果

（a）原图像；（b）腐蚀图像

9.2.3　膨胀和腐蚀的向量

膨胀和腐蚀的向量定义为

$$X \oplus S = \{y \mid y = x + s, x \in X, s \in S\} \tag{9.4}$$

$$X \Theta S = \{x \mid (x + s), x \in X, s \in S\} \tag{9.5}$$

膨胀为图像 X 中每一点 x 按照结构元素 S 中每一点 s 进行平移的并集；腐蚀为图像 X 中每一点 x 平移 s 后仍在图像 X 内部的参考点集合。

【例 9.9】　膨胀和腐蚀向量运算示例 1。

图 9.9（a）中深色"1"部分为目标集合 X，图 9.9（b）中深色"1"部分为结构元素 S。求用向量运算实现 $X \oplus S$。

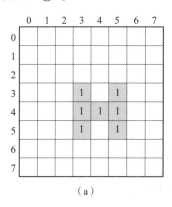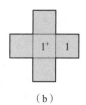

（a）　　　　　　　　　　　　（b）

图 9.9　膨胀和腐蚀向量运算示例 1

（a）目标集合 X；（b）结构元素 S

解：以像素坐标系将 X、S 中各点表示为向量，即

$$X = \{(2,3),(5,3),(2,4),(3,4),(4,4),(5,4),(2,5),(5,5)\}$$

$$S = \{(0,-1),(-1,0),(0,0),(1,0),(0,1)\}$$

则向量运算膨胀结果为

$$X \oplus S = \begin{cases} (2,2),(5,2),(1,3),(2,3),(3,3),(4,3), \\ (5,3),(6,3),(1,4),(2,4),(3,4),(4,4), \\ (5,4),(6,4),(1,5),(2,5),(3,5),(4,5), \\ (5,5),(6,5),(2,6),(5,6) \end{cases}$$

【例 9.10】　膨胀和腐蚀向量运算示例 2。

图 9.10（a）中深色"1"部分为目标集合 X，图 9.10（b）中深色"1"部分为结构元素 S。求用向量运算实现 $X\Theta S$。

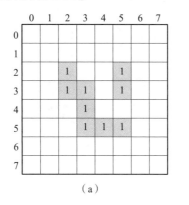

（a）　　　　　　　　　　　　　　（b）

图 9.10　膨胀和腐蚀向量运算示例 2

（a）目标集合 X；（b）结构元素 S

解：以像素坐标系将 X、S 中各点表示为向量，即

$$X = \{(2,2),(5,2),(2,3),(3,3),(5,3),(3,4),(3,5),(4,5),(5,5)\}$$
$$S = \{(0,0),(1,0)\}$$

x_1：$x_1+s_2=(3,2) \notin X$　　x_2：$x_2+s_2=(6,2) \notin X$

x_4：$x_4+s_2=(4,3) \notin X$　　x_5：$x_5+s_2=(6,3) \notin X$

x_6：$x_6+s_2=(4,4) \notin X$　　x_9：$x_9+s_2=(6,5) \notin X$

$$x_3: \begin{cases} x_3+s_1=(2,3) \in X \\ x_3+s_2=(3,3) \in X \end{cases} \quad x_7: \begin{cases} x_7+s_1=(3,5) \in X \\ x_7+s_2=(4,5) \in X \end{cases} \quad x_8: \begin{cases} x_8+s_1=(4,5) \in X \\ x_8+s_2=(5,5) \in X \end{cases}$$

因此，向量运算腐蚀结果为

$$X\Theta S = \{x_3,x_7,x_8\} = \{(2,3),(3,5),(4,5)\}$$

9.2.4　开运算和闭运算

一般情况下，膨胀和腐蚀不是互为逆运算的。膨胀和腐蚀进行结合使用，产生新的形态变换，即开运算（Opening）和闭运算（Closing）。

下面介绍开运算和闭运算的定义。

开运算：用结构元素对图像先腐蚀，再膨胀，即

$$X \circ S = (X\Theta S) \oplus S \tag{9.6}$$

闭运算：用结构元素对图像先膨胀，再腐蚀，即

$$X \cdot S = (X \oplus S)\Theta S \tag{9.7}$$

【例 9.11】 基于 MATLAB 编程，打开一幅二值图像并进行开运算与闭运算。

解：程序如下。

```
% 读取图像
img = imread('lena. tif');
% 定义结构元素
se = strel('disk' ,5);
% 对图像进行开运算
opened_img = imopen(img, se);
% 对图像进行闭运算
closed_img = imclose(img, se);
% 显示原图像、开运算图像和闭运算图像
figure;
subplot(1,3,1);
imshow(img);
title('原图像');
subplot(1,3,2);
imshow(opened_img);
title('开运算图像');
subplot(1,3,3);
imshow(closed_img);
title('闭运算图像');
```

上述程序运行的结果，如图 9.11 所示。

（a） （b） （c）

图 9.11 开运算和闭运算效果

（a）原图像；（b）开运算图像；（c）闭运算图像

在此示例中，首先，读取了一张名为"lena. tif"的图像；其次，定义了一个半径为 5 的圆形结构元素；再次，使用 imopen 函数对图像进行开运算，并使用 imclose 函数对图像进行闭运算；最后，使用 subplot 和 imshow 函数将原图像、开运算图像和闭运算图像显示在同一张图上。

开运算的效果：一是删除小物体（滤除突刺）；二是将物体拆分为小物体（切断细长搭接），起分离作用；三是平滑大物体边界而不明显改变它们面积（平滑图像轮廓）。

闭运算的效果：一是填充物体的裂缝和小洞；二是连相近物体（搭接短的间断），起连通补接作用；三是平滑大物体边界而不明显改变它们面积（平滑图像轮廓）。

9.3　二值形态学图像处理

9.3.1　形态滤波

选择不同形状（如各向同性的圆、十字形、矩形、不同朝向的有向线段等）、不同尺寸的结构元素可以提取图像的不同特征。结构元素的形状和大小会直接影响形态滤波输出结果。

【例 9.12】　基于 MATLAB 编程，打开一幅二值图像并进行形态滤波。

解：程序如下。

```
I=imread('point. jpg');
BW1=im2bw(I,h);
BW1=1. BW1;
se=strel('square',3);
BW2=1. imopen(BW1,se);
figure;imshow(BW2);title('矩形块提取图像');
se45=strel('line',25,45);
BW3=1. imopen(BW1,se45);
figure;imshow(BW3);title('线段提取图像');
```

上述程序运行的结果，如图 9.12 所示。

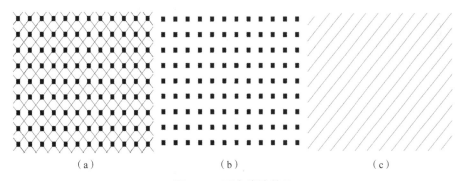

（a）　　　　　　　　　　（b）　　　　　　　　　　（c）

图 9.12　形态滤波效果

（a）原图像；（b）矩阵块提取图像；（c）线段提取图像

9.3.2　边界提取

在一幅图像中，图像的边缘或棱线是信息量最为丰富的区域。提取边界或边缘也是图像分割的重要组成部分。基于数学形态学提取边缘主要利用腐蚀运算的特性，即腐蚀运算可以缩小目标，原图像与缩小图像的差即为边界。

因此，提取物体的轮廓边缘的形态学变换有以下 3 种定义。

①内边界，即

$$Y=X-(X\ominus S)$$

（9.8）

②外边界，即

$$Y = (X \oplus S) - X \tag{9.9}$$

③形态学梯度，即

$$Y = (X \oplus S) - (X \ominus S) \tag{9.10}$$

【例 9.13】 边界提取示例 1。

进一步说明 3×3 结构元素的用途，如图 9.13 所示。二进制值 1 显示为白色，二进制值 0 显示为黑色，因此该结构元素的元素 1 也被当作白色来处理。由于所用结构元的尺寸比图像小，所以图 9.13（b）中的边界宽度为 1 个像素。

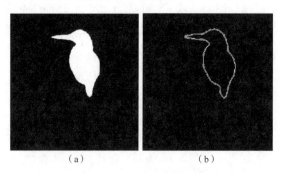

（a） （b）

图 9.13 边缘提取示例 1

（a）原图像；（b）边缘提取图像

【例 9.14】 边界提取示例 2。

使用 3×3 结构元素，边界提取结果如图 9.14 所示。

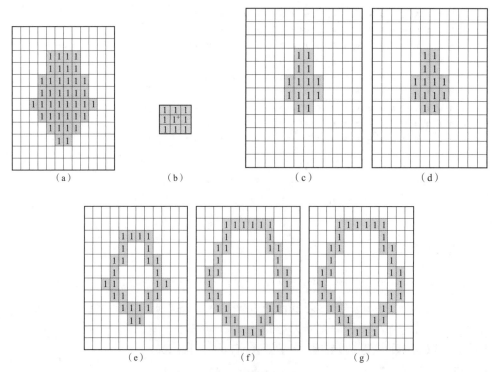

图 9.14 边界提取示例 2

（a）图像集合 X；（b）结构元素 S；（c）$X \ominus S$；（d）$X \oplus S$；（e）$X - (X \ominus S)$；（f）$(X \oplus S) - X$；（g）$(X \oplus S) - (X \ominus S)$

【例 9.15】　基于 MATLAB 编程，打开一幅二值图像进行边界提取。

解：程序如下。

```
% 读取图像
imread('cameraman. jpg');
% 转换为灰度图像
grayImage = rgb2gray(image);
% 对图像进行边界提取
edgeImage = edge(grayImage, 'sobel');
% 显示结果
figure;
subplot(1,2,1);
imshow(grayImage);
title('原图像');
subplot(1,2,2);
imshow(edgeImage);
title('边界提取图像');
```

上述程序运行的结果，如图 9.15 所示。

（a）　　　　　　　　　　（b）

图 9.15　边界提取效果

（a）原图像；（b）边界提取图像

9.3.3　区域填充

边界为图像轮廓线，区域为图像边界线所包围的部分，因此区域和边界可互求。区域填充的形态学可变换为

$$X_k = (X_{k-1} \oplus S) \cap A^c \tag{9.11}$$

式中，A 为区域边界点集合；k 为迭代次数。

取边界内某一点 $p(p = X_0)$ 为起点，利用上面的公式进行迭代运算。当 $X_k = X_{k-1}$ 时，停止迭代，这时 X_k 即为图像边界线所包围的填充区域。

【例 9.16】　区域填充示例。

边界点用灰色表示，赋值为 1。所有非边界点是白色部分，赋值为 0。区域填充结果如图 9.16 所示。

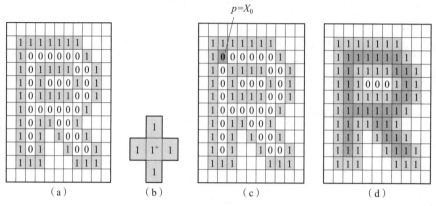

图 9.16   区域填充示例

（a）原图像；（b）结构元素；（c）起点 p；（d）区域填充图像

【例 9.17】   基于 MATLAB 编程，打开一幅二值图像并进行区域填充。

解：程序如下。

```
% 读取图像
img = imread('cameraman. png');
% 对图像进行灰度化处理
gray_img = rgb2gray(img);
% 使用 Otsu 方法进行二值化处理
threshold = graythresh(gray_img);
binary_img = imbinarize(gray_img, threshold);
% 获取二值图像中的所有连通区域
cc = bwconncomp(binary_img);
% 获取连通区域的像素列表
pixels = cc. PixelIdxList;
% 对每个连通区域进行填充
for i = 1:length(pixels)
    binary_img(pixels{i}) = 1;
end
% 显示原图像和区域填充图像
figure;
subplot(1,2,1);
imshow(img);
title('原图像');
subplot(1,2,2);
imshow(binary_img);
title('区域填充图像');
```

上述程序运行的结果，如图 9.17 所示。

图 9.17　区域填充效果

（a）原图像；（b）区域填充图像

首先，读取了一张名为 "cameraman. png" 的图像；其次，将图像转换为灰度图像，并使用 Otsu 方法进行二值化处理；再次，使用 bwconncomp 函数获取二值图像中的所有连通区域，并获取每个连通区域的像素列表；然后，对每个连通区域进行填充，即将该区域内的所有像素值设为 1；最后，使用 subplot 和 imshow 函数将原图像和区域填充图像显示在同一张图上。

9.3.4　目标探测——击中与否变换

目标探测也称为击中与否变换，即在感兴趣区域中探测目标。击中与否变换的原理是基于腐蚀运算的一个特性——腐蚀的过程相当于对可以填入结构元素的位置作标记的过程。因此，可以利用腐蚀运算来确定目标的位置。

目标探测既要探测目标的内部，也要探测目标的外部，即在一次运算中可以同时捕获内外标记。因此，需要采用两个结构基元构成结构元素，一个探测目标内部，另一个探测目标外部。

设 X 是被研究的图像集合，S 是结构元素，且 $S=(S_1, S_2)$。其中，S_1 是与目标内部相关的 S 元素的集合，S_2 是与背景（目标外部）相关的 S 元素的集合，且 $S_1 \cap S_2 = \varnothing$。图像集合 X 用结构元素 S 进行击中与否变换，记为 $X * S$，定义为

$$\begin{cases} X * S = (X \Theta S_1) \cap (X^c \Theta S_2) \\ X * S = (X \Theta S_1) - (X \oplus \hat{S}_2) \\ X * S = \{x \mid S_1 + x \subseteq X \text{ 且 } S_2 + x \subseteq X^c\} \end{cases} \tag{9.12}$$

在击中与否变换的操作中，当且仅当结构元素 S_1 平移到某一点可填入集合 X 的内部、结构元素 S_2 平移到该点可填入集合 X 的外部时，该点才在击中与否变换的输出中。

【例 9.18】　击中与否变换示例 1。

图 9.18（a）为由四个物体矩形、小方形、大方形、带有小凸出部分的大方形组成的图像集合 X。图（b）为结构元素对 $S=(S_1, S_2)$。要求通过击中与否变换，能正确识别方形。

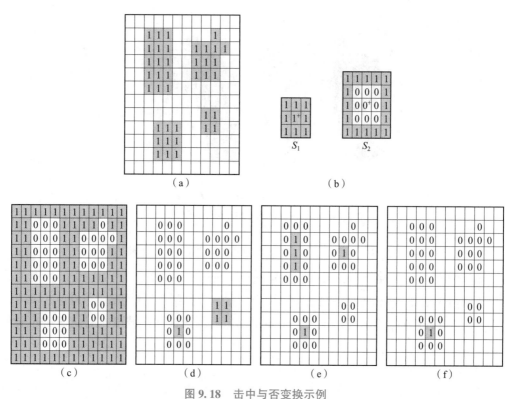

图 9.18　击中与否变换示例

（a）图像集合 X；（b）结构元素对 S；（c）X^c；（d）$X^c \Theta S_2$；（e）$X \Theta S_1$；（f）$X * S$

【例 9.19】　基于 MATLAB 编程，打开一幅二值图像并进行击中与否变换。

解： 程序如下。

```
程序
% 定义图像 Image
Image = zeros(12,12);
Image(2:6,3:5) = 1;
Image(9:11,4:6) = 1;
Image(3:5,8:10) = 1;
Image(8:9,9:10) = 1;
Image(2,10) = 1;
Image(3,11) = 1;
% 定义结构元素 SE1,SE2
```

$$SE1 = \begin{bmatrix} 0 & 0 & 0 & 0 & 0 \\ 0 & 1 & 1 & 1 & 0 \\ 0 & 1 & 1 & 1 & 0 \\ 0 & 1 & 1 & 1 & 0 \\ 0 & 0 & 0 & 0 & 0 \end{bmatrix} ; SE2 = \begin{bmatrix} 1 & 1 & 1 & 1 & 1 \\ 1 & 0 & 0 & 0 & 1 \\ 1 & 0 & 0 & 0 & 1 \\ 1 & 0 & 0 & 0 & 1 \\ 1 & 1 & 1 & 1 & 1 \end{bmatrix} ;$$

```
% 结构元素 SE1 探测图像内部，结果为 result1
result1 = imerode ( Image, SE1 );
Image1 = ~ Image;          % 目标图像 Image 求补
```

```
% 结构元素 SE2 检测图像外部,结果为 result2
result2 = imerode(Image1,SE2);
% 求出击中与否变换的结果 result
result = result1 & result2;
figure,imshow(result); title('击中与否变换图像');
```

上述程序运行的结果,如图 9.19 所示。

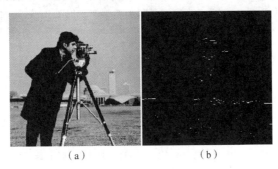

（a）　　　　　　　　　　　（b）

图 9.19　击中与否变换效果

（a）原图像；（b）击中与否变换图像

9.3.5　粗化

粗化是细化的形态学对偶,定义如下:

$$A \cdot B = A \cup (A \Theta B) \tag{9.13}$$

用于粗化的结构元素与用于细化的经旋转后的结构元素序列具有相同的形式,但所有 1 和 0 要互换。然而,针对粗化的分离算法在实际中很少用到,取而代之的过程是首先对问题中集合的背景进行细化,其次对结果求补集。为了粗化集合 A,首先形成 $C = A^c$,其次细化 C,最后再求 C^c。

【例 9.20】　基于 MATLAB 编程,打开一幅二值图像并进行细化。

解：程序如下。

```
% 读入二值图像
img = imread('cameraman. png');
% 定义卷积核
se = strel('square',3);
% 进行膨胀运算
img_dilated = imdilate(img, se);
% 进行腐蚀运算
img_eroded = imerode(img, se);
% 得到粗化图像
img_thickened = img_dilated & ~img_eroded;
% 显示原图像和粗化后的图像
figure;
subplot(1,2,1), imshow(img), title('Original Image');
subplot(1,2,2), imshow(img_thickened), title('Thickened Image');
```

上述程序运行的结果，如图 9.20 所示。

图 9.20　粗化效果

（a）原图像；（b）粗化图像

9.3.6　细化

骨架化结构是目标图像的重要拓扑描述。图像的细化与骨架提取有着密切关系。对目标图像进行细化处理，就是求图像中央骨架的过程，是将图像上的文字、曲线、直线等几何元素的线条沿着其中心轴线细化成一个像素宽的线条的处理过程。图像中那些细长的区域都可以用这种"类似骨架"的细化线条来表示。因此，细化过程可以看成是连续剥离目标外围的像素，直到获得单位宽度的中央骨架的过程。

基于数学形态学变换的细化算法为

$$X \odot S = X - (X * S) \tag{9.14}$$

可见，细化实际上为从集合 X 中去掉被结构元素 S 击中的结果。

【例 9.21】　细化示例。利用 8 个方向结构元素对序列对图像进行细化处理，细化结果如图 9.21 所示。

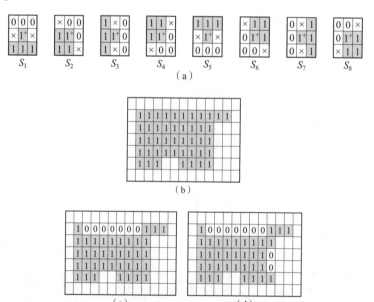

图 9.21　细化示例

（a）8 个方向的结构元素对序列 S；（b）原图像 X；（c）$X_1 = X_2 = (X \odot S_1) \odot S_2$；（d）$X_3 = X_2 \odot S_3$

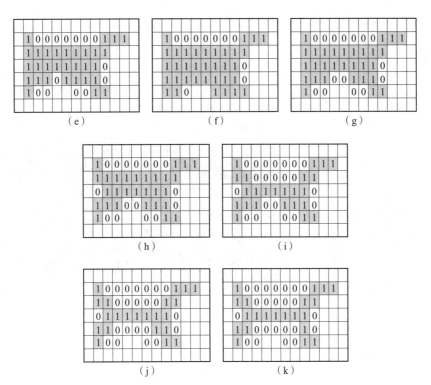

图 9.21 细化示例（续）

（e） $X_4 = X_3 \ominus S_4$；（f） $X_5 = X_4 \ominus S_5$；（g） $X_6 = X_5 \ominus S_6$；（h） $X_7 = X_8 = (X_6 \ominus S_7) \ominus S_8$；（i） $X_{9,10,11} = X_8 \ominus S_{1,2,3}$；

（j） $X_{12,13} = X_{11} \ominus S_{4,5}$；（k） $X_{14,15,16,17,18} = X_{13} \ominus S_{6,7,8,1,2}$

【例 9.22】 基于 MATLAB 编程，打开一幅二值图像并进行细化。

解：程序如下。

```
% 读取图像
img = imread('cameraman. png');
% 对图像进行灰度化处理
gray_img = rgb2gray(img);
% 使用 Otsu 方法进行二值化处理
threshold = graythresh(gray_img);
binary_img = imbinarize(gray_img, threshold);
% 对二值图像进行细化
thinned_img = bwmorph(binary_img, 'thin', Inf);
% 对细化后的图像进行膨胀运算，得到只有一个像素宽的图像
one_pixel_img = imdilate(thinned_img, strel('disk',1));
% 显示原图像、细化一次图像和只有一个像素宽的图像
figure;
subplot(1,3,1);
imshow(img);
title('原图像');
subplot(1,3,2);
```

```
imshow(thinned_img);
title('细化一次图像');
subplot(1,3,3);
imshow(one_pixel_img);
title('只有一个像素宽的图像');
```

上述程序运行的结果，如图 9.22 所示。

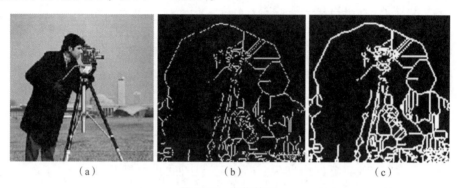

（a）　　　　　　　　　（b）　　　　　　　　　（c）

图 9.22　细化效果

（a）原图像；（b）细化一次图像；（c）只有一个像素宽的图像

首先，读取了一张名为"cameraman. png"的图像。其次，将图像转换为灰度图像，并使用 Otsu 方法进行二值化处理。再次，使用 bwmorph 函数对二值图像进行细化，使用参数值'Inf' 可以将图像细化到只有一个像素宽。然后，使用 imdilate 函数对细化后的图像进行膨胀运算，得到只有一个像素宽的图像。最后，使用 subplot 和 imshow 函数将原图像、细化一次图像和只有一个像素宽的图像显示在同一张图上。

9.4　灰度形态学的基础运算

与二值形态学相对应的另一种形态学运算是灰度形态学。灰度形态学与二值形态学相比，不仅在图像本身的空间尺寸上有变化，而且图像本身的灰度值也会发生变化。

本节首先把膨胀、腐蚀、开运算和闭运算的基本运算拓展到灰度图像。在接下来的讨论中，处理的是形如 $f(x,y)$ 和 $b(x,y)$ 的数字函数，其中 $f(x,y)$ 是一幅灰度图像，$b(x,y)$ 是一个结构元素。结构元素是检查给定图像中特定特性的"探测器"。灰度形态学中的结构元素分为两类：非平坦结构元素和平坦结构元素。平坦结构元素是指灰度剖面平坦，实际工作中很少使用灰度非平坦结构元素，因此本节中的所有例子都基于单位高度、对称、平坦、原点位于中心的结构元素。

9.4.1　膨胀运算

从数学角度来说，膨胀就是将图像（原图像中的部分区域 A）与核（描点 B）进行卷积。膨胀就是求局部最大值的操作，与 B 卷积，就是求 B 所覆盖区域的像素点的最大值，并将最大值赋给参考点指定的像素，从而增长高亮区域。其运算符为"⊕"。

输入图像 $f(x,y)$ 被结构元素 $b(x,y)$ 膨胀定义为

$$(f \oplus b)(s,t) = \max\{f(s-x,t-y) + b(x,y) \mid (s-x,t-y) \in D_f; (x,y) \in D_b\} \quad (9.15)$$

其中，D_f、D_b 分别为输入图像 $f(x,y)$ 和结构元素 $b(x,y)$ 的定义域。灰度图像膨胀的含义是把图像 $f(x,y)$ 的每一点反向平移 x、y，平移后与 $b(x,y)$ 相加，在 x、y 取所有值的结果中求最大。

【例 9.23】 膨胀运算示例。

一幅灰度图像 $f = \begin{bmatrix} 1 & 2 & 2 & 1 & 1 \\ 1 & 3 & 5 & 4 & 2 \\ 2 & 4 & 3 & 3 & 3 \\ 1 & 2 & 5 & 2 & 1 \\ 3 & 1 & 2 & 1 & 3 \end{bmatrix}$，利用 3×3 方形结构元素 $b = \begin{bmatrix} 1 & 2 & 3 \\ 4 & (5) & 6 \\ 7 & 8 & 9 \end{bmatrix}$ 对其进行

膨胀运算（注意：结构元素 b 中标记（ ）的为参考点位置）。

解：采用像素坐标系，结构元素 $b(x,y)$ 的定义域为

$D_b = \{(-1,-1),(0,-1),(1,-1),(-1,0),(0,0),(1,0),(-1,1),(0,1),(1,1)\}$

以灰度图像 f 中点 $(s,t)=(2,2)$ 为例，演示其运算过程。

① 平移。对于图像中的点 $(s,t)=(2,2)$，反向平移所有的 (x,y)，得 $(s-x,t-y)$，对应上面定义域 D_b 中点的顺序，平移后点的坐标为

$\{(3,3),(2,3),(1,3),(3,2),(2,2),(1,2),(3,1),(2,1),(1,1)\}$

② 相加。将刚得到的所有 $(s-x,t-y)$ 点的值 $f(s-x,t-y)$ 与对应的 $b(x,y)$ 相加，有

$$f(3,3)+b(-1,-1)=3; \quad f(2,3)+b(0,-1)=7$$
$$f(1,3)+b(1,-1)=5; \quad f(3,2)+b(-1,0)=7$$
$$f(2,2)+b(0,0)=8; \quad f(1,2)+b(1,0)=10$$
$$f(3,1)+b(-1,1)=11; \quad f(2,1)+b(0,1)=13$$
$$f(1,1)+b(1,1)=12$$

③ 求最大。上列的所有值取最大为 13，则原图像中点 $(s,t)=(2,2)$ 膨胀后值为 13。

综上所述，灰度图像的膨胀运算过程为：首先，对结构元素作关于自己参考点的映射 $\hat{b}$。其次，把映射后的结构元素 $\hat{b}$ 作为模板在图像上移动，模板覆盖区域内，像素值与 $\hat{b}$ 的值对应相加，求最大。与函数的二维卷积运算非常类似，只是在这里用"相加"代替相乘，用"求最大"代替求和运算。最后，膨胀结果为

$$g = \begin{bmatrix} 1 & 2 & 2 & 1 & 1 \\ 1 & 10 & 11 & 11 & 2 \\ 2 & 12 & 13 & 14 & 3 \\ 1 & 12 & 13 & 12 & 1 \\ 3 & 1 & 2 & 1 & 3 \end{bmatrix}$$

由上例以及膨胀运算的定义可知，膨胀运算实际上就是求由结构元素形状定义的邻域中 $f + \hat{b}$ 的最大值。因此，灰度膨胀运算会产生以下两种效果：

① 如果在结构元素所定义的邻域中其值都为正，膨胀后 $f \oplus b$ 的值比 f 值大，那么图像会比输入图像亮；

②输入图像中暗细节的部分是否在膨胀中被削减或去除，取决于结构元素的形状以及结构元素的值。

【例 9.24】 基于 MATLAB 编程，打开一幅二值图像并进行开运算和闭运算。

解：程序如下。

```
% 读取二值图像
img = imread('cameraman. png');
% 定义膨胀运算的结构元素
se = strel('disk', 5);
% 进行膨胀运算
img_dilate = imdilate(img, se);
% 显示原图像和膨胀运算的结果
subplot(1,2,1), imshow(img), title('原图像');
subplot(1,2,2), imshow(img_dilate), title('膨胀运算图像');
```

上述程序运行的结果，如图 9.23 所示。

（a）　　　　　　　　　　　（b）

图 9.23　膨胀运算效果

（a）原图像；（b）膨胀运算图像

9.4.2　腐蚀运算

输入图像 $f(x,y)$ 被结构元素 $b(x,y)$ 腐蚀定义为

$$(f \ominus b)(s,t) = \min\{f(s+x,t+y) - b(x,y) \mid (s+x,t+y) \in D_f; (x,y) \in D_b\} \qquad (9.16)$$

式中，D_f、D_b 分别为输入图像 $f(x,y)$ 和结构元素 $b(x,y)$ 的定义域。

灰度图像腐蚀的含义是把 $f(x,y)$ 的每一点平移 x、y，平移后与 $b(x,y)$ 相减，在 x，y 取所有值的结果中求最小。

【例 9.25】 腐蚀运算示例。

一幅灰度图像 $f = \begin{bmatrix} 1 & 2 & 2 & 1 & 1 \\ 1 & 3 & 5 & 4 & 2 \\ 2 & 4 & 3 & 3 & 3 \\ 1 & 2 & 5 & 2 & 1 \\ 3 & 1 & 2 & 1 & 3 \end{bmatrix}$，利用方形结构元素 $b = \begin{bmatrix} 1 & 2 & 3 \\ 4 & (5) & 6 \\ 7 & 8 & 9 \end{bmatrix}$ 对其进行腐蚀

运算（注意：结构元素 b 中标记（　）的为参考点位置）。

解：采用像素坐标系，结构元素 $b(x,y)$ 的定义域为

$$D_b = \{(-1,-1),(0,-1),(1,-1),(-1,0),(0,0),(1,0),(-1,1),(0,1),(1,1)\}$$

以灰度图像 f 中点 $(s,t)=(2,2)$ 为例，演示其运算过程。

①平移。图像中的点 $(s,t)=(2,2)$ 平移所有的 (x,y)，得 $(s+x,t+y)$，对应上面的定义域 D_b 中点的顺序，平移后点的坐标为

$$\{(1,1),(2,1),(3,1),(1,2),(2,2),(3,2),(1,3),(2,3),(3,3)\}$$

②相减。刚得到的所有 $(s+x,t+y)$ 点的值 $f(s+x,t+y)$ 与对应的 $b(x,y)$ 相减，有

$$f(1,1)-b(-1,-1)=2;\ f(2,1)-b(0,-1)=3$$
$$f(3,1)-b(1,-1)=1;\ f(1,2)-b(-1,0)=0$$
$$f(2,2)-b(0,0)=-2;\ f(3,2)-b(1,0)=-3$$
$$f(1,3)-b(-1,1)=-5;\ f(2,3)-b(0,1)=-3$$
$$f(3,3)-b(1,1)=-7$$

③求最小。对应上列的所有值取最小为 -7，在原图像中点 $(s,t)=(2,2)$ 腐蚀后值为 -7。

综上所述，灰度图像的腐蚀运算过程为：首先，把结构元素 b 作为模板在图像上移动，模板覆盖区域内，像素值与 b 的值对应相减，求最小。与函数的二维卷积运算非常类似，只是在这里用"相减"代替相乘，用"求最小"代替求和运算。最后，求得【例 9.25】的腐蚀结果为

$$g = \begin{bmatrix} 1 & 2 & 2 & 1 & 1 \\ 1 & -6 & -6 & -6 & 2 \\ 2 & -6 & -7 & -8 & 3 \\ 1 & -7 & -8 & -7 & 1 \\ 3 & 1 & 2 & 1 & 3 \end{bmatrix}$$

由上例以及腐蚀运算的定义可知，腐蚀运算实际上就是把结构元素 b 作为模板在图像上移动，模板覆盖区域内，像素值与 b 值对应相减，求最小。因此，灰度腐蚀运算会产生以下 3 种效果：

①如果在结构元素所定义的邻域中其值都为正，腐蚀后 $f\Theta b$ 的值比 f 值小，那么图像会比输入图像暗；

②如果输入图像中亮细节部分的尺寸比结构元素小，那么腐蚀后亮细节将会削弱，削弱程度与该亮细节周围的灰度值和结构元素的形状以及结构元素的值有关；

③与灰度膨胀一样，灰度腐蚀的效果在图像灰度变化剧烈（图像梯度更大）的区域更明显。

【例 9.26】　基于 MATLAB 编程，打开一幅二值图像并进行腐蚀运算。

解：程序如下。

```
% 读取二值图像
img = imread('lena. png');
% 定义腐蚀运算的结构元素
se = strel('disk',5);
% 进行腐蚀运算
img_erode = imerode(img, se);
```

```
% 显示原图像和腐蚀运算的结果
subplot(1,2,1), imshow(img), title('原图像');
subplot(1,2,2), imshow(img_erode), title('腐蚀运算图像')
```

上述程序运行的结果，如图 9.24 所示。

（a） （b）

图 9.24　腐蚀运算效果

（a）原图像；（b）腐蚀运算图像

因为使用一个平坦 SE（结构元素）的灰度腐蚀计算图像 f 中与 b 重合的 (x,y) 的每一个邻域的最小灰度，所以通常希望被腐蚀的灰度图像比原图像暗，亮特征的尺寸（关于 SE 的尺寸）被减小，而暗特征的尺寸会增大。

【例 9.27】　灰度腐蚀和膨胀示例。

图 9.25（b）显示了使用一个单位高度和半径为 2 个像素的圆盘形结构元素对图 9.25（a）的腐蚀。例如，注意小白点亮度的降低程度，图 9.25（b）中几乎已看不到这些小白点，同时暗特征变浓。一般腐蚀图像中的背景比原图像的背景要稍暗一些。图 9.25（c）显示了使用相同 SE 膨胀后的结果。其效果与用腐蚀得到的效果相反，即亮特征变浓，而暗特征降低。请特别注意，图 9.25（a）中左侧、中间、右侧和底部的较细黑色连线在图 9.25（c）中几乎看不见。图 9.25（c）中黑点的尺寸已被减小，但与图 9.25（b）中被腐蚀的小白点完全不同，在膨胀图像中，小白点却清晰可见。其原因是与结构元素的尺寸相比，黑点的尺寸原来就比白点大。最后，请注意膨胀图像中的背景比图 9.25（a）中的背景稍亮。

（a） （b） （c）

图 9.25　灰度腐蚀和膨胀示例

（a）灰度原图像；（b）腐蚀图像；（c）膨胀图像

非平坦结构元素具有随定义域而变化的灰度。非平坦结构元素 b 对图像 f 的腐蚀定义为

$$(f\Theta b)(s,t) = \min_{(s,t)\in b}\{f(s+x,t+y) - b(x,y)\mid(s+x,t+y)\in D_f;(x,y)\in D_b\} \quad (9.17)$$

式中，D_f，D_b 分别为输入图像 $f(x,y)$ 和结构元素 $b(x,y)$ 的定义域。

实际上是从 f 中减去 b 的值来确定任意点处的腐蚀，这意味着使用非平坦结构元素的腐蚀通常不受 f 值的限制，而这在解释结果时会存在问题。因为这一原因，实际中很少使用灰度结构元素。另外与腐蚀相比，为 b 选取有意义的元素和增加的计算负担也是潜在的困难。

采用类似的方式，使用非平坦结构元素的膨胀定义为

$$[f\oplus b](x,y) = \max_{(s,t)\in b}\{f(x-s,y-t) + b(s,t)\} \quad (9.18)$$

如二值情况一样，腐蚀和膨胀是关于函数的补集和反射对偶的，即

$$(f\Theta b)^c(x,y) = (f^c\oplus\hat{b})(x,y) \quad (9.19)$$

式中，$f^c = -f(x,y)$；$\hat{b} = b(-x,-y)$。

相同的表达式对非平坦结构元素也有效。清楚起见，将忽略所有函数的参量，以简化表达式，公式可写为

$$(f\Theta b)^c = (f^c\oplus\hat{b}) \quad (9.20)$$

类似地，

$$(f\oplus b)^c = (f^c\Theta\hat{b}) \quad (9.21)$$

9.4.3　开运算和闭运算

灰度图像的开运算、闭运算与二值图像的开运算、闭运算一致，分别记为 $f\circ b$ 和 $f\cdot b$，定义为

$$f\circ b = (f\Theta b)\oplus b \quad (9.22)$$
$$f\cdot b = (f\oplus b)\Theta b \quad (9.23)$$

一幅图像 f 为一个空间曲面，现设结构元素 b 为球体，灰度开运算可以看作是将球紧贴着曲面下表面滚动。经这一滚动处理，所有比结构元素球体直径小的山峰都陷下去了。或者说，当结构元素 b 紧贴着图像 f 下表面滚动时，f 中没有与 b 接触的部位都陷落到与球体 b 接触。其原因在于：开运算第一步求腐蚀运算时，腐蚀了比结构元素小的亮细节，同时减弱了图像整体灰度值；第二步膨胀运算增加了图像整体亮度，但对已腐蚀的细节不再引入。

与开运算类似，灰度闭运算可以看作是结构元素 b 紧贴在图像 f 的上表面滚动，所有比结构元素 b 直径小的山谷得到了填充，山峰位置基本不变。或者说，当 b 紧贴着 f 的上表面滚动时，f 中没有与 b 接触的部位都填充到与球体 b 接触。其原因在于：闭运算第一步求膨胀运算时，消除了比结构元素 b 小的暗细节，而保持了图像整体灰度值，较大的暗区域基本上不受影响；第二步腐蚀运算减弱了图像整体亮度，但又不重复引入前面已经被去除的暗细节。

因此，对灰度图像进行开运算可去掉比结构元素小的亮细节，而进行闭运算可去掉比结构元素小的暗细节，在一定程度上达到了滤波的目的。

【例 9.28】　基于 MATLAB 编程，打开一幅灰度图像并进行开运算和闭运算。

解：程序如下。

```
% 读取灰度图像 img = imread('cameraman. png');
% 定义开运算和闭运算的结构元素
```

```
se_open = strel('disk' , 5);
se_close = strel('disk' , 10);
% 进行开运算
img_open = imopen(img, se_open);
% 进行闭运算
img_close = imclose(img, se_close);
% 显示原图像、开运算和闭运算的图像
subplot(1,3,1), imshow(img), title('原图像');
subplot(1,3,2), imshow(img_open), title('开运算图像');
subplot(1,3,3), imshow(img_close), title('闭运算图像');
```

上述程序运行的结果，如图 9.26 所示。

图 9.26　灰度开运算和闭运算效果

（a）原图像；（b）开运算图像；（c）闭运算图像

9.5　灰度图像的形态学处理

形态学图像处理是指，以数学形态学为工具，从图像中提取表达和描绘区域形状的有用图像分量（如边界、骨架和凸壳等），以及预处理或后处理的形态学技术（如形态学滤波、细化和修剪等）。形态学运算是用集合定义的。在图像处理中，使用两类像素集合的形态学，即目标元素和结构元素（SE）。通常，目标定义为前景像素元素集合。结构元素可以根据前景像素和背景像素来规定。此外，结构元素有时会包含所谓的"不关心"元素，这意味着 SE 中这个特定元素的值无关紧要。

9.5.1　形态学平滑

形态学平滑是一种基于形态学的滤波技术，常用于数字图像处理中。形态学平滑的基本思想是利用结构元素对图像进行膨胀和腐蚀运算来平滑图像，以去除图像中的噪声和细节。

形态学平滑的公式如下。

$$\begin{cases} (f \circ b) \cdot b \\ (f \cdot b) \circ b \end{cases} \tag{9.24}$$

按照上述公式, 形态学平滑的操作步骤如下:

①对原图像进行腐蚀运算, 利用结构元素 b 对图像进行局部的最小值操作, 得到一个平滑化后的图像。

②对腐蚀后的图像进行膨胀运算, 同样利用结构元素 b 对局部最小值进行最大值操作, 从而使图像保持原有的形状。

图像的平滑程度可通过结构元素的大小及形状来控制。当结构元素较大时, 图像平滑程度较高, 但会导致图像轮廓模糊; 当结构元素较小时, 图像平滑程度较低, 但能更好地保留图像的细节和轮廓。

【例 9.29】 基于 MATLAB 编程, 打开一幅二值图像并进行形态学平滑。

解: 程序如下。

```
% 读取图像
img = imread('lena. png');
% 加入椒盐噪声
noisy_img = imnoise(img,'salt & pepper' ,0. 05);
% 显示加入噪声后的图像
figure;
subplot(1,3,1);
imshow(noisy_img);
title('椒盐噪声图像');
% 先开后闭运算
se = strel('disk' ,3);
opened_img = imopen(noisy_img,se);
closed_img = imclose(opened_img,se);
% 显示先开后闭运算后的图像
subplot(1,3,2);
imshow(closed_img);
title('先开后闭图像');
% 先闭后开运算
se = strel('disk' ,3);
closed_img = imclose(noisy_img,se);
opened_img = imopen(closed_img,se);
% 显示先闭后开运算后的图像
subplot(1,3,3);
imshow(opened_img);
title('先闭后开图像');
```

先开后闭和先闭后开均可去除椒盐噪声, 原因在于噪声点小于结构元素。

上述程序运行的结果, 如图 9.27 所示。

【例 9.30】 灰度开运算和闭运算的实例。

这里结构元素 S 大于所有噪声孔和噪声块的尺寸, 结果如图 9.28 所示。

图 9.27　形态学平滑效果

（a）椒盐噪声图像；（b）先开后闭图像；（c）先闭后开图像

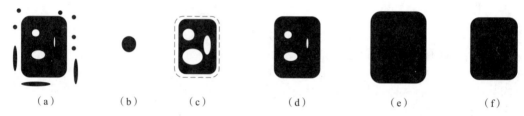

图 9.28　灰度开运算和闭运算效果

（a）图像 X；（b）结构元素 S；（c）$X\Theta S$；（d）$X \circ S$；（e）$(X \circ S) \oplus S$；（f）$(X \circ S) \cdot S$

9.5.2　形态学梯度

形态学梯度是一种基于形态学的图像处理技术，可以用来提取图像的边界信息。形态学梯度的基本思想是通过将膨胀和腐蚀运算得到的图像相减来提取图像的边界信息。

形态学梯度的公式如下。

$$g = (f \oplus b) - (f \Theta b) \tag{9.25}$$

按照上述公式，形态学梯度的操作步骤如下。

①对原图像进行腐蚀运算，利用结构元素对图像进行局部的最小值操作，得到一个腐蚀后的图像 $E1$。

②对原图像进行膨胀运算，同样利用结构元素 b 对局部最小值进行最大值操作，得到一个膨胀后的图像 $D1$。

③对膨胀后的图像 $D1$ 进行仿射变换，将其平移一个像素位置，得到一个平移后的图像 $D2$。

④对平移后的图像 $D2$ 和腐蚀后的图像 $E1$ 分别做像素级别的减法，得到一个差分图像 g，则

$$g = D2 - E1 \tag{9.26}$$

差分图像 g 中的像素值表示图像中的边界信息，即在原图像 f 中，由结构元素 b 定义的区域中出现的亮度差异。边界信息越明显，差分图像中的像素值越大。

需要注意的是，形态学梯度提取的是图像中的边界信息，因此得到的梯度图像是一个二值图像，其中边界部分的像素值为 1，其他部分的像素值为 0。

【例 9.31】　基于 MATLAB 编程，打开一幅二值图像并进行形态学梯度。

解：程序如下。

```
% 读取图像
img = imread('cameraman. png');
% 对图像进行灰度化处理
gray_img = rgb2gray(img);
% 使用 Sobel 算子进行边缘检测
sobel_img = edge(gray_img, 'sobel');
% 定义结构元素
se = strel('disk' , 5);
% 对灰度图像进行膨胀和腐蚀运算
dilated_img = imdilate(gray_img, se);
eroded_img = imerode(gray_img, se);
% 计算形态学梯度
gradient_img = dilated_img . eroded_img;
% 显示原图像、Sobel 算子检测图像和形态学梯度图像
figure;
subplot(1,3,1);
imshow(img);
title('原图像');
subplot(1,3,2);
imshow(sobel_img);
title('Sobel 算子检测图像');
subplot(1,3,3);
imshow(gradient_img);
title('形态学梯度图像');
```

上述程序运行的结果，如图 9.29 所示。

（a）　　　　　　　　　　（b）　　　　　　　　　　（c）

图 9.29　形态学梯度效果

（a）原图像；（b）Sobel 算子检测图像；（c）形态学梯度图像

9.5.3　Top-hat 和 Bottom-hat 变换

利用灰度形态学的开运算和闭运算可以实现一种称为 Top-hat 和 Bottom-hat 的变换对，又称高帽变换和低帽变换。

Top-hat 变换，即

$$TPH(f) = f - (f \circ b) \tag{9.27}$$

Bottom-hat 变换，即

$$BTH(f) = (f \cdot b) - f \tag{9.28}$$

它们都可以检测到图像中变化较大地方。Top-hat（高帽）变换对在较暗背景中求亮的像素聚集体非常有效，称波峰检测器。Bottom-hat（低帽）变换对在较亮背景中求暗的像素聚集体非常有效，称波谷检测器。

【例 9.32】　基于 MATLAB 编程，打开一幅二值图像并进行 Top-hat 变换和 Bottom-hat 变换。

解：程序如下。

```
①Top- hat 变换
% 读取图像
img = imread('hall. png');
% 对图像进行灰度化处理
gray_img = rgb2gray(img);
% 定义结构元素
se = strel('disk' , 5);
% 对灰度图像进行开运算
opened_img = imopen(gray_img, se);
% 计算 Top- hat 变换
tophat_img = gray_img. opened_img;
% 进行线性拉伸
stretched_img = imadjust(tophat_img);
% 显示原图像、Top- hat 变换图像和线性拉伸图像
figure;
subplot(1,3,1);
imshow(img);
title('原图像');
subplot(1,3,2);
imshow(tophat_img);
title('Top- hat 变换图像');
subplot(1,3,3);
imshow(stretched_img);
title('线性拉伸图像');
②Bottom- hat 变换。
% 读取图像
img = imread('hall. png');
% 对图像进行灰度化处理
```

```
gray_img = rgb2gray(img);
% 定义结构元素
se = strel('disk', 5);
% 对灰度图像进行闭运算
closed_img = imclose(gray_img, se);
% 计算 Bottom- hat 变换
bottomhat_img = closed_img. gray_img;
% 进行线性拉伸
stretched_img = imadjust(bottomhat_img);
% 显示原图像、Bottom- hat 变换图像和线性拉伸图像
figure;
subplot(1,3,1);
imshow(img);
title('原图像');
subplot(1,3,2);
imshow(bottomhat_img);
title('Bottom- hat 变换图像');
subplot(1,3,3);
imshow(stretched_img);
title('线性拉伸图像');
```

上述程序运行的结果，如图 9.30 和图 9.31 所示。

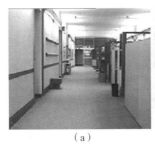 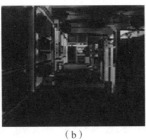 

（a）　　　　　　　　　　（b）　　　　　　　　　　（c）

图 9.30　Top-hat 变换效果

（a）原图像；（b）Top-hat 变换图像；（c）线性拉伸图像

 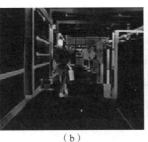 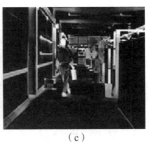

（a）　　　　　　　　　　（b）　　　　　　　　　　（c）

图 9.31　Bottom-hat 变换效果

（a）原图像；（b）Bottom-hat 变换图像；（c）线性拉伸图像

9.6　形态学重建

灰度形态学重建基本上按照对二值图像所介绍的相同的方法来定义。令 f 和 g 分别代表标记图像和模板图像，假设 f 和 g 是大小相同的灰度图像，且 $f \leqslant g$。f 关于 g 的大小为 1 的测地膨胀定义为

$$D_8^{(1)}(f) = (f \oplus b) \wedge g \tag{9.29}$$

式中，$\wedge$ 为点方式的最小算子。

式（9.29）指出，大小为 1 的测地膨胀是首先计算 b 对 f 的膨胀，然后选择在每一个 (x,y) 点处该结果和 g 之间的最小者。f 关于 g 的大小为 n 的测地膨胀定义为

$$D_8^{(n)}(f) = D_8^{(1)} \left[D_8^{(n-1)}(f) \right] \tag{9.30}$$

并有 $D_8^{(0)}(f) = f$。

类似地，f 关于 g 的大小为 1 的测地腐蚀定义为

$$E_8^{(n)}(f) = (f \ominus b) \vee g \tag{9.31}$$

式中，$\vee$ 为点方式的最大算子。

f 关于 g 的大小为 n 的测地腐蚀定义为

$$E_8^{(n)}(f) = E_8^{(1)} \left[E_8^{(n-1)}(f) \right] \tag{9.32}$$

并有 $E_8^{(0)}(f) = f$。

标记图像 f 对模板图像 g 的膨胀形态学重建定义为 f 关于 g 的测地膨胀反复迭代直至达到稳定，即

$$R_8^D(f) = D_8^{(k)}(f) \tag{9.33}$$

并有 k 应使 $D_8^{(k)}(f) = D_8^{(k+1)}(f)$。

标记图像 f 对模板图像 g 的腐蚀形态学重建类似地定义为

$$R_8^{(k)}(f) = E_8^{(k)}(f) \tag{9.34}$$

并有 k 应使 $E_8^{(k)}(f) = E_8^{(k+1)}(f)$。

与二值情况一样，灰度图像重建的开运算首先腐蚀输入图像，并把它作为标记图像。一幅图像 f 的大小为 n 的重建开运算，定义为首先对 f 进行大小为 n 的腐蚀，再对 f 的膨胀重建，即

$$O_R^{(n)}(f) = R_f^D \left[(f \ominus nb) \right] \tag{9.35}$$

式中，$(f \ominus nb)$ 为 b 对 f 的 n 次腐蚀。重建开运算的目的是保护腐蚀后留下的图像分量的形状。

类似地，图像 f 的大小为 n 的重建闭运算，定义为首先对 f 进行大小为 n 的膨胀，其次由 f 的腐蚀重建，即

$$C_R^{(n)}(f) = R_f^E \left[(f \oplus nb) \right] \tag{9.36}$$

式中，$(f \oplus nb)$ 表示 b 对 f 的 n 次膨胀。

因为对偶性，图像的重建闭运算可以用图像的求补得到，即首先得到重建开运算，然后再求结果的补。重建高帽是从一幅图像中减去其重建开运算。

【例 9.33】　基于 MATLAB 编程，打开一幅二值图像并进行形态学重建。

解：程序如下。

```matlab
% 读入原图像
I = imread('cameraman. jpg');
% 将图像转换成灰度图像
Igray = rgb2gray(I);
% 对灰度图像进行二值化处理
Ibw = imbinarize(Igray);
% 创建一个结构元素
se = strel('disk' ,10);
% 对二值化图像进行开运算
Iopen = imopen(Ibw, se);
% 对开运算的结果进行形态学重建
Irecon = imreconstruct(Iopen, Ibw);
% 显示原图像和形态学重建图像
subplot(1,2,1), imshow(I);
title('原图像');
subplot(1,2,2), imshow(Irecon);
title('形态学重建图像');
```

上述程序运行的结果，如图 9.32 所示。

（a）　　　　　　　　　　（b）

图 9.32　形态学重建效果

（a）原图像；（b）形态学重建图像

习题九

9.1　试分析说明形态学运算中开运算和闭运算在图像处理中的作用。

9.2　如何用形态学处理方法去除数字图像中的噪声。

9.3　如何用形态学处理方法进行数字图像的二值化。

习题九答案

9.4 如何用形态学处理方法提取数字图像中的轮廓。

9.5 一幅图像为 $X = \begin{bmatrix} 0\,0\,1\,1\,1 \\ 0\,1\,1\,1\,0 \\ 1\,1\,1\,1\,0 \\ 0\,1\,1\,0\,0 \end{bmatrix}$，设结构元素 $B = \begin{bmatrix} 0\,1 \\ 1\,(1) \end{bmatrix}$，加（　）的为结构元素参

考点，试用 B 对 X 进行膨胀和腐蚀运算。

9.6 已知二值图像 $\begin{bmatrix} 0\,0\,0\,0\,0\,0\,0\,0 \\ 0\,1\,1\,0\,0\,1\,1\,0 \\ 0\,0\,1\,1\,1\,1\,0\,0 \\ 0\,1\,1\,1\,0\,0\,0\,0 \\ 0\,0\,1\,1\,1\,1\,1\,0 \\ 0\,0\,0\,1\,1\,1\,1\,0 \\ 0\,0\,0\,0\,0\,0\,0\,0 \end{bmatrix}$，结构元素为 $\begin{bmatrix} 0\,1\,0 \\ 1\,1\,1 \\ 0\,1\,0 \end{bmatrix}$，试进行形态学开运算和闭

运算（不处理边缘像素），给出结果图像。

9.7 利用 MATLAB 编程，打开一幅灰度图像，设计方形结构元素，对其进行膨胀、腐蚀运算。

9.8 利用 MATLAB 编程，打开一幅灰度图像，设计方形结构元素，对其进行开运算和闭运算。

9.9 利用 MATLAB 编程，打开一幅灰度图像，对其进行边缘检测，并利用数学形态学方法进行处理，以便获取完整边界。

9.10 利用 MATLAB 编程，打开一幅灰度图像，对其进行 Top-hat 变换和 Bottom-hat 变换，并比较两者的区别。

9.11 对以下二值图像进行开运算，使用 3×3 的结构元素，计算结果。

原图像：

000000100000001000100000000

结构元素：

111
111
111

9.12 对以下图像进行形态学处理，使图像中的字符变为白色，背景变为黑色。

原图像：

011001100110011001100110011001100110
011001100110011001100110011001100110
011001100110011001100110011001100110
011001100110011001100110011001100110
011001100110011001100110011001100110
011001100110011001100110011001100110
011001100110011001100110011001100110
011001100110011001100110011001100110

第10章

图像分割

在对图像的研究和应用中，人们往往仅对图像中的某些目标感兴趣，而这些目标通常对应图像中具有特定性质的区域。图像分割（Image Segmentation）是指根据灰度、彩色、空间纹理、几何形状等特征把图像划分成若干个互不相交的区域，使这些特征在同一区域内表现一致性或相似性，而在不同区域间表现明显的不同。图像分割主要目的是将目标从背景中提取出来，是为图像分析和图像理解做准备的处理过程。图像分割由于其重要性一直是图像处理领域的研究重点。

区域中有很多小孔，且边界也不光滑。人类视觉感觉均匀的区域，在分割所获得的低层特征上未必均匀。许多分割任务要求分割出的区域是具体的目标，如交通图像中分割出车辆，而这些目标在低层特征上往往也是多变的。

10.1 基础知识

图像分割是图像处理的一项关键技术，从20世纪70年代开始受到人们的高度重视。人们提出了很多种分割算法，这些分割算法大部分是针对具体问题的，并没有一种适用于所有图像的通用分割算法。至今还没有制定出选择合适分割算法的标准，这给图像分割技术的应用带来许多实际困难。因此，对图像分割的研究还在不断深入中，它是目前图像处理中研究热点之一。

图像分割在图像工程中起着承上启下的作用，可以认为是介于低层次处理和高层次处理的中间层次。近些年又出现了许多新思路、新方法和改进算法。多年来，人们对图像分割提出了不同的解释和表述，借助集合概念对图像分割可给出以下定义：令集合 R 代表整个图像区域，对 R 的图像分割可以看作是将 R 分成 N 个满足以下条件的非空子集 R_1，R_2，$\cdots$，R_N。

① $\bigcup\limits_{i=1}^{N} R_i = R$。

②对于所有的 i 和 j，$i \neq j$，有 $R_i \cap R_j = \varnothing$。

③对于 $i=1$，2，$\cdots$，N，有 $P(R_i)=$ TRUE。

④对于 $i \neq j$，有 $P(R_i \cup R_j)=$ FALSE。

⑤对于 $i=1$，2，$\cdots$，N，R_i 是连通的区域。

其中，$P(R_i)$ 是对所有在集合 R_i 中元素的逻辑谓词，$\varnothing$ 表示空集。$\bigcup\limits_{i=1}^{N} R_i=R$ 代表分割的所有子区域的并集即为原来的图像，它是图像处理中的每个像素都被处理的保证。$R_i \cap R_j = \varnothing$ 指出分割结果中的各个区域是互不重叠的。$P(R_i)=$ TRUE 表明在分割结果中，每个区域都有其独特性。$P(R_i \cup R_j)=$ FALSE 表明在分割结果中，同一个子区域的像素应当是连通的，也就是说，同一个子区域内的任意两个像素在该子区域内是互相连通的。

实际中的图像分析和处理都是针对某种特定的应用，因此条件中的各种关系需要同实际需求结合起来。

10.2　孤立点、线和边缘检测

本节将讨论在数字图像中检测 3 种基本类型（孤立点、线和边缘）的灰度不连续性。查找不连续性的常用方法是按空间滤波和线性空间滤波器描述的方式，对于一个 3×3 的模板来说，该过程涉及计算系数和该模板覆盖区域所包含灰度级的乘积之和。模板在图像中任意一点的响应 R 由下式给出：

$$R=w_1 z_1+w_2 z_2+w_3 z_3+\cdots+w_i z_i=\sum_{k=1}^{i} w_k z_k \tag{10.1}$$

式中，z_i 为与模板系数 w_i 相关的像素的灰度级。与前面一样，模板的响应定义与其中心相关。

10.2.1　孤立点检测

嵌在图像的恒定或近似恒定区域中的孤立点检测，原理上非常简单。这种孤立点检测方法使用图 10.1 中的模板实现。当孤立点位于模板的中心时，模板的响应最强，而在恒定灰度区域中响应为零。

$$\begin{bmatrix} -1 & -1 & -1 \\ -1 & 8 & -1 \\ -1 & -1 & -1 \end{bmatrix}$$

图 10.1　孤立点检测模板

【例 10.1】　使用孤立点检测图像。

解：程序如下。

```
f=imread('coins. png');
imshow(f);
title('原图像');
w= [. 1. 1. 1;. 1 8. 1;. 1. 1. 1];
```

```
g=abs(imfilter(double(f),w));
T= max(g(:));
g=g>= T;
figure,imshow(g);
title('孤立点检测结果');
```

上述程序运行的结果，如图 10.2 所示。

图 10.2　孤立点检测效果

（a）原图像；（b）孤立点检测图像

10.2.2　线检测

如果图 10.3（a）中的模板在一幅图像上移动，那么它对水平线的响应更强烈。对于恒定的背景，当线通过模板的中间一行时，会产生最大的响应。同样，图 10.3（b）中的模板对+45°的线响应最好，图 10.3（c）中的模板对垂直线响应最好，图 10.3（d）中的模板对−45°方向的线响应最好。每个模板的优先方向都用一个比其他可能方向要大的系数加权。每个模板的系数之和为零，表明恒定灰度区域中模板的响应为零。

−1	−1	−1
2	2	2
−1	−1	−1

2	−1	−1
−1	2	−1
−1	−1	2

−1	2	−1
−1	2	−1
−1	2	−1

−1	−1	2
−1	2	−1
2	−1	−1

（a）　　　　　　　（b）　　　　　　　（c）　　　　　　　（d）

图 10.3　线检测模板

（a）水平；（b）+45°；（c）垂直；（d）−45°

【例 10.2】　检测指定方向的线。

解：程序如下。

```
f = imread('lena. bmp');
w = [2. 1. 1;. 1 2. 1;. 1. 1 2];
g = imfilter(tofloat(f), w);
imshow(g, [ ])
gtop = g (1 : 120, 1 : 120) ;
gtop = pixeldup(gtop, 4);          % Enlarge by pixel duplication.
figure, imshow(gtop, [ ])
```

```
gbot = g(end. 119:end, end. 119:end);
gbot = pixeldup (gbot, 4);
figure, imshow(gbot, [ ])
g = abs(g);
figure,imshow(gbot ,[])
T=max(g(:));
g=g >=T;
figure, imshow(g)
```

上述程序运行的结果，如图 10.4 所示。

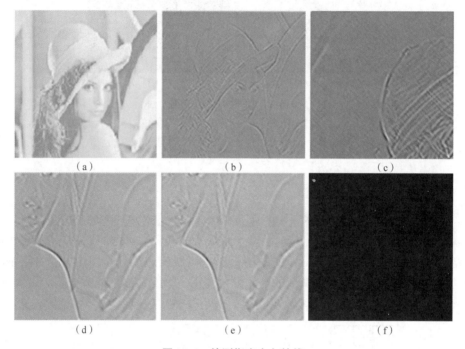

图 10.4　检测指定方向的线

（a）原图像；（b）使用+45°处理结果；（c）图（b）左上方的放大图；（d）图（b）右下方的放大图；
（e）图（b）的绝对值；（f）满足 $g \geq T$ 的所有点

图 10.4（a）显示了一个图像的数字化（二值）部分。假设要找出一个像素宽、方向为+45°的所有线，为此，使用图 10.4（b）中的模板。图 10.4（b）到图 10.4（f）是使用线检测命令生成的，其中图 10.4（f）是图 10.4（a）中的图像，图 10.4（b）中比灰色背景更暗的阴影对应于负值。在+45°方向上有两条主要线段，一条在左上方，另一条在右下方。图 10.4（d）中的线段要比图 10.4（c）中的线段亮得多。对于一个像素宽的图像，模板的响应更强。

图 10.4（e）显示了图 10.4（b）的绝对值。图中的孤立点也是对模板具有强烈响应的那些点。在原图像中，这些点和它们的相邻点是以这样的方法导向的，即在那些孤立的位置处由模板产生最大的响应。这些孤立点可以用图 10.1 中的模板来检测并删除，或使用上一章讨论的形态学算子删除。

10.2.3　边缘检测

边缘检测是检测图像中有意义的不连续性的常用方法。一条边缘是一组相连的像素组合，这些像素位于两个区域的边界上。边缘总是以强度突变的形式出现，可以定义为图像局部特性的不连续性，如灰度的突变、纹理结构的突变等。边缘常常意味着一个区域的终结和另一个区域的开始。

边缘检测常常借助空间微分算子进行，通过将其模板与图像卷积完成。两个具有不同灰度值的相邻区域之间总存在灰度边缘，而这正是灰度值不连续的结果，这种不连续可以利用求一阶和二阶的导数检测。根据灰度变化的特点，常见的边缘可分为阶梯状、脉冲状和屋顶状。常用的空间微分算子主要包括梯度算子、拉普拉斯算子和 Canny 算子等。

现在的边缘检测方法中，主要有一次微分、二次微分和模板操作等。这些边缘检测器对于边缘灰度值过渡比较尖锐、噪声较小等不太复杂的图像，可以取得较好的效果，但对于边缘复杂的图像，效果不太理想，如边缘模糊、边缘丢失、边缘不连续等。

噪声的存在使基于导数的边缘检测方法效果明显降低。在噪声较大的情况下，所用的边缘检测算子通常都是先对图像进行适当的平滑，抑制噪声，然后求导数，或者对图像进行局部拟合，再用拟合光滑函数的导数来代替直接的数值导数，如 Canny 算子等。用于提取初始边缘点的自适应阈值选取、用于图像层次分割的更大区域的选取，以及如何确认重要边缘以去掉假边缘，将变得非常重要。

1. 梯度算子

梯度对应于一阶导数，相应的梯度算子对应于一阶导数算子。对于一个连续函数 $f(x,y)$，在 (x,y) 处的梯度定义为

$$\nabla f = \left[\frac{\partial f}{\partial x} \frac{\partial f}{\partial y}\right]^{\mathrm{T}} = \left[\, G_x \; G_y \,\right]^{\mathrm{T}} \tag{10.2}$$

梯度是一个向量，其幅度和相位分别为

$$|\nabla f| = \sqrt{\left[\, G_x^2 + G_y^2 \,\right]} \tag{10.3}$$

$$\varphi(x,y) = \arctan\left(\frac{G_y}{G_x}\right) \tag{10.4}$$

式中的偏导数需要对每一个像素位置进行计算，在实际应用中，常常采用小型模板利用卷积运算来近似，G_x 和 G_y 各自使用一个模板。常用的梯度算子主要有 Roberts 算子、Prewitt 算子和 Sobel 算子。通过算子检测、二值处理后找到边界点，应用梯度算子进行边缘检测，Sobel 算子的检测效果最好。

1）Roberts 算子

Roberts 算子是一种斜向偏差分的梯度计算方法，梯度的大小代表边缘的强度，梯度的方向与边缘走向垂直。Roberts 操作实际上是求旋转 ±45° 两个方向上微分值的和。Roberts 算子定位精度高，在水平和垂直方向效果较好，但对噪声敏感。

【例 10.3】　利用 Roberts 算子检测边缘对图像进行处理。

解：程序如下。

```
I＝imread('coins. png');
BWl＝edge(I,'Roberts' ,0. 04);
```

```
subplot(1,2,1),
imshow(I);
title('原图像')
subplot(1,2,2),
imshow(BWl);
title('Roberts 算子检测边缘图像')
```

上述程序运行的结果，如图 10.5 所示。

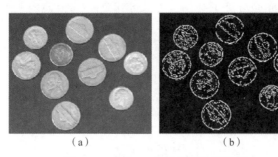

（a） （b）

图 10.5 Roberts 算子检测边缘效果

（a）原图像；（b）Roberts 算子检测边缘图像

2）Sobel 算子

Sobel 算子是一组方向算子，从不同的方向检测边缘。Sobel 算子不是简单的求平均再差分，而是加强了中心像素上下左右 4 个方向像素的权重。运算结果是一幅边缘图像。Sobel 算子通常对灰度渐变和噪声较多的图像处理得较好。

【例 10.4】 利用不同阈值的 Sobel 算子检测边缘对图像进行处理。

解：程序如下。

```
I=imread('lena. bmp');
figure(I)
subplot(2,3,1);imshow(I)
title('原图像')
subplot(2,3,2);imhist(I)
title('直方图')
I0=edge(I,' sobel');
Il=edge(I,' sobel' ,0. 06);
I2=edge(I,' sobel' ,0. 04);
I3=edge(I,' sobel' ,0. 02);
subplot(2,3,3);imshow(I0)
title('默认门限图像')
subplot(2,3,4);imshow(Il)
title('阈值为 0. 06 图像')
subplot(2,3,5);imshow(I2)
title('阈值为 0. 04 图像')
subplot(2,3,6);imshow(I3)
title('阈值为 0. 02 图像')
```

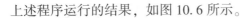

上述程序运行的结果，如图 10.6 所示。

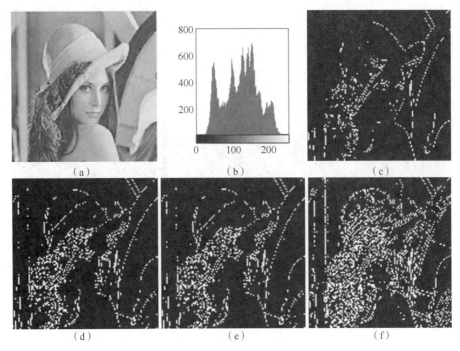

图 10.6　Sobel 算子检测边缘效果

（a）原图像；（b）直方图；（c）默认门限图像；（d）阈值为 0.06 图像；（e）阈值为 0.04 图像；（f）阈值为 0.02 图像

2. 拉普拉斯算子

拉普拉斯算子（Laplacian）是一种二阶导数算子。对于一个连续函数 $f(x,y)$，在 (x,y) 处的拉普拉斯算子定义为

$$\nabla^2 f = \frac{\partial^2 f}{\partial x^2} + \frac{\partial^2 f}{\partial y^2} \tag{10.5}$$

这里对模板的基本要求：对应中心像素的系数应该是正的，对应中心像素邻近像素的系数应是负的，且它们的和总为零。拉普拉斯算子检测方法常常产生双像素边界，而且这个检测方法对图像中的噪声相当敏感，不能检测边缘方向。因此，一般很少直接使用拉普拉斯算子进行边缘检测。

【例 10.5】　利用不同标准偏差的 LOG（高斯拉普拉斯）算子检测图像的边缘。

解： 程序如下。

```
l=imread('coins. png');
BWl=edge(l', log' ,0. 003,2);
subplot(1,3,1);
imshow(l);
title('原图像')
subplot(1,3,2);
imshow(BWl);
```

```
title('sigma =2 的 LOG 算子检测边缘图像')
BWl=edge(l,'log' ,0. 003,3);
subplot(1,3,3);
imshow(BWl);
title('sigma = 3 的 LOG 算子检测边缘图像')
```

上述程序运行的结果，如图 10.7 所示。

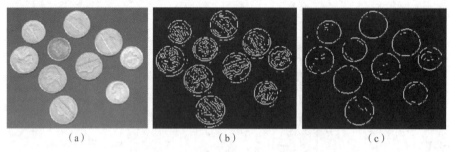

（a） （b） （c）

图 10.7　LOG 算子检测边缘效果

（a）原图像；（b）sigma=2 的 LOG 算子检测边缘图像；（c）sigma=3 的 LOG 算子检测边缘图像

10.2.4　更先进的边缘检测技术

Canny 算子是一类最优边缘检测算子。它在许多图像处理领域得到了广泛应用。该算子的基本思想：首先，对处理的图像选择一定的高斯滤波器进行平滑滤波，抑制图像噪声；其次，采用"非极值抑制"的技术，细化平滑后的图形梯度幅值矩阵，寻找图像中的可能边缘点；最后，利用双门限检测通过双阈值递归寻找图像边缘点，实现边缘提取。

该方法与其他边缘检测方法的不同之处：它使用两种不同的阈值分别检测强边缘和弱边缘，并且仅当弱边缘与强边缘相连时才将弱边缘包含在输出图像中，因此这种方法容易检测出真正的弱边缘。

【例 10.6】　利用 Canny 算子检测图像的边缘。

解：程序如下。

```
l=imread('lena. png');
BWl=edge(l,'canny' ,0. 2);
subplot(1,2,1);
imshow(l);
title('原图像')
subplot(1,2,2);
imshow(BWl);
title('Canny 算子边缘检测图像')
```

上述程序运行的结果，如图 10.8 所示。

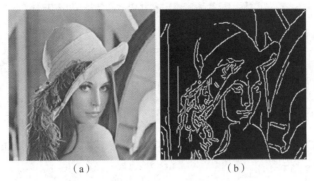

图 10.8　Canny 算子检测图像边缘效果

（a）原图像；（b）Canny 算子边缘检测图像

【例 10.7】　采用上述几种最常用的经典图像边缘提取算子对标准的硬币图像进行边缘特征提取。

解：程序如下。

```
I=imread('coins. tif');
BWl=edge(I,' Roberts' ,0. 04);
BW2=edge(I,' Sobel' ,0. 04);
BW3=edge(I,' Prewitt' ,0. 04);
BW4=edge(I,' LOG' ,0. 004);
BW5=edge(I,' Canny' ,0. 04);
subplot(2,3,1),
imshow(I)
title('原图像')
subplot(2,3,2),
imshow(BWl)
title('Roberts 算子图像')
subplot(2,3,3),
imshow(BW2)
title('Sobel 算子图像')
subplot(2,3,4),
imshow(BW3)
title('Prewitt 算子图像')
subplot(2,3,5),
imshow(BW4)
title('LOG 算子图像')
subplot(2,3,6),
imshow(BW5)
title('Canny 算子图像')
```

上述程序运行的结果，如图 10.9 所示。

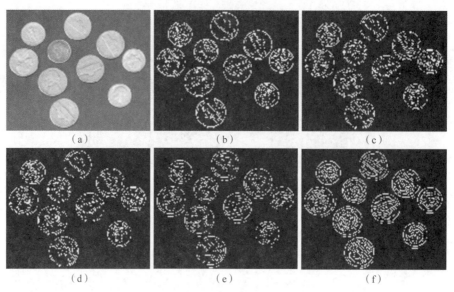

图 10.9　经典边缘提取图像边缘的对比

（a）原图像；（b）Roberts 算子图像；（c）Sobel 算子图像；（d）Prewitt 算子图像；（e）LOG 算子图像；（f）Canny 算子图像

10.3　霍夫变换

　　霍夫变换（Hough Transform）是一种图像处理技术，用于检测图像中的直线、圆和其他形状。它是由保罗·霍夫（Paul Hough）在 1962 年提出的。霍夫变换的基本思想是将图像中的每个像素点变换到一个参数空间中，并在参数空间中寻找符合特定形状的点集。对于直线检测，参数空间通常是极坐标空间，其中每个点由 2 个参数表示，即直线的极径和极角。对于圆检测，参数空间通常是三维空间，其中每个点由 3 个参数表示，即圆心的 x 坐标、y 坐标和半径。霍夫变换是利用图像的全局特征将边缘像素连接起来形成封闭边界的一种连接方法。

　　假设需要从给定图像的 n 个点中确定哪些点位于同一条直线上，那么可以将其看成是根据已知直线上的若干点来检测直线的问题。霍夫变换可以应用于许多领域，如计算机视觉、机器人、自动驾驶等。它具有很强的鲁棒性和适应性，可以处理各种形状和大小的目标。

10.3.1　利用霍夫变换检测直线

　　霍夫变换的基本思想是点与直线的对偶性。在图像空间中，所有过点的直线都满足下式：

$$y = kx + b$$

式中，k 为直线的斜率；b 为截距。用极坐标可表示为

$$\rho = x\cos\theta + y\sin\theta \tag{10.6}$$

(ρ, θ) 是一个从原点到直线上最近点的向量，该向量与直线垂直。式（10.6）就定义了

直线的霍夫变换。显然，x-y 平面中的任意一条直线都与 ρ-θ 空间（称为参数空间）的一个点相对应，即平面中的任意直线的霍夫变换是对应参数空间中的一个点。在 x-y 平面中，过 (x,y) 点的直线有很多条，每一条都对应参数空间的一个点。此时，可以将上式中的 x 和 y 看成是参数空间中的常数，那么 x-y 平面中过点 (x,y) 的直线所对应的点就在参数空间中形成了一条正弦曲线，也就是说，x-y 平面上的点对应于参数空间中的一条正弦曲线。由于平面中的直线上的各个边缘点都满足参数相同（假设为 ρ_0 和 θ_0）的等式，所以空间中所有边缘点对应的正弦曲线都相交于点 (ρ_0, θ_0)。

为了找出这些边缘点构成的直线，可以建立一个位于参数空间中的直方图，对于第一个边缘点，给参数空间中所有与其对应的正弦曲线的直方图方格一个增量。于是，当所有边缘点都经过这种处理后，包含 (ρ_0, θ_0) 的方格将具有局部最大值，通过对参数空间的直方图进行局部最大值的搜索就可以获得边界直线的参数。

霍夫变换将每个图像点转换为一组参数 (ρ, θ)，其中 ρ 是从原点到直线的垂线距离，θ 是垂线的角度。每个点都可以在参数空间中绘制一条曲线，表示可能通过该点的直线。在参数空间中，直线可以表示为一条通过原点的曲线，因此可以通过在参数空间中找到曲线的交点来检测直线。

10.3.2　利用霍夫变换检测圆

对于已知半径的圆，霍夫变换可以检测任意已知表达形式的曲线，其关键在于选择合适的参数空间，根据曲线的表达形式决定其参数空间。当检测某一个已知半径的圆时，可以使用与原图像空间相同的空间作为其参数空间。原图像空间中的一个圆对应参数空间中的一个点；参数空间的一个点对应原图像空间中的一个圆；原图像空间中同一圆上的点，它们的参数相同，即 a、b 相同。它们在参数空间对应的圆就会过同一点 (a,b)。因此，将原图像中的所有点变换到参数空间后，依据参数空间中点的聚集度，就可判断出原图像空间中有无近似于圆的图形。

对于未知半径的圆，在一个 x-y 平面图像中确定 1 个圆至少需要 3 个元素，即圆心的 x 轴、y 轴坐标以及圆的半径。因此，霍夫变换检测圆的目的就是检测图像中各个圆的圆心坐标以及圆的半径。其基本思想是将原图像空间中边缘点映射至参数空间中，再将参数空间中得到的全部坐标点元素所对应的累加值进行统计，并根据此累加值来判断圆的大小和圆心的位置。例如，在 x-y 平面上的方程如下式：

$$(x-a)^2 + (y-b)^2 = r^2$$

式中，(a,b) 为圆心坐标；r 为圆半径。点 (x,y) 为圆周上的一点，将其转换为参数坐标系 (a,b,r)，方程如下：

$$(a-x)^2 + (b-y)^2 = r^2 \tag{10.7}$$

可看出，此方程为圆锥面，对于原图像中任意确定的一个点，在参数空间都有一个三维锥面与其对应。在利用霍夫变换检测圆时，可以利用梯度信息加快圆检测的速度。对圆周而言，其梯度方向只有背离圆心或者指向圆心，当梯度指向圆心，圆心就在梯度的延长线上，而当梯度背离圆心，圆心则在梯度的反向延长线上。因此，边缘梯度信息的加入可以预估圆心的位置，这样可以使算法的运算量明显减少，并且可以有效抑制虚假局部最大值。圆心位置可以用极坐标方程形式表达如下：

$$\begin{cases} a = x - r\cos\theta(x,y) \\ b = y - r\sin\theta(x,y) \end{cases} \tag{10.8}$$

边缘像素(x,y)处的梯度方向为$\theta(x,y)$。前一组公式是梯度方向背离圆心，后一组为梯度方向指向圆心。以前一种情况为例，边缘图像中每个边缘像素点(x,y)都可以算出其相应的梯度方向$\theta(x,y)$。通过前一个公式可计算出圆心坐标(a_0,b_0)，对于参数空间可能的半径r_0，其相应的参数空间累加器加 1，最后找到累加器的局部最大值，就得到一个圆。

10.3.3　霍夫函数

霍夫变换是一种全局坐标转换。但是，如果能在局部初步确定一些可能存在的直线后，再推广到全局进行有针对性的检测，就可以减少检测的盲目性，有效地提高算法的效能。根据"两点确定一条直线"以及霍夫变换过程中"图像空间中同一直线上的多个点对应参数空间中一个点"的原理，对霍夫变换进行了改进，具体实现步骤如下所述。

①在二值图像中顺序搜索，将搜索到的图像中的第一个非零点作为基准点$A(x_a,y_a)$，并顺序选择以$A(x_a,y_a)$为起始点的一个子区域$R(r\times r$ 个像素$)$。

②在该子区域中顺序搜索其他的非零点$B_i(x_i,y_i)$，根据下式计算每个非零点$B_i(x_i,y_i)$与$A(x_a,y_a)$所属直线的参数对(ρ_i,θ_i)：

$$\begin{cases} \theta_i = \tan^{-1}\left(\dfrac{y_a-y_i}{x_a-x_i}\right) \\ \rho_i = x_i\cos\theta_i + y_i\sin\theta_i \end{cases} \tag{10.9}$$

③设ρ的偏差范围为$\delta\rho$，θ的偏差范围为$\delta\theta$，统计每个参数区间$(\rho_i+\delta\rho,\theta_i+\delta\theta)$中参数对的个数$n_i$，找出对应参数个数最大值$n_{max}$的参数区间，并以参数$(\rho_i,\theta_i)$作为通过$A(x_a,y_a)$点的直线的参数。

④设定阈值L_1，判断n_{max}与阈值L_1的关系：当$n_{max}\geqslant L_1$时，将参数空间跳转至步骤⑤；当$n_{max}<L_1$时，则将$A(x_a,y_a)$点清零，跳转至步骤①。

⑤将搜索范围扩展至除子区域$R(r\times r$ 个像素$)$以外的部分，对检测到的每个非零点$C(x_c,y_c)$，取$\theta_c=\theta_i$，根据式（10.9）计算ρ_c，若满足

$$|\rho_i-\rho_c|\leqslant\delta\rho$$

则认为$C(x_c,y_c)$属于该直线，并在参数空间对该直线的累加器加 1，然后将$C(x_c,y_c)$设为 0。

⑥整体搜索完毕后，将$A(x_a,y_a)$点清零，跳转至步骤①，重新搜索，直到图像中不再有非零点时结束。

⑦统计参数空间中各累加器中的数值并与阈值L_2相比较：若大于阈值，则认为直线存在；反之，则认为直线不存在。

【例 10.8】　对图像进行霍夫变换示例。

解：程序如下。

```
clear all;
close all;
l = imread('rice. png');
l = im2double(l);
BW = edge(l,'canny');
```

```
[H,Theta,Rho]=hough(BW,'RhoResolution',0. 5,'ThetaResolution',0. 5);
figure;
set(0,'defaultFigurePosition',[100,100,1000,500]);
set(0,'defaultFigureColor',[1 1 1])
subplot(121);
imshow(BW);
title('图像的边缘')
subplot(122);
imshow(imadjust(mat2gray(H)));
title('霍夫变换图像')
axis normal;
hold on;
colormap hot;
```

上述程序运行的结果，如图 10. 10 所示。

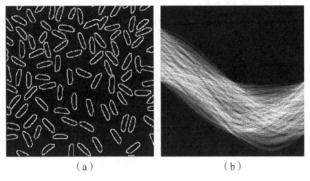

（a）　　　　　　　　　　（b）

图 10. 10　　图像进行霍夫变换效果

（a）图像的边缘；（b）霍夫变换图像

10.4　阈值处理

10.4.1　基础知识

图像阈值处理是一种广泛应用的分割技术，即利用图像中要提取的目标物与其背景在灰度特性上的差异，把图像视为具有不同灰度的两类区域（前景和背景）的组合。选取一个合适的阈值，以确定图像中每个像素点属于前景还是背景区域，从而产生相应的二值图像。

其特点具体如下：由于阈值处理直观、实现简单且计算速度快，因此阈值处理在图像分割应用中处于核心地位；阈值处理适用于前景与背景有较强对比的情况，重要的是背景或前景的灰度比较单一，而且总可以得到封闭且连通区域的边界。

阈值化有以下几个概念。

①上阈值化，即灰度值大于等于阈值的所有像素作为前景像素，其余像素作为背景像素。

②下阈值化，即灰度值小于等于阈值的所有像素作为前景像素。

③内阈值化，即确定一个较小的阈值和一个较大的阈值，灰度值介于二者之间的像素作为前景像素。

④外阈值化，即灰度值介于小阈值和大阈值之外的像素作为前景像素。

10.4.2 基本的全局阈值处理

选取阈值的一种方法是图像直方图的视觉检测。例如，图 10.12（a）中的直方图有两种不同的模式，因此很容易选择一个阈值 T 来分割它们。选择 T 的另一种方法是反复实验来选取不同的阈值，到观察者认为产生了较好的结果为止。这在交互环境中特别有效。

通常，在图像处理中，首选的方法是使用一种能基于图像数据自动地选择阈值的算法。下面的迭代过程就是这样一种方法。

①为全局阈值选择一个初始估计值 T。

②使用 T 分割图像。这样会产生两组像素：由所有灰度值大于 T 的像素组成的 G_1；由所有灰度值小于等于 T 的像素组成的 G_2。

③分别计算区域 G_1 和 G_2 中像素的平均灰度值 m_1 和 m_2。

④计算一个新的阈值，公式为

$$T = \frac{1}{2}(m_1 + m_2) \tag{10.10}$$

⑤重复步骤②到步骤④，到后续迭代中 T 的差小于一个预定义 ΔT 值为止。

一般来说，ΔT 越大，算法执行的迭代次数就越少。可以证明，若初始阈值在图像中的最小和最大灰度值之间选择（平均图像灰度值就是 T 的一个较好初始选择），那么算法会在有限的步数内收敛。对分割而言，在与前景和背景相关的直方图模式之间存在明显的峰谷时，该算法处理效果较好。

【例 10.9】 计算全局阈值。

解：程序如下。

```
I = imread('cameraman. jpg');
I = rgb2gray(I);
level = graythresh(I);
BW = im2bw(I, level);
imshow(BW);
```

上述程序运行的结果，如图 10.11 所示。

（a）   （b）

图 10.11　全局阈值分割图像效果

（a）带噪图像；（b）全局阈值分割图像

【例 10.10】　运用直方图进行阈值分割。

解： 程序如下。

```
A=imread('cameraman. jpg');
B = rgb2gray(A);
B = double(B);
hist(B)
[m,n] = size(B);
for i=1:m
  for j=1:n
    if B(i,j)>70&B(i,j)<130
      B(i,j)=1;
    else
      B(i,j)=0;
    end
  end
end
subplot(121), imshow(A)
subplot(122), imshow(B)
```

上述程序运行的结果，如图 10.12 所示。

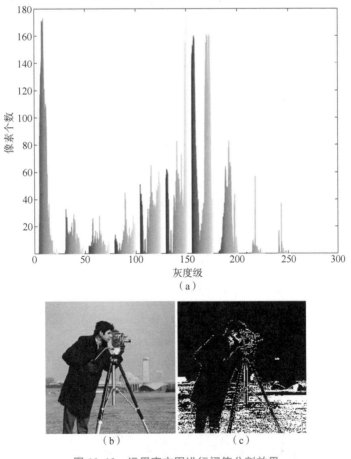

图 10.12　运用直方图进行阈值分割效果

（a）输入图像的灰度直方图；（b）输入图像；（c）分割图像

10.4.3 使用 Otsu 方法进行最佳全局阈值处理

日本 Otsu 于 1978 年提出最大类间方差法。基于整幅图像的统计特性，实现阈值的自动选取。它的基本原理是以最佳阈值将图像的灰度直方图分割成两部分，使两部分的方差取最大值，即分离性最大。该方法使用范围比较广，不论图像的直方图有无明显的双峰，都能得到较满意的结果，在很多领域得到了应用和发展。但此方法依然存在一些不足，主要表现：一是若目标与背景之间灰度差不明显，可能出现大块黑色区域，甚至丢失整幅图像的信息；二是仅利用一维灰度直方图分布，没有结合图像的空间相关信息，处理效果不好；三是当图像中有断裂现象或者背景有一定噪声时，无法得到预期效果。

令一幅图像的直方图成分表示为

$$p_q = \frac{n_q}{n} \quad (q = 0, 1, 2, \cdots, L-1) \tag{10.11}$$

式中，n 为图像中像素的总数；n_q 为具有灰度级 q 的像素数量；L 为图像中可能的灰度级的总数（注意，灰度级是整数值）。

现在，假设选定一个阈值 k，C_1 是灰度级为 $[0, 1, 2, \cdots, k]$ 的一组像素，C_2 是灰度级为 $[k+1, k+2, \cdots, L-1]$ 的一组像素。Otsu 方法是最佳的，在某种意义上，它选择阈值 k，使其最大类间方差为

$$\sigma_B^2(k) = P_1(k) [m_1(k) - m_G]^2 + P_2(k) [m_2(k) - m_G]^2$$

式中，$P_1(k)$ 为集合 C_1 发生的概率，即

$$P_1(k) = \sum_{i=0}^{k} p_i \tag{10.12}$$

例如，如果令 $k = 0$，那么具有分配给它的任何像素的集合 C_1 的概率就为 0。类似地，集合 C_2 发生的概率为

$$P_2(k) = \sum_{i=k+1}^{L-1} p_i = 1 - P_1(k) \tag{10.13}$$

$m_1(k)$ 和 $m_2(k)$ 分别是集合 C_1 和 C_2 中像素的平均灰度。m_G 是全局均值（整个图像的平均灰度），即

$$m_G = \sum_{i=0}^{L-1} i p_i \tag{10.14}$$

此外，直到灰度级 k 的平均灰度由下式给出：

$$m = \sum_{i=0}^{k} i p_i \tag{10.15}$$

该表达式计算上更为有效，因为对于所有 k 值只需要计算两个参数 m 和 p_i（只计算一次 m）。

最大类间方差的思想是方差越大，越接近正确分割图像的阈值。注意，这种最佳测度完全基于直接由图像直方图得到的参数。此外，因为 k 是区间内的一个整数，所以找到最大的 $\sigma_B^2(k)$ 非常简单：只需选 L 个可能的 k 值中的一个，并在每步中计算方差，然后选择给出最大 $\sigma_B^2(k)$ 值的 k。这个 k 值就是最佳阈值。如果最大值不唯一，那么所用的阈值就是所找到的所有最佳 k 值的平均值。

最大类间方差与图像总灰度方差的比值 $\eta(k) = \dfrac{\sigma_B^2(k)}{\sigma_G^2}$ 是把图像灰度分为两类（如前景和背景）的一种测度，其取值范围为

$$0 \leqslant \eta(k^{\cdot}) \leqslant 1$$

式中，$k^{\cdot}$ 为最佳阈值。该测度对于恒定图像（其像素完全不能分为两类）可达到其最小值，对于二值图像则可达到其最大值（其像素完全可分）。

【例 10.11】 使用 Otsu 方法进行最佳全局阈值处理。

解：程序如下。

```
I1 = imread('lena. bmp');
count = 0;
T = mean2(I1);                                    % 求矩阵的均值
done = false;
% 以下为迭代过程
while ~ done
    count = count+1;
    g = I1>T;
    Tnext = 0. 5*(mean(I1(g))+mean(I1(~ g)));      % 分别计算两个区域各自像素的灰度平均值
    done = abs(T. Tnext)<0. 5;                     % 设置预定义值为 0. 5
    T = Tnext;
end
g = im2bw(I1,T/255);                              % 图像为 8 比特
subplot(131),imshow(I1),title('原图像');
subplot(132),imhist(I1),title('原图像的直方图');
subplot(133),imshow(g),title('Otsu 最佳全局阈值处理图像');
```

上述程序运行的结果，如图 10.13 所示。

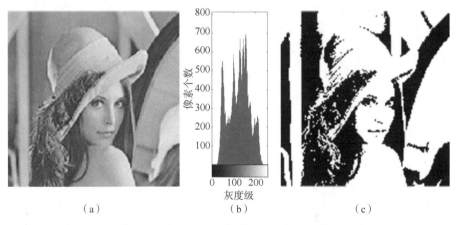

（a）　　　　　　　　　　（b）　　　　　　　　　　（c）

图 10.13　使用 Otsu 方法进行最佳全局阈值处理效果

（a）原图像；（b）原图像的直方图；（c）Otsu 最佳全局阈值处理图像

上例中使用 Otsu 方法计算出的阈值是 181，更接近图像中定义为细胞的较亮区域。事实上，由于原来模式间的分离度相对较大，并且它们之间的波谷较深，所以可分性质量较高。

10.4.4　使用图像平滑改进全局阈值处理

噪声会把简单的阈值处理问题变为不能解决的问题。当不能在源头降低噪声且阈值处理是所选择的分割方法时，增强性能的一种常用技术是在阈值处理前先对图像进行平滑。

【例 10.12】　用函数 imnoise 对图像进行阈值处理。

解：程序如下。

```
f=imread('coins. png');
fn=imnoise(f,'gaussian',O, 0. 038);
imshow(fn)
figure, imhist(fn)
Tn = graythresh(fn);
gn = im2bw(fn, Tn);
figure, imshow(gn)
% Smooth the image and repeat.
w = fspecial ('average', 5) ;
fa = imfilter(fn, w, 'replicate');
figure, imshow(fa)
figure, imhist(fa)
Ta = graythresh(fa);
ga = im2bw(fa,Ta);
figure, imshow(ga)
```

上述程序运行的结果，如图 10.14 所示。

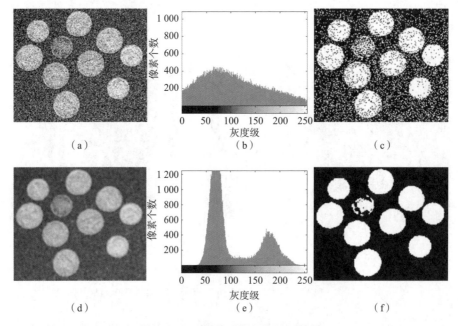

图 10.14　对图像进行阈值处理效果

（a）带噪图像；（b）带噪图像的直方图；（c）Otsu 处理结果图像；（d）平滑的带噪图像；
（e）平滑带噪图像的直方图；（f）Otsu 阈值处理图像

在没有噪声时，图 10.14（a）为带噪图像，可以使用处在两个图像灰度值之间的任何阈值完美地进行阈值处理，该图像是在原始的二值图像中加入均值为 0、标准差为 50 个灰度级的高斯噪声后的结果。图 10.14（b）表明，阈值处理对这样的图像来说大多会失败。图 10.14（c）中的结果是用 Otsu 方法得到的，结果证实了这一点。图 10.14（d）显示了使用一个 5×5 的均值模板平滑噪声图像后的结果。图 10.14（e）是图 10.14（d）的图直方图，平滑对直方图形状的改进很明显，可以期望平滑后图像的阈值处理结果趋近于完美。在分割且平滑后的图像中，前景和背景间的边界稍微有点失真，这是由平滑过程图像的边界模糊导致的，如图 10.14（f）所示。对图像平滑得越强烈，分割结果中预期的边界误差就越大。

10.4.5　灰度阈值处理基础

若图像的灰度直方图为双峰分布，表明图像的内容大致为两部分，分别为灰度分布的两个山峰的附近。选择阈值为两峰间的谷底点对应灰度值，如图 10.15 所示。

灰度阈值法适用于图像中前景与背景灰度差别较大，且各占一定比例的情形，是一种特殊的方法。若图像整体直方图不具有双峰或多峰特性，可以考虑局部范围内应用。从背景中提取前景的一种明显方法是选择一个将这些模式分开的阈值 T，然后 $f(x,y) > r$ 的任何点 (x,y) 称为一个对象点，否则将该点称为背景点。换句话说，分割后的图像 $g(x,y)$ 由下式给出：

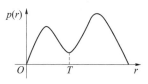

图 10.15　双峰阈值选择

$$g(x,y) = \begin{cases} 1 & f(x,y) > T \\ 0 & f(x,y) \leq T \end{cases} \tag{10.16}$$

当 T 是一个适用于整个图像的常数时，该公式给出的处理称为全局阈值处理。当 T 在一幅图像上改变时，使用可变阈值处理这个术语。术语局部阈值处理或区域阈值处理有时用于表示可变阈值处理。此时，图像中任何点 (x,y) 处的 T 取决于 (x,y) 的邻域的特性（如邻域中的像素的平均灰度）。如果 T 取决于空间坐标 (x,y) 本身，则可变阈值处理通常称为动态阈值处理或自适应阈值处理。

一种更为困难的阈值处理问题，它包含 3 个支配模式的直方图，如图 10.16 所示。如果 $f(x,y) \leq T_1$，则多阈值处理把点 (x,y) 分为背景；如果 $T_1 < f(x,y) \leq T_2$，则分为一个物体；如果 $f(x,y) > T_2$，则分为另一个物体。分割的图像由下式给出：

$$g(x,y) = \begin{cases} a & f(x,y) > T_2 \\ b & T_1 < f(x,y) \leq T_2 \\ c & f(x,y) \leq T_1 \end{cases} \tag{10.17}$$

式中，a，b，c 为任意 3 个不同的灰度值。要求两个以上阈值的分割问题很难解决（通常是不可能的），而较好的结果通常可用其他方法得到，如图 10.16 所示。

基于前面的讨论，可以凭直觉推断灰度阈值的成功与否直接关系到可区分的直方图模式波谷的宽度和深度，而影响波谷特性的关键因素包括：

①波峰间的间隔（波峰离得越远，分离这些模式的机会越好）；

②图像中的噪声内容（模式随噪声的增加而展宽）；

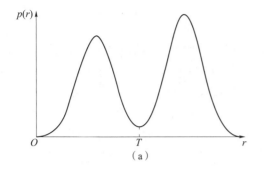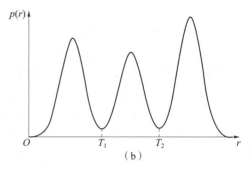

图 10.16　阈值分割的连续直方图
（a）单阈值；（b）双阈值

③前景和背景的相对尺寸；

④光源的均匀性；

⑤图像反射特性的均匀性。

【例 10.13】　对图像进行灰度阈值处理。

解：程序如下。

```matlab
clc;
clear all;
Img=imread('rice. png');
imshow(Img);
title('原图像');
% 输出直方图
figure;
imhist(Img);
% 人工选定阈值进行分割,阈值设为 120
[width,height]=size(Img);
Thresh1=120;
for i=1:width
    for j=1:height
        if(Img(i,j)<Thresh1)
            BW1(i,j)=0;
        else
            BW1(i,j)=1;
        end
    end
end
figure;
imshow(BW1);
title('人工阈值分割图像');
% 自动选择阈值
```

```
Thresh2 = graythresh(Img);
BW2 = im2bw(Img,Thresh2);            % Otus 阈值进行分割
figure;
imshow(BW2);
title('Otus 阈值分割图像');
```

上述程序运行的结果，如图 10.17 所示。

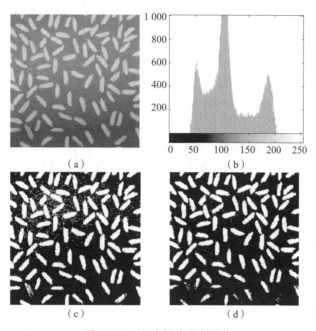

图 10.17　灰度阈值分割图像

（a）原图像；（b）原图像的直方图；（c）人工阈值分割图像；（d）Otus 阈值分割图像

10.5　基于区域的分割

基于区域的分割是图像分割中一种重要的分割方法，其定义为按照选定的一致性准则，将图像划分为互相不交叠的、连通的图像元素集合的处理过程。它弥补了阈值分割没有考虑空间信息的不足，解决了边缘检测的区域连续性和封闭性的难点，在图像分割方法中有很强的优势。区域分割算法的实质就是把具有某种相似性质的像素连通起来，从而构成最终的分割区域的方法。分割目的是将一幅图像划分为多个区域。分割是通过以像素特性分布为基础的阈值处理来完成的，如灰度值或彩色。本节将讨论直接寻找区域的分割技术，典型算法有区域生长、区域分裂合并等。

10.5.1　区域生长

区域生长是根据预先定义的生长准则将像素或子区域组合为更大区域的过程。其基本方法是从一组"种子"点开始，将与种子预先定义的性质相似的那些邻域像素添加到每个种子上，形成这些生长区域（如特定范围的灰度或颜色）。区域生长的基本思想是将具有相似性质的像素结合起来构成区域。相邻与相似性准则是区域生长的条件，具体步骤如下。

①选择或确定一组能正确代表所需区域的种子像素为起点，按照生长准则将符合条件的相邻像素包括进来进行生长。

②根据生长过程停止的条件或规则判断生长的结束。

③影响算法性能的因素包括种子点集的选择、生长准则和停止条件。

如果在区域生长过程中没有使用连通属性，那么单独的描绘子会产生错误的结果。设想仅有 3 个不同灰度级的像素随机排列，将具有相同灰度级的像素组合形成一个"区域"，如果不考虑连通性，则会产生对当前讨论的内容毫无意义的分割结果。区域生长的另一个问题是终止规则的表示法。当不再有像素满足加入某个区域的准则时，区域生长就会停止。像灰度值、纹理和彩色准则本质上都是局部的，都没有考虑区域生长的"历史"。增强区域生长算法能力的其他准则，利用了候选像素和已加入生长区域的像素间的大小、相似性等概念（如候选像素灰度和生长区域的平均灰度的比较），以及正在生长的区域的形状这类描绘子的使用，是以期望结果的模型部分可用这一假设为基础的。

令 $f(x,y)$ 表示一个输入图像阵列；$S(x,y)$ 表示一个种子阵列，阵列中种子点位置处为 1，其他位置处为 0；Q 表示在每个位置 (x,y) 处所用的属性，假设阵列 f 和 S 的尺寸相同。基于 8 连接的一个基本区域生长算法可说明如下：

①在 $S(x,y)$ 中寻找所有连通分量，并把每个连通分量腐蚀为像素；把找到的所有这种像素标记为 1，把 S 中的所有其他像素标记为 0。

②在坐标 (x,y) 处形成图像 f，如果输入图像在该坐标处满足给定的属性 Q，则令 $f_Q(x,y)=1$，否则令 $f_Q(x,y)=0$。

③令 g 是这样形成的图像，即把 8 连通种子点的所有 1 值点，添加到 S 中的每个种子点。

④用不同的区域标记（如 1，2，3，…）标出 g 中的每个连通分量，这就是由区域生长得到的分割图像。

【例 10.14】　利用区域生长对图像进行分割。

解：程序如下。

```
A0 = imread('cameraman. jpg');                  % 读入图像
seed = [100,220];                               % 选择起始位置
thresh = 16;                                    % 相似性选择阈值
A = rgb2gray(A0);                               % 灰度化
A = imadjust(A,[min(min(double(A)))/255,max(max(double(A)))/255],[ ]);
A = double(A);
B = A;
[r,c] = size(B);
```

```
n=r*c;
pixel_seed=A(seed(1),seed(2));
q=[seed(1),seed(2)];
top=1;
M=zeros(r,c);
M(seed(1),seed(2))=1;
count=1;
while top~=0
    r1=q(1,1);
    c1=q(1,2);
    p=A(r1,c1);
    dge=0;
for i=.1:1
for j=.1:1
if r1+i<=r && r1+i>0 && c1+j<=c && c1+j>0
if abs(A(r1+i,c1+j). p)<=thresh && M(r1+i,c1+j)~=1
top=top+1;
q(top,:)=[r1+i,c1+j];         % 将满足判定条件的周围点的位置赋予 q, q 记载了满足判定的每一外点
M(r1+i,c1+j)=1;
count=count+1;
B(r1+i,c1+j)=1;
end
if M(r1+i,c1+j)==0;
dge=1;                        % 将 dge 赋为 1
end
else
dge=1;
end
end
end
if dge~=1
B(r1,c1)=A(seed(1),seed(2));
end
if count>=n
top=1;
end
q=q(2:top,:);
top=top.1;
end
subplot(1,2,1),imshow(A,[ ]); title('原图像');
subplot(1,2,2),imshow(B,[ ]); title('区域生长分割图像');
```

上述程序运行的结果，如图 10.18 所示。

（a）　　　　　　　　　　　　（b）

图 10.18　区域生长对图像分割效果

（a）待处理结果；（b）区域生长分割图像

10.5.2　区域分裂合并

区域生长通常需要人工交互或自动方式获得种子点，这给分割带来一定的难度。区域分裂合并不需要预先指定种子点，它按某种一致性准则分裂或合并区域。它的研究重点是分裂和合并规则的设计。分裂合并可以先进行分裂运算，再进行合并运算；也可以分裂和合并运算同时进行，经过连续的分裂和合并，最后得到图像的精确分割。分裂合并对分割复杂的场景图像比较有效。

首先将图像分解成互不重叠的区域，然后按照相似性准则进行合并。利用图像四叉树表达方法的迭代分裂合并，其主要步骤如下。

①对任一区域 R，如果 $P(R)=$ FALSE，就将该区域分裂为不重叠的 4 等份。

②将 $P(R)=$ TRUE 的任意两个相邻区域进行合并。

③当无法再继续合并或者分裂时，停止操作，如图 10.19 所示。

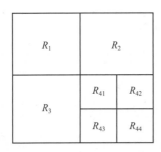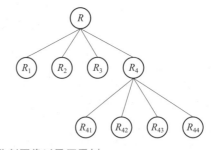

图 10.19　分割图像以及四叉树

【例 10.15】　利用区域分割来对图像进行四叉树分解。

解：程序如下。

```
Image1 = imread('lena. bmp');
S = qtdecomp(Image1,0. 25);
Image2 = full(S);
subplot(1,2,1);
imshow(Image1);
```

```
title('原图像')
subplot(1,2,2);
imshow(Image2);
title('区域分割图像')
```

上述程序运行的结果，如图 10.20 所示。

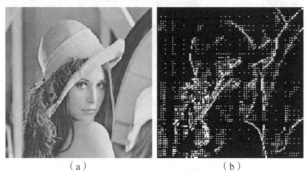

（a） （b）

图 10.20 区域分割图像效果

（a）原图像；（b）区域分割图像

10.6 用形态学分水岭的分割

目前，已经讨论了两种重要的分割思想，即阈值处理和区域生长。每种方法都有其优点和缺点。

10.6.1 背景介绍

分水岭的概念是以三维形象化一幅图像为基础，即以两个空间坐标作为灰度的函数。在这种"地形学"解释中，考虑 3 种类型的点：一是属于一个区域的最小值点；二是把一点看成是一个水滴，如果把这些点放在任意位置上，水滴一定会下落到一个单一的最小值点；三是处在该点的水会等概率地流向不止一个这样的最小值点。对于一个特定的区域最小值，满足第二个条件的点的集合称为该最小值的汇水盆地或分水岭。满足第三个条件的点形成地表面的峰线，这种峰线称为分割线或分水线。

基于这些概念的分割算法的主要目标是找出分水线。其基本思想是假设在每个区域的最小值上打一个洞，并且让水通过洞以均匀的速率上升，从低到高淹没整个地形。当不同的汇水盆地中上升的水聚集时，修建一个水坝来阻止这种聚合。水将达到在水线上只能见到各个水坝的顶部这样一个程度。这些大坝的边界对应于分水岭的分水线。因此，它们是由分水岭算法提取出来的（连接的）边界。

10.6.2 使用距离变换的分水岭分割

与分水岭变换一起用于分割的一个常用工具是距离变换。二值图像的距离变换是一个相对简单的概念：它是从每个像素到最接近非零值像素的距离。图 10.21（a）显示了一个二值图像，图 10.21（b）显示了相应的距离变换图像。每个值为 1 的像素的距离变换值为 0。

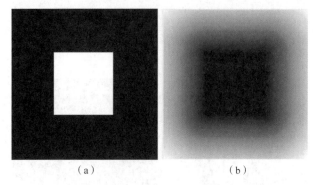

（a）　　　　　　　　　　　　（b）

图 10.21　二值图像的距离变换

（a）二值图像；（b）距离变换图像

【例 10.16】　使用距离和分水岭变换分割二值图像。

解：程序如下。

```
img = imread('coins. png');
img = im2double(img);
img  = imgaussfilt(img, 2);
D =  bwdist(~ img);
D = . D;
D = imhmin(D, 5);
L = watershed(D);
L = imfill(L, 'holes');
L = imclearborder(L);
subplot(1, 2, 1);
imshow(img);
title('原图像');
subplot(1, 2, 2);
imshow(L);
title('分割图像');
```

上述程序运行的结果，如图 10.22 所示。

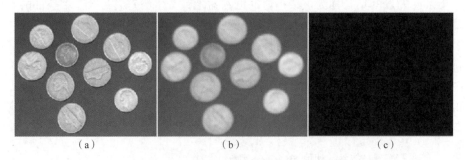

（a）　　　　　　　（b）　　　　　　　（c）

图 10.22　距离和分水岭变换分割二值图像

（a）原图像；（b）距离变换图像；（c）分水岭变换图像

【例 10.17】　采用分水岭对图像进行分割。

解：程序如下。

```
clear all;
close all;
l=imread('test. png');
J=watershed(l, 8);
figure;
subplot(121); imshow(l); title('原图像');
subplot(122); imshow(J); title('分水岭分割图像');
```

上述程序运行的结果，如图 10.23 所示。

（a）　　　　　　　　　　　（b）

图 10.23　分水岭分割图像效果

（a）原图像；（b）分水岭分割图像

【例 10.18】　创建一个包含两个重叠圆形图案的二值图像，使用分水岭对其进行分割。

解：程序如下。

```
clear all;close all;
l=imread('test. png');
ct1 = . 10;
ct2=. ct1;
dist=sqrt(2*(2*ct1)^2);
ra =dist/2*1. 4;
lims =[floor(ct1. 1. 2*ra) ceil(ct2+1. 2*ra)];
[x,y]= meshgrid(lims(1):lims(2));
bwl=sqrt((x. ct1). ^2 + (y. ct1). ^2)<= ra;
bw2=sqrt((x. ct2). ^2 + (y. ct2). ^2)<= ra;
bw=bwl | bw2;
subplot(131), imshow(bw,'InitialMagnification' ,'fit')
title('二值图像');
F=bwdist(~ bw);
subplot(l32), imshow(F,[ ],'InitialMagnification' ,'fit')
title('分割前的等高线图');
```

```
F =. F;
F( ~ bw) =. lnf;
% 进行 watershed 分割并将分割结果以标记图形式绘出
L = watershed(F);
rgb = label2rgb(L,'jet',[. 5. 5. 5]);
subplot(1,3,3), imshow(rgb,'InitialMagnification' ,'fit')
title('分水岭变换图像')
```

上述程序运行的结果，如图 10.24 所示。

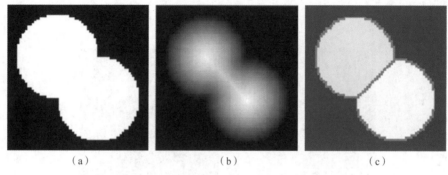

（a） （b） （c）

图 10.24 分水岭法二值图像进行分割效果

（a）二值图像；（b）分割前的等高线图；（c）分水岭变换图像

10.6.3 使用梯度的分水岭分割

分水岭分割通过从图像中提取区域极小值，进而确定该极小值对应的分水线。分水岭反映的是图像中强度骤变的分界线。为了便于提取区域极值，通常先对图像进行对比度增强处理，以突出图像中的明暗变化，如 Top-hat 变换、梯度变换等。形态学梯度运算具有非线性，能在增强图像中极值对比的同时，保持图像中相对平滑的区域。

对于图像 $f(x,y)$，其梯度图像 $g(x,y)$ 为

$$g(x,y) = f(x,y) \oplus b(x,y) - f(x,y) \Theta b(x,y)$$

式中，$b(x,y)$ 为圆盘状结构元素；Θ 和 $\oplus$ 分别表示灰度形态学腐蚀和膨胀运算。

经形态学梯度处理后，图像中的灰度跃变急剧增强，圆盘状结构元素具有各向同性，消除了梯度对边缘方向的依赖性。同时，结构元素半径较小，避免了梯度图像中产生过厚边缘造成的区域轮廓定位误差。

对于形态学梯度图像，噪声和细节依然存在，如果直接进行分水岭分割，仍然会出现过分割。为此，采用形态学开闭重建运算对梯度图像进行重建，目的在于消除梯度图像中由非规则灰度扰动和噪声引起的局部极值，保留重要的轮廓极值信息。传统的开运算是先腐蚀后膨胀，而形态学开重建运算则是先进行开运算，后进行重建运算，形态学闭重建运算类似。相比之下，传统的形态学开闭运算只能去除图像中的部分高灰度和低灰度细节，而开闭重建运算在图像的平滑过程中，要么完全去除比当前尺度小的高灰度和低灰度细节，要么完全保留这些细节。

因此，利用混合开闭重建运算简化梯度图像时，随着结构元素大小的递增，图像中的局部极值只会消除，而不会产生新的区域极值。简化后的重建图像中保留下来的区域轮廓不会发生位置偏移。此外，平滑程度可依据分割的需求调整结构元素的大小。

形态学开闭重建运算建立在测地膨胀和腐蚀的基础上。对于梯度图像 $g(x,y)$（以下用 g 代替）和参考图像 $r(x,y)$（以下用 r 代替），其形态学测地膨胀定义为

$$\begin{cases} D_B^{i+1}(g,r) = \min\left[D_B^i \oplus B, r \right] \\ D_B^i(g,r) = \min\left[(g \oplus B, r) \right] \end{cases} \tag{10.18}$$

式中，B 为圆盘状结构元素。圆盘状结构元素满足旋转不变性，因此不会造成图像特征值的畸变。

形态学混合开闭运算 $g_B^{(\mathrm{rec})}$ 定义为先开后闭的二次重建，即

$$g_B^{(\mathrm{rec})} = C_B^{(\mathrm{rec})}\left[O_B^{(\mathrm{rec})}(g,r), r \right] \tag{10.19}$$

经过形态学开闭重建的梯度图像 $g_B^{(\mathrm{rec})}$ 消除了其中过多的区域极值和噪声，因而避免了分水岭产生过分割的可能，加之形态学开闭运算准确的轮廓定位能力，减小了区域轮廓线的位置偏移。在重建的梯度图像上进行标准分水岭变换，实际上就是首先对 $g_B^{(\mathrm{rec})}$ 进行极小值标记，然后以极小值为山谷，搜索其灰度值相近的邻域像素，并将其置为背景（或前景）值。当相邻的两个极小值对应的区域像素相遇时，即确定为区域轮廓像素点。当所有区域极小值对应的轮廓像素点确定并标记后，分割过程结束。

综上所述，分割过程可描述为以下步骤：

①计算原图像的形态学梯度图像；

②对梯度图像进行形态学开闭重建；

③对重建的梯度图像进行标准分水岭变换，实现图像的区域分割。

【例 10.19】　对摄影师的图像进行梯度分水岭分割。

解：程序如下。

```
% 读取原图像
img = imread('cameraman. jpg');
% 将图像转换为灰度图像
gray_img = rgb2gray(img);
% 使用 Sobel 算子计算图像的梯度
[Gx, Gy] = imgradientxy(gray_img, 'sobel');
% 计算梯度的幅值
gradient_img = sqrt(Gx. ^2 + Gy. ^2);
% 对梯度图像进行形态学开闭重建
se = strel('disk',5);                               % 创建半径为 5 的圆盘状结构元素
opened_img = imopen(gradient_img, se);              % 形态学开运算
closed_img = imclose(opened_img, se);               % 形态学闭运算
reconstructed_img = imreconstruct(closed_img, gradient_img);  % 重建操作
% 显示原图像和形态学梯度图像
```

```
subplot(2,2,1);
imshow(img);
title('原图像');
subplot(2,2,2);
imshow(gradient_img, []);
title('形态学梯度图像');
subplot(2,2,3);
imshow(opened_img, []);
title('开重建图像');
subplot(2,2,4);
imshow(reconstructed_img, []);
title('闭重建图像');
```

上述程序运行的结果，如图 10.25 所示。

（a）　　　　　　　　　　　　（b）

（c）　　　　　　　　　　　　（d）

图 10.25　对图像进行梯度分水岭分割效果

（a）原图形；（b）形态学梯度图像；（c）开重建图像；（d）闭重建图像

习题十

习题十答案

10.1　利用边缘检测实现分割，常会有一些短小或不连续的曲线，用什么样的处理方法可以消除这些干扰？

10.2　如何利用数学形态学算法削弱分水岭算法分割时所产生的过

10.3 梯度分水岭分割是一种常用的图像分割方法，在使用时需要注意哪些事项？

10.4 迭代式阈值选取方法的基本思路是什么？

10.5 设一幅7×7大小的二值图像中心处有一个值为 0 的 3×3 大小的正方形区域，其余区域的值为 1，如图 10.26 所示。使用 Sobel 算子来计算这幅图的梯度，画出梯度幅度图（需给出梯度幅度图中所有像素的值）。

1	1	1	1	1	1	1
1	1	1	1	1	1	1
1	1	0	0	0	1	1
1	1	0	0	0	1	1
1	1	0	0	0	1	1
1	1	1	1	1	1	1
1	1	1	1	1	1	1

图 10.26 题 10.5 图

10.6 对下列矩阵进行分裂合并。

$$f = \begin{bmatrix} 1 & 3 & 7 & 8 \\ 1 & 2 & 8 & 9 \\ 2 & 1 & 2 & 7 \\ 3 & 8 & 8 & 9 \end{bmatrix}$$

10.7 设有一幅二值图像，其中包含了水平的、垂直的、+45°和−45°的直线。请设计一组模板，用于检测这些直线中一个像素长度的间断。假设直线的灰度级是 1 并且背景的灰度级为 0。

10.8 假设一幅图像的背景均值为 25，方差为 625，在背景上分布有互不重叠的均值为 150，方差为 400 的小目标。请提出一种基于区域生长的方法，将目标分割出来。

10.9 编写程序实现基于边界的图像分割，可以选择不同的边界改良算法。

10.10 编写程序实现基于区域生长的图像分割。

10.11 已知图像包含多个不同颜色的物体，需要将图像中的每个物体分割出来，并检测其中的孤立点（即单独存在的像素点），如图 10.27 所示。请编写程序实现该功能，显示孤立点检测结果。

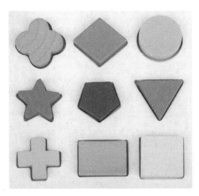

图 10.27 题 10.11 图

10.12　要求图像分割成两部分，包括前景和背景，如图 10.28 所示。其中，前景为图像中蝴蝶部分，背景为非蝴蝶部分。请编写程序实现该图像分割。

图 10.28　题 10.12 图

参 考 文 献

[1] 禹晶，肖创柏，廖庆敏. 数字图像处理 [M]. 北京：清华大学出版社，2022.

[2] 蔡利梅，王利娟. 数字图像处理：使用 MATLAB 分析与实现 [M]. 北京：清华大学出版社，2019.

[3] 黎小琴. 数字图像处理 [M]. 北京：北京大学出版社，2022.

[4] 黄进，李剑波. 数字图像处理：原理与实现 [M]. 北京：清华大学出版社，2020.

[5] ［美］RAFAEL C GONZALEZ，RICHAND E WOODS. 数字图像处理：第 4 版 [M]. 阮秋琦，阮宇智，译. 北京：电子工业出版社，2020.

[6] 朱福珍. 数字图像处理：MATLAB 版 [M]. 北京：清华大学出版社，2023.

[7] 阮秋琦. 数字图像处理学 [M]. 4 版. 北京：电子工业出版社，2022.

[8] 田丹. 数字图像处理与 MATLAB 实现 [M]. 北京：电子工业出版社，2022.

[9] 杨杰. 数字图像处理及 MATLAB 实现 [M]. 3 版. 北京：电子工业出版社，2019.

[10] 孙华东. 基于 MATLAB 的数字图像处理 [M]. 北京：电子工业出版社，2020.

[11] 张云佐. 数字图像处理技术及应用 [M]. 北京：北京理工大学出版社，2021.

[12] 张运楚. MATLAB 数字图像处理 [M]. 北京：中国建筑工业出版社，2021.

[13] 许录平. 数字图像处理学习指导 [M]. 2 版. 北京：科学出版社，2017.

[14] 马龙华，陆哲明，崔家林. 深度学习在数字图像处理中的应用 [M]. 北京：电子工业出版社，2022.

[15] 黄丽韶. 数字图像处理及实现方法探究 [M]. 北京：北京工业大学出版社，2018.

[16] 高飞，刘盛，卢书芳. 数字图像处理系列教程：基础知识篇 [M]. 北京：清华大学出版社，2022.

[17] 孙华魁. 数字图像处理与识别技术研究 [M]. 天津：天津科学技术出版社，2020.

[18] 李达辉. 数字图像处理核心技术及应用 [M]. 北京：电子科技大学出版社，2019.

[19] 侯培文，蔡仲博. 数字图像处理技术及应用研究 [M]. 北京：哈尔滨工业大学出版社，2021.

[20] 张铮，胡静，赵原卉. 精通 MATLAB 数字图像处理与识别 [M]. 2 版. 北京：人民邮

电出版社，2022.

[21] 马本学. 数字图像处理与机器视觉：基于 MATLAB 实现 [M]. 北京：机械工业出版社，2023.

[22] 张弘，李嘉锋. 数字图像处理与分析 [M]. 3 版. 北京：机械工业出版社，2020.

[23] 朱秀昌，唐贵进. 现代数字图像处理 [M]. 北京：人民邮电出版社，2020.

[24] 汪红兵，李莉. 数字图像处理与深度学习 [M]. 北京：清华大学出版社，2023.

[25] 柳林. 基于 OpenCV 的数字图像处理技术 [M]. 杭州：浙江大学出版社，2020.

[26] 王慧琴，王燕妮. 数字图像处理与应用：MATLAB 版 [M]. 北京：人民邮电出版社，2019.

[27] 苏军，任小玲，胡文学. 数字图像处理算法典型实例与工程案例 [M]. 西安：西安电子科技大学出版社，2019.

[28] 全红艳. 智能数字图像处理：原理与技术 [M]. 北京：机械工业出版社，2023.

[29] 王俊祥，赵怡，张天助. 数字图像处理及行业应用 [M]. 北京：机械工业出版社，2022.

[30] 张云佐. 数字图像处理技术：MATLAB 实现 [M]. 北京：清华大学出版社，2022.

[31] 彭凌西，彭绍湖，唐春明. 从零开始：数字图像处理的编程基础与应用 [M]. 北京：人民邮电出版社，2022.

[32] 王敏，周树道. 数字图像预处理技术及应用 [M]. 北京：科学出版社，2021.

[33] 陈岗. 图像处理理论解析与应用 [M]. 北京：电子工业出版社，2021.

[34] 刘冰. MATLAB 图像处理与应用 [M]. 北京：机械工业出版社，2022.

[35] 黄少罗，闫聪聪. MATLAB 2020 图形与图像处理从入门到精通 [M]. 北京：机械工业出版社，2021.

[36] 蔡利梅. MATLAB 图像处理：理论、算法与实例分析 [M]. 北京：清华大学出版社，2020.

[37] 杨帆，王志陶，张华. 精通图像处理经典算法：MATLAB 版 [M]. 2 版. 北京：北京航空航天大学出版社，2018.

[38] 刘增龙，赵心杰. 机器视觉从入门到提高 [M]. 北京：机械工业出版社，2021.

[39] 肖苏华. 机器视觉技术基础 [M]. 北京：化学工业出版社，2021.

[40] 赵小川，何灏，唐弘毅. MATLAB 计算机视觉实战 [M]. 北京：清华大学出版社，2018.